Материалы II международной научно-практической конференции

Фундаментальная наука и технологии - перспективные разработки

28-29 ноября 2013 г.

Москва

УДК 4+37+51+53+54+55+57+91+61+159.9+316+62+101+330

ББК 72

ISBN: 978-1494302351

В сборнике представлены материалы докладов II международной научно-практической конференции " Фундаментальная наука и технологии - перспективные разработки "

Все статьи представлены в авторской редакции.

© Авторы научных статей

Содержание

Биологические науки

Давыдова Ю.Ю.
ИСПОЛЬЗОВАНИЕ КЛАСТЕРНОГО АНАЛИЗА ДЛЯ ВЫЯВЛЕНИЯ ВИДОВ КОЛЛЕМБОЛ, ОБЛАДАЮЩИХ СХОДНЫМИ ТИПАМИ ПРОСТРАНСТВЕННОГО РАСПРЕДЕЛЕНИЯ 1

Ковалёва О.А.
СИСТЕМАТИЧЕСКАЯ СТРУКТУРА ГЕОЭЛЕМЕНТОВ ФЛОРЫ ПЕТРОФИТОВ РОССИЙСКОГО КАВКАЗА 7

Иванов А.Л., Гусева И.Н.
АНАЛИЗ ЭНДЕМИЗМА ЛЕСНОЙ ФЛОРЫ ЦЕНТРАЛЬНОГО ПРЕДКАВКАЗЬЯ 11

Географические науки

Сибукаев Э.Ш., Зазулина Е.И.
ПИЛОТНЫЙ ВАРИАНТ КОНЦЕПЦИИ РАЦИОНАЛЬНОГО ИСПОЛЬЗОВАНИЯ ВОДНЫХ РЕСУРСОВ МАЛЫХ ПРЕДГОРНЫХ РЕК 17

Искусствоведение

Кисеева Е.В.
АКАДЕМИЧЕСКИЙ КОНЦЕРТ В СИТУАЦИИ ПОСТМОДЕРНА 22

Исторические науки

Касаров Г.Г.
ПЕРЕПИСКА НИКОЛАЯ II И ВИЛЬГЕЛЬМА II НАКАНУНЕ ПЕРВОЙ МИРОВОЙ ВОЙНЫ 29

Медицинские науки

Апраксин Д.А., Мокренко Е.В., Кострицкий И.Ю.
ОСНОВНЫЕ АСПЕКТЫ ВОССТАНОВЛЕНИЯ ПРОЧНОСТИ КОРОНКОВОЙ ЧАСТИ ДЕВИТАЛЬНЫХ ЗУБОВ 32

Вязьмин А.Я., Клюшников О.В., Подкорытов Ю.М.
ДЕНС-ТЕРАПИЯ ПРИ ЛЕЧЕНИИ ОСЛОЖНЕНИЙ ЗАБОЛЕВАНИЙ ВИСОЧНО-НИЖНЕЧЕЛЮСТНОГО СУСТАВА 34

Клюшникова М.О., Клюшникова О.Н.
ВОЗМОЖНЫЕ ОСЛОЖНЕНИЯ ПРИ ЛЕЧЕНИИ ПУЛЬПИТА В ДЕТСКОМ ВОЗРАСТЕ 36

Имашев М.С., Фурсов А.Б.
ПОКАЗАТЕЛИ КАЧЕСТВА ЖИЗНИ ХИРУРГИЧЕСКИХ БОЛЬНЫХ С ЗАБОЛЕВАНИЯМИ ЖКТ В ДО- И ПОСЛЕОПЕРАЦИОННОМ ПЕРИОДАХ 40

Содержание

Кожахметова Д.К., Маукаева С.Б., Нуралинова Г.И., Кудайбергенова Н.К., Куанышева А.Г.
ОЦЕНКА ДИАГНОСТИЧЕСКОЙ ЗНАЧИМОСТИ ИММУНОЛОГИЧЕСКИХ ТЕСТОВ ПРИ ХРОНИЧЕСКОМ ДЕКОМПЕНСИРОВАННОМ БРУЦЕЛЛЕЗЕ 44

Науки о земле

Мартюшев Д.А.
ОЦЕНКА КОЭФФИЦИЕНТА ПРОДУКТИВНОСТИ СКВАЖИН ПОСЛЕ КИСЛОТНЫХ ГИДРОРАЗРЫВОВ ПЛАСТА НА МЕСТОРОЖДЕНИЯХ ВЕРХНЕГО ПРИКАМЬЯ 47

Александрова Т.Н., Рассказова А.В.
ИЗМЕНЕНИЕ СТРУКТУРНЫХ ХАРАКТЕРИСТИК ТЕХНОГЕННЫХ УГЛЕРОДСОДЕРЖАЩИХ ОТХОДОВ ПОД ДЕЙСТВИЕМ МЕХАНОАКТИВАЦИИ 52

Соловьев В.А., Секунцов А.И., Чернопазов Д.С., Каменских А.С.
ТЕХНОЛОГИЧЕСКИЕ МЕТОДЫ ПОВЫШЕНИЯ ИЗВЛЕЧЕНИЯ РУДЫ ИЗ НЕДР ПРИ РАЗРАБОТКЕ СБЛИЖЕННЫХ СИЛЬВИНИТОВЫХ ПЛАСТОВ НА ВЕРХНЕКАМСКОМ МЕСТОРОЖДЕНИИ КАЛИЙНЫХ СОЛЕЙ 56

Дюкова М.В.
АНАЛИЗ ЭФФЕКТИВНОСТИ ПОВТОРНОГО ГИДРОРАЗРЫВА ПЛАСТА ЧЕРЕЗ ДОБЫВАЮЩИЕ СКВАЖИНЫ 62

Педагогические науки

Магин В.А.
ОЛИМПИЙСКОЕ ОБРАЗОВАНИЕ СТУДЕНТОВ 70

Шабанова О.П., Шабанов Н.К., Шабанова М.Н.
ФОРМИРОВАНИЕ ПРОСТРАНСТВЕННОГО МЫШЛЕНИЯ ШКОЛЬНИКОВ КАК АКТУАЛЬНАЯ ПРОБЛЕМА СОВРЕМЕННОГО ОБРАЗОВАНИЯ 73

Глухова О.Ю.
НЕТРАДИЦИОННЫЕ ФОРМЫ УРОКОВ НА ЗАНЯТИЯХ ЭЛЕКТИВНОГО УЧЕБНОГО ПРЕДМЕТА 79

Шатунова О.В.
ОБУЧЕНИЕ ШКОЛЬНИКОВ ЦВЕТОВЕДЕНИЮ И КОЛОРИСТИКЕ НА УРОКАХ ТЕХНОЛОГИИ 83

Политические науки

Пищулина М.В.
ВЛИЯНИЕ ЗАКОНОДАТЕЛЬНЫХ ИЗМЕНЕНИЙ НА ПОЛИТИЧЕСКИЙ ПРОЦЕСС. НОВЫЕ ПОЛИТИЧЕСКИЕ АКТОРЫ 86

Нелин М.В.
ИТАЛЬЯНСКО-РОССИЙСКОЕ ЭНЕРГЕТИЧЕСКОЕ СОТРУДНИЧЕСТВО В КОНТЕКСТЕ ОБЩЕЕВРОПЕЙСКОЙ ГЕОПОЛИТИЧЕСКОЙ СТАБИЛЬНОСТИ В 2000-Х ГОДАХ 90

Содержание

Психологические науки

Ермоленко А.В., Викторова Е.А.
МОТИВАЦИЯ УЧЕБНОЙ ДЕЯТЕЛЬНОСТИ СТУДЕНТОВ С РАЗЛИЧНЫМ СТИЛЕМ ПОЗНАВАТЕЛЬНОГО КОНТРОЛЯ 96

Филоненко М.М.
ЗАКОНОМЕРНОСТИ СТАНОВЛЕНИЯ ЛИЧНОСТИ СТУДЕНТА-МЕДИКА КАК БУДУЩЕГО СПЕЦИАЛИСТА 104

Социологические науки

Хрипков К.А.
РАЗВИТИЕ САМОУПРАВЛЕНЧЕСКОГО ПОТЕНЦИАЛА ТЕРРИТОРИАЛЬНЫХ СООБЩЕСТВ 107

Технические науки

Бондарчук М.М., Грязнова Е.В.
КЛАССИФИКАЦИЯ И ПРОИЗВОДСТВО ФАСОННОЙ ПРЯЖИ 109

Мустафин И.Ф., Дмитриев В.Д.
НАСТЕННЫЙ СПЕКТРОАНАЛИЗАТОР НИЖНИХ ЧАСТОТ 113

Жихарев А.Г., Калайда А.К., Брусенская И.Н., Власова О.В.
СРАВНИТЕЛЬНЫЙ АНАЛИЗ ТЕХНОЛОГИЙ РАЗРАБОТКИ ИНТЕРНЕТ-РЕСУРСОВ: PHP И ASP.NET 116

Гончаренко О.В.
ИНСТРУМЕНТАЛЬНЫЕ МЕТОДЫ И СРЕДСТВА ОЦЕНКИ ПОТОКОВ ЭМИССИИ ПАРНИКОВЫХ ГАЗОВ 120

Койнов Р.С., Добрынин А.С., Кулаков С.М., Зимин В.В.
ОБ УЧЁТЕ КОНФИГУРАЦИОННЫХ ЭЛЕМЕНТОВ В ИНФОРМАЦИОННОЙ СИСТЕМЕ ИТ-ПРОВАЙДЕРА 125

Кузнецова Н.С.
КРУЧЕНИЕ ПРЯЖИ ПРИ ДВУХВЬЮРКОВОМ ПРЯДЕНИИ 132

Сагдиев Р.Р., Шелихов Н.С.
МОДИФИКАЦИЯ БЕСКЛИНКЕРНЫХ ГИДРАВЛИЧЕСКИХ ВЯЖУЩИХ ИЗ МЕСТНОГО МИНЕРАЛЬНОГО СЫРЬЯ 135

Велиев Д.Э., Исрафилов И.Х., Звездин В.В., Шангараев И.Р.
РЕГРЕССИОННЫЙ АНАЛИЗ ЭКСПЕРИМЕНТАЛЬНЫХ ДАННЫХ АКУСТИЧЕСКИХ КОЛЕБАНИЙ ПРИ ЛАЗЕРНОЙ ТЕРМООБРАБОТКЕ МЕТАЛЛОВ 138

Содержание

Фоминых Е.А., Порунов А.А., Пушкова А.С., Сафаутдинова Г.Ф.
КОНЦЕПЦИЯ ПОСТРОЕНИЯ АКУШЕРСКОГО МОНИТОРА НОВОГО ПОКОЛЕНИЯ 142

Фармацевтические науки

Скрипко А.А., Геллер Л.Н.
РАЗРАБОТКА МЕТОДИЧЕСКИХ ПОДХОДОВ ПО ОПТИМИЗАЦИИ СОЦИАЛЬНОЙ ФАРМАЦЕВТИЧЕСКОЙ ПОМОЩИ НА ТЕРРИТОРИАЛЬНОМ УРОВНЕ 150

Физико-математические науки

Зайцева Н.В.
ОБ ОДНОЙ НЕЛОКАЛЬНОЙ СМЕШАННОЙ ЗАДАЧЕ ДЛЯ *B*-ГИПЕРБОЛИЧЕСКОГО УРАВНЕНИЯ ... 154

Бобков В.В., Ковалец Я.А.
МЕТОДЫ УСТАНОВЛЕНИЯ ЧИСЛЕННОГО РЕШЕНИЯ СИСТЕМ ЛИНЕЙНЫХ АЛГЕБРАИЧЕСКИХ УРАВНЕНИЙ: СРАВНИТЕЛЬНЫЙ АНАЛИЗ, НОВЫЕ ВЫЧИСЛИТЕЛЬНЫЕ АЛГОРИТМЫ 157

Филологические науки

Акубекова Д.Г.
СТИЛИСТИЧЕСКИЕ ВОЗМОЖНОСТИ ГРАФИЧЕСКОЙ ОРГАНИЗАЦИИ ТЕКСТА 165

Пинчук З.Е.
КОНТЕКСТ КАК КОГНИТИВНАЯ ЕДИНИЦА 167

Нуриева Д.Р., Божкова Г.Н.
ЛИТЕРАТУРНЫЙ ПОРТРЕТ КАК СРЕДСТВО ИЗОБРАЖЕНИЯ ХАРАКТЕРА ГЕРОЕВ МАЛОЙ ПРОЗЫ М.А. ОСОРГИНА 172

Химические науки

Andrushkevich T.V., Danilevich E.V., Popova G.Ya.
THE GAS PHASE CATALYTIC OXIDATION OF FORMALDEHYDE TO FORMIC ACID. FROM MECHANISM TO PROCESS 177

Герасимова Л.Г., Щукина Е.С., Маслова М.В.
ФИЗИКО-ХИМИЧЕСКОЕ ОБОСНОВАНИЕ СИНТЕЗА СУЛЬФАТО-АММОНИЙНОЙ Ti(IV)-Al(III) КОМПОЗИЦИИ – ОСНОВНОЙ ОПЕРАЦИИ В ТЕХНОЛОГИИ ПОЛУЧЕНИЯ ДУБИТЕЛЯ ИЗ СФЕНОВОГО КОНЦЕНТРАТА 181

Левитин С.В., Гальбрайх Л.С.
ПОЛУЧЕНИЕИЕ НАНОКРИСТАЛЛИТОВ ХИТОЗАНА И ИССЛЕДОВАНИЕ ИХ СТРУКТУРЫ И СВОЙСТВ 186

Андреева О.В., Абдурашидова Э.З., Жарких Л.И.
МАТЕМАТИЧЕСКОЕ МОДЕЛИРОВАНИЕ КВАНТОВО-ХИМИЧЕСКИХ ПРОЦЕССОВ ВОЗДЕЙСТВИЯ МЕТИОНИНА НА РАЗЛИЧНЫЕ КОМПОНЕНТЫ КЛЕТОЧНОЙ МЕМБРАНЫ 189

Содержание

Усманова Л.Р., Прочухан К.Ю., Прочухан Ю.А.
ПОВЕРХНОСТНО-АКТИВНЫЕ ВЕЩЕСТВА ДЛЯ ИНТЕНСИФИКАЦИИ ПРОЦЕССОВ НЕФТЕДОБЫЧИ 196

Экономические науки

Рощупкина В.В.
ОСОБЕННОСТИ НАЛОГОВОГО ПЛАНИРОВАНИЯ НА СУБФЕДЕРАЛЬНОМ УРОВНЕ 200

Диких Ю.В.
МЕТОДИКА ОПРЕДЕЛЕНИЯ ЭФФЕКТИВНОСТИ ПРИМЕНЕНИЯ АУТСОРСИНГА НЕПРОФИЛЬНЫХ АКТИВОВ 203

Савченко И.П.
СОВРЕМЕННЫЕ АСПЕКТЫ УПРАВЛЕНИЯ РАЗВИТИЕМ ОРГАНИЗАЦИИ 206

Сибирцев В.А.
ОПЛАТА ЧИНОВНИКОВ ПО ПОЛЕЗНОСТИ ИХ ДЕЯТЕЛЬНОСТИ 207

Казакова Ф.А.
УПРАВЛЕНИЕ ВЫСШЕЙ ШКОЛЫ В УСЛОВИЯХ ИННОВАЦИОННОЙ ЭКОНОМИКИ 214

Козлова Е.М.
ИННОВАЦИОННО-ИНВЕСТИЦИОННЫЙ ПОТЕНЦИАЛ КАК ФАКТОР УСТОЙЧИВОСТИ СОВРЕМЕННОГО ПРОМЫШЛЕННОГО ПРЕДПРИЯТИЯ 218

Каюмова Р.Ф.
К ВОПРОСУ ОПТИМИЗАЦИИ АССОРТИМЕНТА ПРЕДПРИЯТИЙ ИНДУСТРИИ МОДЫ РЕСПУБЛИКИ БАШКОРТОСТАН..221

Краденых И.А.
АКТУАЛЬНЫЙ МЕНЕДЖМЕНТ В РЕШЕНИИ ПРОБЛЕМ РОССИЙСКИХ ЗОЛОТОДОБЫВАЮЩИХ ПРЕДПРИЯТИЙ..224

Юридические науки

Zmyvalova E.A.
THE SUSTAINABLE RESOURCE MANAGEMENT FROM THE INDIGENOUS PEOPLES' RIGHTS PERSPECTIVE..229

Содержание

Давыдова Ю.Ю.
кандидат биологических наук,
доцент кафедры водных биоресурсов и аквакультуры
Нижегородская государственная сельскохозяйственная академия
sovann@yandex.ru

ИСПОЛЬЗОВАНИЕ КЛАСТЕРНОГО АНАЛИЗА ДЛЯ ВЫЯВЛЕНИЯ ВИДОВ КОЛЛЕМБОЛ, ОБЛАДАЮЩИХ СХОДНЫМИ ТИПАМИ ПРОСТРАНСТВЕННОГО РАСПРЕДЕЛЕНИЯ

Коллемболы, как типичные почвенные обитатели, склонны к образованию внутривидовых скоплений различного характера, однако исследование их пространственного размещения в естественных условиях затруднено небольшими размерами и скрытым образом жизни этих животных. Экспериментальные исследования агрегативного поведения коллембол в лабораторных условиях позволяет преодолеть эти трудности и получить информацию о склонности того или иного вида образовывать скопления в моновидовых и смешанных зоокультурах.

В лабораторных условиях исследовали характер пространственного распределения питающихся коллембол, относящихся к разным семействам и жизненным формам (таблица 1) в условиях монокультуры.

Таблица 1
Используемые в экспериментах виды коллембол

№ п/п	Семейство, вид	Жизненная форма	Основные места обитания
1	**Сем. Entomobryidae** *Orchecella cincta* (Linne, 1758)	верхнеподстилочная – атмобионтная	широколиственные леса
2	*Heteromurus nitidus* (Templeton, 1835)	гемиэдафическая – подстилочно–почвенная	влажные луговые почвы, дупла, лесные биоценозы, компосты
3	*Pseudosinella alba* (Packand, 1873)	гемиэдафическая – подстилочно–почвенная	луговые и полевые почвы, компосты
4	*Sinella coeca* (Schött, 1902)	гемиэдафическая (эуэдафическая)	луговые и полевые почвы, компосты
5	**Сем. Onychiuridae п/сем Onychiurinae** *Onychiurus stachianus* (Bagnall, 1939)	эуэдафическая – верхнепочвенная	закрытые грунты, компосты
6	*Protaphorura cancellata* (Gisin, 1956)	эуэдафическая – верхнепочвенная	лесная подстилка
7	**п/сем Tullbergiinae** *Mesaphorura krausbaueri* (Börner, 1901)	эуэдафическая – глубокопочвенная	перегнойно– аккумулятивный слой лесных почв

8	**Сем. Hypogastruridae** *Xenylla grisea* (Axelson, 1900)	гемиэдафическая – нижнеподстилочная	закрытые грунты, компосты, луга
9	*Hypogastrura denticulata* (Bagnall, 1941)	гемиэдафическая – верхнеподстилочная	компосты
10	**Сем. Isotomidae** *Proisotoma minuta* (Tullberg, 1871)	гемиэдафическая – верхнеподстилочная	лесная подстилка, компосты

Культивирование коллембол осуществляли в соответствии с методикой долговременного содержания коллембол, предложенной Е.В. Варшав [1, 62-64]. Культуры содержали в стеклянных камерах на гипсово-угольном субстрате, размер камер соответствовал размерным характеристикам того или иного вида.

В качестве корма использовали искусственную питательную среду, применяемую для разведения дрозофил [2]. Корм распределяли равномерно тонким слоем по всей поверхности гипсово-угольного субстрата, исключая участки по периметру камеры. Для получения данных о распределении коллембол, поверхность субстрата камеры разбили на 16 равных по площади радиальных секторов, границы и нумерацию которых отмечали графитом. Один сектор соответствовал одной пробе. Подсчитывали число питающихся коллембол в каждом секторе через 15 и 30 минут после начала эксперимента, через 1 и 3 часа, через сутки и далее каждые сутки до полного поедания корма [3, 125-126].

Для оценки пространственного распределения использовали индекс агрегирования Лексиса (λ). В том случае, если значение индекса $\lambda>1$, распределение животных в пространстве считать неравномерным (агрегированным). Значение $\lambda<1$ свидетельствует о равномерном распределении особей. Если же значение $\lambda\approx1$, распределение является случайным.

Эксперимент состоял из двух серий наблюдений.

Первая серия наблюдений: установление изменения типа пространственного распределения ногохвосток разных семейств и жизненных форм на пищевом субстрате во времени. Для проведения наблюдений использовали по 2 монокультуры каждого вида коллембол, каждая из которых содержала по 50 ногохвосток. Наблюдения проводили во время очередного кормления. ИПС распределяли по всей поверхности субстрата «иголочными» порциями с помощью шприца и специальной металлической насадки с узким носиком. Сразу после этого приступали к наблюдениям. Подсчитывали количество питающихся ногохвосток в каждом секторе через ¼ часа, ½ часа, 1 час, 3 часа, через сутки, через 2–ое и 3–ое суток. Для каждой монокультуры опыт повторяли троекратно, таким образом, для каждого вида данная серия наблюдений состояла из шести повторностей. Время непрерывного микроскопирования составило 120 часов.

Вторая серия наблюдений: установление влияние увеличения плотности монокультуры на характер распределения коллембол на пищевом субстрате.

В целом методику проведения наблюдений не изменяли, однако количество ногохвосток в монокультурах увеличили в три раза, и их количество в каждой зоокультуре составило 150 особей. Общая продолжительность непрерывных наблюдений составила 162 часа.

Результаты экспериментов представлены в таблице 2.

Таблица 2

Средние значения индекса Лексиса для питающихся коллембол в различные моменты времени

№ п/п	Название вида	¼ часа	½ часа	1 час	3 часа	1 сутки	2 суток	3 суток
			50 особей в монокультуре					
1	O. cincta	2.74	3.03	3.59	3.44	3.17	3.44	3.58
2	H. denticulata	2.94	3.54	3.64	3.89	2.58	3.24	3.21
3	X. grisea	3.47	3.75	3.48	3.73	3.28	2.69	3.15
4	P. minuta	2.25	1.81	2.67	2.27	0.52	0.36	0.29
5	H. nitidus	1.84	2.87	2.37	1.98	0.58	0.55	0.65
6	S. coeca	0.98	1.02	1.06	0.93	0.38	0.56	0.32
7	P. alba	1.82	1.7	1.95	2.36	1.02	0.35	0.26
8	P. cancellata	2.64	2.32	2.15	1.85	1.15	0.55	0.61
9	O. stachianus	2.6	2.03	2.29	2.91	1.18	0.6	0.58
10	M. krausbaueri	2.11	1.13	0.49	0.54	0.22	0.26	0.35
			150 особей в монокультуре					
№ п/п	Название вида	¼ часа	½ часа	1 час	3 часа	1 сутки	2 суток	3 суток
1	O. cincta	2.96	2.65	3.06	2.56	2.77	3.02	–
2	H. denticulata	3.16	2.44	2.73	2.69	3.12	2.94	–
3	X. grisea	3.12	2.98	1.86	3.56	2.88	2.59	–
4	P. minuta	2.63	3.25	2.61	1.89	2.1	1.83	–
5	H. nitidus	1.84	2.87	3.27	1.16	0.58	0.55	–
6	S. coeca	1.03	1.09	1.27	1.14	1.02	0.97	–
7	P. alba	1.92	2.4	2.06	3.01	0.12	0.35	–
8	P. cancellata	2.56	1.06	1.1	0.95	1.03	1.05	–
9	O. stachianus	2.02	0.98	1.02	1.01	1.12	1.09	–
10	M. krausbaueri	0.68	0.55	0.34	0.32	0.46	0.27	–

Для анализа пространственного распределения коллембол и выявления сходств и различий по данному параметру применили кластерный анализ. За основу взяли метод наиболее удаленного соседа с использованием метрики Евклида. Полученные значения индекса агрегированности Лексиса задействовали в качестве основного показателя для построения матрицы первичных данных. На основе матрицы дистанций для двух серий эксперимента (при низкой и при высокой плотности монокультуры) получили по 6 дендрограмм, характеризующих

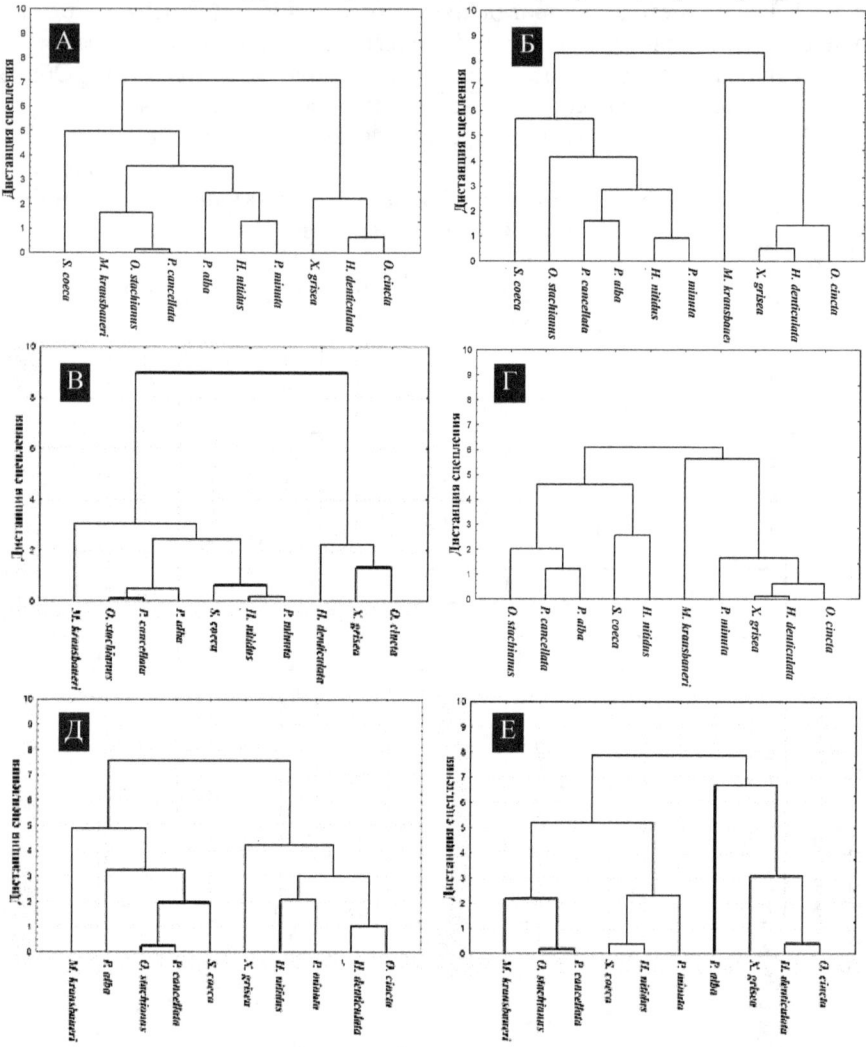

Рис. 1. Дендрограммы классификации видов коллембол по значению индекса Лексиса при низкой (*1–3*) и высокой (*4–6*) плотности населения монокультуры: *А и Г* – через ¼ часа после начала эксперимента; *Б и Д* – через 3 часа после начала эксперимента; *В и Д* – через 1сутки после начала эксперимента

сходство типа пространственного распределения между видами за шесть

наблюдений: через ¼ часа, ½ часа, 1 час, 3 часа, через 1 сутки и 2–е суток после начала кормления. Наиболее иллюстративными являются дендрограммы, отображающие сходство–различие в размещении особей через ¼ часа, через 3 часа и через сутки после начала наблюдений (рис. 1). В связи с тем, что на предпоследнем шаге объединения все объекты связываются в два самостоятельных кластера, при интерпретации ветвей дендрограммы каждый из этих кластеров следует рассматривать отдельно: левый и правый.

Тип пространственного распределения ногохвосток при питании менялся не только с изменением плотности зоокультуры, но и с течением времени. Поэтому в начале рассматривали, каким образом менялось сходство этого показателя у разных видов в ходе эксперимента при низкой плотности населения, а затем сравнивали эти данные с материалами по высокой плотности.

Анализируя представленные на рис. 1 дендрограммы, можно сказать следующее. Во–первых, изменение рисунков диаграмм указывает на то, что тип пространственного распределения коллембол на пищевом субстрате меняется по ходу эксперимента, а также при увеличении плотности культуры. Во–вторых, в родственные по рассматриваемому признаку отдельные группы (кластеры) чаще объединяются виды, принадлежащие к одной и той же или близким жизненным формам. В-третьих, в группы могут объединяться виды из одного семейства, однако при этом они почти всегда имеют сходный адаптивный морфологический тип. В связи с этим, можно предположить, что характер распределения коллембол в пространстве и принадлежность вида к жизненной форме взаимосвязаны. В–четвертых, выделяются виды, которые обычно являются отдельными ветвями на общем дереве графика. Ими являются *S. coeca* и *M. krausbaueri*. Для последнего вида это можно объяснить принадлежностью его к глубокопочвенной жизненной форме, которая не встречается среди других исследуемых ногохвосток.

Кластерный анализ выявил обусловленности типа пространственного распределения жизненной формой, к которой относится вид. Вероятно, что принадлежность коллембол к тому или иному адаптивному морфологическому типу в большей степени влияет на характер распределения особей, чем систематическое положение вида. Кроме этого, можно выделить ряд групп коллембол, отличающихся друг от друга характером изменения распределения на пищевом субстрате в течение эксперимента. К первой группе относятся виды, отличающиеся стабильным сходством анализируемого признака, на всех дендрограммах они находятся в одном кластере (*O. cincta, H. denticulata, X. grisea*). Вторая группа объединяет коллембол, характеризующихся непостоянством типа распределения в пространстве, в течение эксперимента их положение на дендрограммах меняется (*P. alba, H. nitidus, O. stachianus, P. cancellata, P.*

minuta). Третья группа включает виды, выпадающие из общей системы, они обычно образуют самостоятельные ветви на дендрограмме (*S. coeca, M. krausbaueri*). Таким образом, во время эксперимента тип пространственного распределения может меняться (*P. alba, H. nitidus, O. stachianus, P. cancellata, P. minuta, S. coeca*), а у ряда видов проявляется тенденция к стабильности в этом показателе (*O. cincta, H. denticulata, X. grisea, M. krausbaueri*).

Кластерный анализ показал наличие у коллембол различных стратегий распределения в пространстве во время трофической деятельности. У большинства видов тип пространственного распределения меняется со временем: в первые три часа наблюдений эти виды стремятся к образованию скоплений, а через сутки распределение особей становится случайным либо равномерным. Часть ногохвосток проявляют тенденцию к стабильности: они распределяются постоянно агрегировано (*O. cincta, H. denticulata, X. grisea*) либо постоянно равномерно (*M. krausbaueri*). Кластерный анализ выявил обусловленность типа пространственного распределения принадлежностью вида к конкретной жизненной форме, а также проиллюстрировал изменения типа пространственного распределения ногохвосток с увеличением плотности монокультур.

Литература:

1. Варшав, Е.В. Долговременное содержание коллембол в лабораторных условиях // Материалы Всесоюзного научно–методического совещания зоологов педвузов. – Махачкала. 1990. С. 62–64.
2. Медведев Н.Н. практическая генетика – М.: Наука. 1968. – 293 с.
3. Савенкова Ю.Ю., Варшав Е.В. Характер пространственного распределения коллембол п/отрядов Poduromorpha и Entomobryomorpha в монокультурах во время питания // Экология, эволюция и систематика животных: Материалы Всероссийской научно-практической конференции с международным участием. Рязань. 2009. С. 125–126.

Ковалёва О.А.
кандидат биологических наук, ФГАОУ ВПО «Северо-Кавказский федеральный университет», г. Ставрополь
E-mail: kraiobetovanny777@mail.ru

СИСТЕМАТИЧЕСКАЯ СТРУКТУРА ГЕОЭЛЕМЕНТОВ ФЛОРЫ ПЕТРОФИТОВ РОССИЙСКОГО КАВКАЗА

Петрофиты являются особой эколого-эдафической группой растений, обитающих на различных каменистых субстратах – скалах, щебнистых осыпях, каменистых крупнообломочных россыпях, моренах, галечниках, характеризующихся почти полным отсутствием сформированных почв. Развивающиеся в таких условиях флористические комплексы имеют свои особенности систематического и хорологического состава, связанные с историческим развитием флоры.

Исследования в этом направлении позволили составить систематический и географический спектры петрофитов флоры региона, анализ которых определил приоритеты представительства видов в таксонах и системе геоэлементов. Этими исследованиями выявлено, что на территории Российского Кавказа в условиях скально-осыпных местообитаний произрастает 958 видов сосудистых растений, относящихся к 284 родам и 74 семействам, а хорологический спектр представлен 23 геоэлементами, выделенных по системе Н.Н. Портениера [1,244], среди которых преобладают кавказские, субкавказские и крымско-новороссийские [2,39; 3,214].

Сопоставление этих двух характеристик флоры петрофитов позволяет провести параллели между систематическим и хорологическим соотношением видов. Результаты такого анализа приведены в таблице 1 (для кавказского геоэлемента в скобках через дробь указано представительство соответственно общекавказских, эукавказских и предкавказских геоэлементов).

Из таблицы следует, что по процентному содержанию кавказского геоэлемента ранжированный ряд семейств выглядит следующим образом: *Campanulaceae* (96%) – *Asteraceae* (75%) – *Saxifragacea, Rubiaceae* (по 73%) – *Caryophyllaceae, Brassicaceae* (по 72%) – *Lamiaceae, Brassicaceae* (по 70%) – *Scrophulariaceae* (69%) – *Fabaceae, Rosaceae* (по 66%) – *Poaceae* (59%) – *Boraginaceae* (55%) – *Crassulaceae* (52%). Все семейства содержат более половины кавказских геоэлементов, а первые четыре семейства – три четверти и более видов. Что же касается самого многочисленного внутри кавказского геоэлемента эукавказского, то по его содержанию головная часть спектра выстраивается в последовательности: *Campanulaceae* (92%) – *Brassicaceae* (63%) – *Asteraceae* (62%). По содержанию субкавказского элемента на первое место выходит семейство *Crassulaceae* (17%), за ним следуют *Scrophulariacea* (13%) и *Lamiaceae* (11%), последнее семейство является лидирующим и по процентному содержанию крымско-новороссийских геоэлементов.

Таблица 1
Представительство крупнейших и крупных семейств в преобладающих геоэлементах

Семейство, количество видов	Количественные показатели	Геоэлемент		
		кавказский	субкавказский	крымско-новороссийский
Asteraceae 131	Кол-во	98(14/81/3)	11	5
	%	**75(11/62/2)**	8	4
Fabaceae 82	Кол-во	54(13/38/3)	6	6
	%	**66(16/46/4)**	7	7
Poaceae 65	Кол-во	38(5/32/1)	2	1
	%	**59(8/49/2)**	3	2
Caryophyllaceae 65	Кол-во	47(8/38/1)	5	1
	%	**72(12/58/2)**	8	2
Lamiaceae 62	Кол-во	43(6/36/1)	7	6
	%	**70(10/58/2)**	11	10
Rosaceae 58	Кол-во	38(13/23/2)	6	2
	%	**66(23/40/3)**	10	3
Brassicaceae 53	Кол-во	38(5/33/0)	5	2
	%	**72(9/63/0)**	9	4
Campanulaceae 48	Кол-во	46(2/44/0)	2	0
	%	**96(4/92/0)**	4	0
Scrophulariaceae 32	Кол-во	22(4/18/0)	4	0
	%	**69(13/56/0)**	13	0
Saxifragaceae 30	Кол-во	22(5/17/0)	0	0
	%	**73(17/56/0)**	0	0
Apiaceae 27	Кол-во	19(4/15/0)	2	0
	%	**70(15/55/0)**	7	0
Rubiaceae 26	Кол-во	19(7/11/1)	2	1
	%	**73(27/42/4)**	8	4
Crassulaceae 23	Кол-во	12(3/9/0)	4	0
	%	**52(13/39/0)**	17	0
Boraginaceae 22	Кол-во	12(2/10/0)	2	1
	%	**55(9/46/0)**	9	5

Из вышеизложенного следует, что кавказско-субкавказско-крымско-новороссийская флора петрофитов Российского Кавказа по систематическому представительству определяющих геоэлементов характеризуется последовательностью семейств *Campanulaceae – Crassulaceae – Lamiaceae*, то есть «самым кавказским» является семейство *Campanulaceae*, «субкавказским» – *Crassulaceae*, а «крымско-новороссийским» – *Lamiaceae*.

Среди первой пятёрки крупнейших родов петрофильной флоры, на долю которых приходится около 15% видового состава, также преобладают кавказские геоэлементы (таблица 2). Здесь ранжированный ряд выстаивается в следующей последовательности: *Jurinea* (100% видов являются эукавказскими геоэлементами) – *Campanula* (95% видов относятся к кавказским эндемикам, из них 91 – эукавказские) – *Psephellus* (соответственно 91% и 82%) – *Astragalus* (79%, 69%) – *Saxifraga* (73%, 56%), то есть эукавказский элемент убывает пропорционально кавказскому. Субкавказский геоэлемент наиболее представлен в роде *Campanula* (4%), крымско-новороссийский – в роде *Psephellus* (6%).

Таблица 2
Представительство крупнейших родов в преобладающих геоэлементах

Род, количество видов	Количественные показатели	Геоэлемент		
		кавказский	субкавказский	крымско-новороссийский
Campanula 44	Кол-во	42(2/40/0)	2	0
	%	**95(4/91/0)**	**4**	**0**
Saxifraga 30	Кол-во	22(5/17/0)	0	0
	%	**73(17/56/0)**	**0**	**0**
Astragalus 29	Кол-во	23(3/20/0)	1	1
	%	**79(10/69/0)**	**3**	**3**
Psephellus 22	Кол-во	20(0/18/2)	0	1
	%	**91(0/82/9)**	**0**	**6**
Jurinea 19	Кол-во	19(0/19/0)	0	0
	%	**100(0/100/0)**	**0**	**0**

Следует также отметить, что подавляющее большинство видов ведущих родов (от 100% до 56%) являются эукавказскими эндемиками при незначительном участии (от 17% до 0%) кавказских видов и представительством предкавказского эндемичного геоэлемента только в роде *Psephellus* (9%).

Таким образом, наблюдается заметная корреляция между систематическим и географическим спектрами флоры петрофитов

Российского Кавказа, которая свидетельствует об интенсивных видообразовательных процессах, выражающихся в насыщении таксонов головной части систематического спектра эндемичным геоэлементом. Иными словами, эндемизм петрофильной флоры связан большей частью с крупными таксонами ранга семейства и рода.

Литература

1. Портениер Н.Н. Флора и ботаническая география Северного Кавказа. –М.: Товарищество научных изданий КМК, 2012. –294 с.
2. Иванов А.Л., Ковалёва О.А. Систематический анализ флоры петрофитов Российского Кавказа // Вестник Московского государственного областного университета, Серия «Естественные науки», № 1, 2012. –С. 37-43.
3. Ковалёва О.А. К географическому анализу флоры петрофитов Российского Кавказа // Биоразнообразие, биоресурсы, биотехнологии и здоровье населения Северо-Кавказского региона. Материалы 1-й научно-практической конференции «Университетская наука – региону». – Ставрополь: Изд-во СКФУ, 2013. –С. 212-216.

Иванов А.Л.
профессор, доктор биологических наук, ФГАОУ ВПО «Северо-Кавказский федеральный университет», г. Ставрополь
ali-ivanov@mail.ru
Гусева И.Н.
соискатель кафедры ботаники, зоологии и общей биологии ФГАОУ ВПО «Северо-Кавказский федеральный университет», г. Ставрополь
irina.guseva12@mail.ru

АНАЛИЗ ЭНДЕМИЗМА ЛЕСНОЙ ФЛОРЫ ЦЕНТРАЛЬНОГО ПРЕДКАВКАЗЬЯ

Изучение явления эндемизма стоит в одном ряду с географическим анализом, но охватывает более узкие географические рамки, ограниченные границами исследуемой территории. Более того, анализ эндемизма имеет целью получения данных не только о географических, но и о генетических (родственных) связях эндемиков, а также позволяет сделать выводы о степени оригинальности флоры, её индивидуальности.

Степень оригинальности флоры выявляется анализом филогенетических, хорологических, ценоэкологических особенностей эндемиков [1]. Полученные в результате такого анализа данные могут быть использованы не только для флорогенетических выводов, но и для корректировки схем дробного ботанико-географического районирования, разработки вопросов охраны растений.

Критерием эндемичности является приуроченность всего ареала видов к определенной территории [2]. В данном случае речь идёт о территории Центрального Предкавказья, в более узком смысле о лесных фитоценозах, и все лесные виды, в том числе и факультативные, ареалы которых не выходят за пределы этой территории, являются её эндемиками и абсолютными показателями оригинальности лесной флоры.

Эндемичные виды, в свою очередь, делятся на узкоареальные виды, имеющие малые по площади ареалы или известные из 1-3 мест, расположенных недалеко друг от друга – стеноэндемики [2], и виды, ареалы которых охватывают всю изучаемую территорию или значительную её часть - эвриэндемики [3,71]. В исследуемой флоре все эндемичные виды являются стеноэндемиками.

В спектре географических элементов лесной флоры Центрального Предкавказья кавказских видов насчитывается 48 и они составляют 12,7%, что является довольно высоким показателем: во флоре Предкавказья процент кавказских эндемиков составляет 10,4%. Это не означает, что лесная флора более насыщена эндемиками, чем вся флора, поскольку в абсолютных цифрах кавказских видов во флоре Предкавказья

224, да и вся предкавказская флора в шесть раз больше изучаемой [4,66). Тем не менее, этот факт является показателем довольно высокого уровня связи изолированной лесной флоры Центрального Предкавказья с горной лесной флорой Кавказа.

Наибольшее значение при анализе эндемизма имеет установление систематических и географических связей эндемиков. Положение эндемичного вида в системе рода позволяет определить его генетические связи и возможное происхождение, что вместе с данными хорологии даёт возможность выделить общие черты флоры, предположить пути и условия флорогенеза [4,66].

В лесной флоре Центрального Предкавказья насчитывается 6 эндемичных видов:

1. *Galanthus bortkewitschianus* G.Koss - узколокальный эндемик окрестностей г. Нальчика. Триплоид, 2n = 36 [5,42). Близок к эукавказским эндемикам секции *Viridifolii* Kem.-Nath.;

2. *Rosa dolichocarpa* Galushko - эндемик гибридогенного происхождения - *R. glabrifolia* x *R. mollis* [6], сформировавшийся в ледниковый период и сохранившийся на ограниченной территории на г. Развалке, на участке «вечной мерзлоты».

3. *Hieracium beschtavicum* Litw. - стеноэндемик г. Бештау. Входит в цикл *Muricella* Juxip секции *Pseudostenotheca* Fr., насчитывающий 8 эндемичных кавказских видов, близок к тебердинскому эндемику *H. callichlorum* Litw.et Zahn. и закавказскому эндемику *H. tzagwerianum* Kozl. et Zann [7,47];

4. *Hieracium acuminatifolium* Litw. - узколокальный эндемик г. Бештау. Входит в тетратипный цикл *Acuminatifolia* Juxip подсекции *Vulgata* Juxip *секции* Vulgata Fr. Три вида цикла имеют европейские типы ареалов. Близок к прибалтийскому эндемику *H. silvicomum* Juxip [7,259];

5. *H. medianiforme* (Litv. et Zahn) Juxip – эндемик горы Бештау. Входит в секцию *Vulgata* Juxip, подсекцию *Muroria* Juxip, где образует тритипный цикл *Medianiformia* Juxip, два родственных вида являются эндемиками: Прибалтики - *H. pleuroleucum* (Dahlst.) Juxip и Скандинавии - *H. ovalifrons* Dahlst. ex Noto [7,325];

6. *Hieracium stauropolitanum* Juxip - стеноэндемик окрестностей г. Ставрополя, относящийся к подроду *Pilosella* Tausch, секции *Praealtina* M.Pop., обширной подсекции *Bauhinia* Juxip, насчитывающей 90 видов. Близок к европейско-малоазиатскому *H. thaumasium* (Peter) Weiss и евро-кавказскому *H. arvorum* (Naeg. et Peter) Pugsl. [7,457].

Все выделенные эндемичные виды относятся к малоизученным в области биологии. Известно, что *Galanthus bortkewitschianus* размножается только вегетативным путём [5,42]. Как размножается *Rosa dolichocarpa*, какова биология апомиктных видов рода *Hieracium*, неизвестно. Поэтому все лесные эндемичные виды Центрального Предкавказья можно с большой степенью вероятности отнести к псевдоэндемикам [1], куда относятся виды мутантного или гибридогенного происхождения, неожиданно возникающие и также неожиданно исчезающие (по геохронологической шкале), не дающие полноценного потомства.

Тем не менее, исходя из положения эндемичных видов в системах родов, можно судить об их генетических связях, используя данные об ареалах близкородственных видов. *Galanthus bortkewitschianus* и *Hieracium beschtavicum* являются автохтонными эндемиками, ареалы близкородственных видов лежат в пределах Кавказа, т.е. они формировались на основе местного генетического материала. Что же касается *Rosa dolichocarpa,* то исходным материалом для гибридизации послужили евро-кавказский *Rosa mollis* и евро-сибирский *R. glabrifolia.* Ближайшие родственники трёх других видов рода *Hieracium* имеют ареалы на территории Европы. Эти четыре вида относятся к аллоэндемикам, в формировании которых принимали участие миграционные процессы, т.е. лишь треть локальных лесных эндемиков генетически связаны с кавказской флорой.

Важное значение для анализа имеют и субэндемики (условные эндемики) - виды, имеющие относительно небольшой ареал, выходящий за пределы изучаемой территории на смежные. К таким видам в данном исследовании мы относим эукавказские эндемики, ареал которых ограничен частью территории Большого Кавказа и заходит в пределы изучаемой территории.

1. *Polygonatum ovatum* Miscz. ex Knorr. – эндемик центральной части Большого Кавказа, распространённый на Ставропольских высотах, г. Бештау, в пойменных лесах Кубани, Терека. Входит в политипный ряд *Angulatae* Kom., где близок к общекавказскому *P. glaberrimum* C.Koch [8,465];

2. *Ornithogalum arcuatum* Stev. - ареал вида простирается вдоль южных границ региона от г. Грозного до низовий Кубани, изолированный участок ареала имеется на Ставропольской возвышенности, в лесах окрестностей г. Ставрополя. На западе границы ареала выходят за пределы Предкавказья и по лесной части Черноморского побережья доходят до г. Туапсе. Близок к крымско-кавказскому *O. pyrenaicum* L. и восточно-закавказскому *O. magnum Krasch.* ([4,70];

3. *Galanthus angustifolius* G.Koss - распространён в южной части Центрального Предкавказья, ареал вида выходит за границы изучаемой территории до средних течений притоков Терека и Сунжи. Изолированный участок имеется в районе Кавминвод – горы Машук, Бештау, Юца [4,70]. Близок к европейско-средиземноморскому *G. nivalis* L.

4. *Galanthus lagodechianus* Kem.-Nath. - эндемик центральной и восточной частей Большого Кавказа, имеет дизъюнктивный ареал в субальпийском и среднем лесном поясах, спускаясь в ряде мест до высоты

600 м над у.м. в окрестностях Нальчика и Владикавказа [5,38]. Относится к секции *Viridifolii* Kem.-Nath. где вместе с закавказскими G. *ketzkhowelii* Kem.-Nath. и G. *kemulariae* Kutath. образует полиплоидный ряд: 2n = 26,34 и 72 [9,26];

5. *Cerastium holosteum* Fisch. ex Hornem. – эукавказский эндемик, ареал которого почти полностью расположен на северном макросклоне в центральной и восточной частях. Относится к подроду *Eucerastium* (Boiss.) Pax, секции *Streptodon* Ser, где входит в состав политипного ряда *Ciliatopetala* Fenzl, насчитывающего 6 видов, большинство из которых являются кавказскими. Близок к евро-кавказскому *C. nemorale* Bieb. и армено-иранскому *C. armeniacum* Gren. [10,443];

6. *Cerastium meyerianum* Rupr. – эндемик центральной части Северного Кавказа, известный из трёх мест – г. Бештау, окрестности городов Алагир и Владикавказ. Входит в состав тритипного ряда *Lasiostemona* Fenzl подсекции *Perennia* Fenzl секции *Orthodon* Ser. Близок к общекавказскому *C. purpurascens* Adams [10,453];

7. *Macroselinum latifolium* (Bieb.) Schur – эндемик западной части Большого Кавказа, изолированные участки ареала которого имеются на Ставропольской возвышенности и в пойменных лесах Кубани. Входит в состав дитипной секции *Macroselinum* (Schur) Schischk. [11,191], выделенной в монотипный род *Macroselinum* Schur [12,41]. Родственные связи прослеживаются с евро-кавказскими представителями рода *Peucedanum* L. – *P. oreoselinum* (L.) Moench и *P. alsaticum* L. [13,103];

8. *Centaurea abnormis* Czer. – эндемик западной части Северного Кавказа, ареал которого занимает Центральное и Западное Предкавказье, на западе заходит на Большой Кавказ. Входит в состав секции *Lepteranthus* (Neck.) DC., ряда *Phrygiae* (Hayek) Dobroz., насчитывающему 9 видов с европейскими, евро-кавказскими и кавказскими типами ареалов. Близок к эукавказскому *C. alutacea* Dobrocz. и восточноевропейскому *C. pseudophrygia* C.A.Mey. [14,455];

9. *Senecio macrophyllus* Bieb. – эндемик Западного и Центрального Кавказа, ареал которого на востоке заходит за Терек. Входит в состав секции *Doria* (Rchb.) Godr, насчитывающей 6 видов, половина из которых – кавказские эндемики, остальные – субкавказские виды. Близок к субкавказским *S. pseudoorientalis* Schischk. и *S. racemosus* (Bieb.) DC. [15].

Ареалы лесных субэндемичных видов на территории Центрального Предкавказья большей частью сосредоточены на лакколитах Кавминвод и в лесах бассейна Терека и его притоков, а также на Ставропольских высотах и в пойменных лесах Кубани. Родственные связи подавляющего большинства видов выявляются на кавказской генетической основе, но все они в рамках изучаемой флоры являются аллохтонными видами, формировавшимися за пределами изучаемой территории в других видообразовательных центрах. Но для флоры Северного Кавказа подавляющее их большинство являются автохтонными, за исключением *Galanthus angustifolius*, проявляющим европейско-средиземноморские связи.

Систематически большая часть эндемиков (включая субэндемики) входит в состав первой тройки семейств головной части систематического спектра: *Asteraceae* – 6 видов, *Rosaceae* – 1 вид, *Apiaceae* – 1 вид. Два вида входят в состав семейства *Caryophyllaceae*, находящемуся на 12 месте. Другие семейства, имеющие эндемичные виды (*Amaryllidaceae, Hyacinthaceae, Convallariaceae*) в число крупнейших и крупных семейств не входят.

Таким образом, эндемизм лесной флоры Центрального Предкавказья в основном связан с кавказской генетической основой, незначительную роль играют аллохтонные виды. Центром сосредоточения большинства эндемичных и субэндемичных видов следует считать леса лакколитов Кавминвод и леса бассейна Терека и его притоков. В систематическом аспекте наибольшим видообразовательным потенциалом обладает семейство *Asteraceae*.

Литература

1. Камелин Р.В. Флорогенетический анализ естественной флоры горной Средней Азии. Л.: Наука, 1973. -355 с.

2. Толмачёв А.И. Введение в географию растений. Л.: Изд-во Ленинградского ун-та, 1974. -224 с.

3. Заверуха Б.В. Флора Волыно-Подолии и её генезис. Киев: Наукова думка, 1985. -191 с.

4. Иванов А.Л. Флора Предкавказья и её генезис. Ставрополь: Изд-во СГУ, 1998. -204 с.

5. Шхагапсоев С.Х., Тхазапижева Л.Х. Экология подснежников Кабардино-Балкарии. Нальчик: Изд-во М. и В. Котляровых, 2007. -152 с.

6. Галушко А.И. О нахождении на Кавказе *Rosa glabrifolia* (*R. dolichocarpa*) // Ботанические материалы Гербария Ботанического ин-та им. В.Л.Комарова, Т. 20, 1960. -С. 194-204.

7. Юксип А.Я. Род Ястребинка – *Hiercacium* L. / Флора СССР, Т. XXX, 1960. -732 с.

8. Кнорринг О.Э. Род Купена – *Polygonatum* (Tourn.) Adam. / Флора СССР, Т. IV, 1935. –С. 456-467.

9. Кемулярия-Натадзе Л.М. К изучению кавказских представителей рода *Galanthus* L. // Труды БИН АН ГССР, 1947, № 13. –С. 24-29.

10. Муравьёва О.А. Род Ясколка – *Cerastium* L. // Флора СССР, Т. VI, 1936. –С. 430-466.

11. Шишкин Б.К. Род Горичник – *Peucedanum* L. / Флора ССCT, Т. XVII, 1952. –С. 168-203.

12. Черепанов С.К. Сосудистые растения России и сопредельных государств. СПб.: Мир и семья-95, 1995. -990с.

13. Меницкий Ю.Л. Род *Peucedanum* L. / Конспект флоры Кавказа, Т. 3(1), 2009. –С. 101-104.

14. Черепанов С.К. Род Василёк – *Centaurea* L. (подород *Jacea* (Juss.) Hayek) / Флора СССР, Т. XXVIII, 1963. –С. 440-463.

15. Меницкий Ю.Л., Конечная Г.Ю. Обзор видов рода *Senecio* (*Asteraceae*) Кавказа // Ботанический журнал, 2001, Т. 86, № 2. –С. 88-101.

Сибукаев Э.Ш.
к.т.н., доцент филиала ФГБОУ ВПО «Ростовский государственный экономический университет (РИНХ)» в г. Георгиевске СК

Зазулина Е.И.
студентка филиала ФГБОУ ВПО «Ростовский государственный экономический университет (РИНХ)» в г. Георгиевске СК

ПИЛОТНЫЙ ВАРИАНТ КОНЦЕПЦИИ РАЦИОНАЛЬНОГО ИСПОЛЬЗОВАНИЯ ВОДНЫХ РЕСУРСОВ МАЛЫХ ПРЕДГОРНЫХ РЕК

Фундаментальная наука исследует первооснову мироздания, важнейшие закономерности окружающего мира.

Природные ресурсы являются одной из форм существования материи. Познание процессов формирования и существования природных ресурсов позволяет обеспечивать рациональное их использование и, в том числе, создавать современные технику и технологию.

Вода является важнейшим ресурсом. Несмотря на ее повсеместное распространение, актуальной остается разработка рекомендаций и принципов по использованию и охране конкретных и территориально локализованных компонентов водных ресурсов.

Речной сток и в частности сток малых рек может быть стратегическим ресурсом для отдельных территорий.

Малые реки являются довольно распространенным элементом ландшафта предгорных территорий. В пределах бывшего Советского Союза на Кавказе и Урале, в Средней Азии и на Алтае водные ресурсы малых рек предгорных территорий активно используются в хозяйственной деятельности. В этой связи важен обмен полезной информацией по данной проблематике.

Несмотря на длительную практику разработки схем и программ комплексного использования и охраны водных ресурсов небольших речных бассейнов и богатую историю гидрологических исследований в рамках данной проблемы, только в последние десятилетия в литературе стало формироваться мнение о необходимости разработки единой концепции рационального использования водных ресурсов малых рек [6, 7].

Существует несколько определений понятия концепция.

1. Концепция (от лат. понимание, система) – определенный способ понимания, трактовки каких-либо явлений, основная точка зрения, руководящая идея для их освещения; ведущий замысел, конструктивный принцип различных видов деятельности [10].

2. Концепция (от лат. восприятие):

- система взглядов на те или иные явления; способ рассмотрения каких-либо явлений, понимание чего-либо;
- общий замысел (ученого, художника и т.д.) [4].

Очевидно, к сказанному выше следует добавить, что обязательным этапом создания любой концепции является обобщение всего накопленного ранее опыта по рассматриваемой проблеме.

Ретроспективный анализ научно-технической литературы показал, что там, где возникали сложные проблемы с использованием водных ресурсов малых рек (Белоруссия, Украина, Урал, Молдавия и т.д.) принимались действенные меры по предотвращению негативных последствий антропогенного влияния (интенсивной эрозии почв, заиления или размыва русел рек, загрязнения воды). Существенный вклад в решение проблемы эффективного использования стока малых рек внесли ученые Государственного гидрологического института, Центрального научно-исследовательского института комплексного использования водных ресурсов, Уральского НИИ комплексного использования и охраны водных ресурсов, НИИ прикладной геофизики, региональных гидрометеорологических институтов Госкомгидромета, САНИИРИ им. В.Д. Журина [8, 9].

На сегодняшний день разработаны методические рекомендации по учету влияния хозяйственной деятельности на сток малых рек при гидрологических расчетах для водохозяйственного проектирования, рекомендации по защите малых рек Средней Азии от загрязнения ядохимикатами стока с орошаемой территории; осуществлено гидрохимическое районирование малых рек наиболее важных промышленных и сельскохозяйственных районов, утверждены рекомендации по установлению водоохранных зон и методические указания по составлению схем охраны вод малых рек и т.д. [1, 3, 5].

Концепция рационального использования водных ресурсов малых рек, как способ понимания поднятой проблемы, должна быть, очевидно, организована на принципах системного подхода, подразумевая под бассейнами рек сложные открытые динамические системы со всем комплексом присущих этим системам признаков и, находящихся, кроме всего прочего, под непрерывным антропогенным воздействием из вне. Рассмотрение всего многообразия природных условий, строения и функционирования бассейновых геосистем возможно из понимания её как целостного образования взаимосвязанных форм рельефа, почвенно-геологических и растительных условий. Системный подход требует раскрытия взаимного влияния отдельных компонентов и их сочетаний (природно-территориальных комплексов) на ход ведущего процесса (в данном случае стока воды, наносов и загрязняющих веществ). Известно, что всякая система нарушает свое равновесие при несбалансированном изменении темпов протекая процессов в любом из её звеньев.

Другое фундаментальное положение системного анализа: степень устойчивости системы по отношению к внешним воздействиям возрастает по мере роста её размеров. Интерпретация этого положения применительно к рекам: то, что для средних и крупных рек проходит незаметно, для малых рек может стать определяющими условиями их разрушения [12].

Трактовка проблемы рационального использования водных ресурсов малых рек. Из-за незначительной глубины дренирования водосборов малых рек речной сток является основным компонентов водных ресурсов. В то же время при использовании речного стока малых рек среднеазиатского региона имеет место столкновение двух подходов по одному принципиальному вопросу: следует ли рассматривать «пустой слив» малых рек в главную реку как потери стока для данного бассейна, или все же необходимо рассчитывать экологические допустимые пределы изъятия воды из малых рек, предупреждая их полное истощение?

Основную точку зрения на проблему рационального использования водных ресурсов (ПРИВР) малых рек можно сформулировать как констатацию того факта, что технические возможности позволяют нам на современном этапе решать любые водохозяйственные задачи в рамках (пределах) отдельных небольших природно-территориальных комплексов. Весь «фокус» заключается в том, чтобы водохозяйственные системы, образованные на базе водных ресурсов малых рек, не вступали в противоречие с общей направленностью гидрологического цикла речного бассейна, с учетом механизмов адаптивности и способности бассейновых экосистем к саморегуляции и самовосстановлению.

Руководящая идея для освещения ПРИВР малых рек складывается из следующих положений. Малые водотоки относятся к возобновляющимся источникам энергии. Водные ресурсы малых рек имеют тенденцию к ежегодному восстановлению, поэтому как бы неистощимы, но способны уменьшаться при неправильном использовании. Им не грозит полное истощение, но неграмотное использование может существенно отразиться на их качестве [2]. Даже исходя из «низкой экологической значимости» малых рек, все же при оценке остаточного экологического стока малых рек нужно учитывать необходимость резервирования стока для охраны природы крупных рек.

В представлении авторов рациональное использование водных ресурсов бассейнов малых рек складывается из: а) комплексного использования водных ресурсов, б) управления водными ресурсами (т.е. оптимизации использования водных ресурсов), в) охраны вод, г) мониторинга качества поверхностных и подземных вод.

Ведущий замысел для решения ПРИВР малых рек. Орошение в бассейнах рек аридных территорий характеризуется особым принципом изъятия, использования и утилизации речной воды. Вода, забранная на орошение в верхнем течении реки, используется для полива растений, частично теряется на фильтрацию и транспирацию. Определенная часть поливной воды потом собирается с больших территорий в виде коллекторно-дренажных и сбросных вод и направляется снова в реки, но уже значительно ниже по течению и, что немало важно, значительно худшего качества. Трудно что-либо изменить в этой объективно сложившейся практике ведения водного хозяйства. Поэтому ведущий замысел решения ПРИВР малых рек видится в хорошо продуманной и умело реализуемой программе водоохранных мероприятий, включающих в себя:

- искусственное увеличение влагозапасов почв в бассейне;
- водоохранное зонирование прибрежных полос малых рек;
- повышение культуры агролесомелиоративных мероприятий;
- повышение КПД оросительных, коллекторно-дренажных, транзитных и других каналов;
- составление схем охраны вод малых рек;
- внедрение оборотного и повторного водоснабжения;
- санитарно-биохимическую инвентаризацию водных объектов.

Конструктивный принцип деятельности при осуществлении мероприятий по реализации ПРИВР малых рек должн опираться на теорию антропогенных преобразований, разработанную М.И.Львовичем. Методологической основой теории является генетический подход к оценке гидрологических преобразований и концептуальное главенство почвенного звена в общей цепочке изменений гидрологического цикла в бассейне реки. Конструктивный принцип научной деятельности заключается также в дифференцированной оценке влияния отдельных направлений хозяйственной деятельности на сток.

Концепция должна быть создана для выбора лучшего способа действий при наличии нескольких возможных вариантов. Концепция может стать «общим знаменателем» или отправной точкой для обобщения разрозненных научных изысканий по проблеме рационального использования водных ресурсов малых рек.

Список использованной литературы

1. Бондаренко Л.М., Цыгуткин С.Г. Методические основы разработки рекомендаций по защите малых рек от загрязнения стока с сельхозугодий. В кн. Охрана вод от загрязнения поверхностным стоком (сборник науч. трудов).- ВНИИВО, Харьков, 1963.

2. Вендров С.А., Иванов А.Н. Использование малых рек и проблемы их охраны // Роль водных ресурсов в жизни страны. - М.: Наука. 1987. - с. 93-100.

3. Методические указания по составлению схем охраны вод малых рек. РД. 33 - 5.3.02 - М.: Изд. ВНИИВО, 1984. – 32 с.

4. Научно-технический прогресс: Словарь/ Сост.: В.Г.Горохов, В.Ф.Халипов.- М.: Политиздат, 1987.- 366 с.

5. Порядок планирования и выполнения работ по охране малых рек, финансируемых за счет средств на операционные расходы. ИВН 33 – 5.1.03 – Минводхоз СССР, 28.05.86. № 195.

6. Принципы и методы комплексного использования водных ресурсов малых бассейнов / Отв. Ред. д-р тех. наук А.Н. Ахутин. – М., Академия Наук СССР, 1950. – 198 с.

7. Проблемы малых рек России (хроника) / Конференция Московского филиала Географического Общества. – Водные ресурсы. 1993. № 1, с. 138-141.

8. Рациональное использование и охрана водных ресурсов малых рек (Тезисы докладов) / Всесоюзная научно-техническая конференция. – Киев-Таллин, 1985. – 168 с.

9. Рекомендации по защите малых рек Средней Азии от загрязнения ядохимикатами стока с орошаемой территории/ Сост.: Орлова А.П., Ярошенко Л.В. – Минводхоз СССР. САНИИРИ им. В.Д. Журина. – Ташкент. 1985. – 44 с.

10. Словарь иностранных слов / Под ред. И.В.Лёхина и проф. Ф.Н. Петрова.- 4-е изд. перераб. и дополн. - М.: Государственное Издательство Иностранных и Национальных словарей. - 1950. - 853 с.

11. Состав, порядок разработки, согласования и утверждения схем охраны и рационального использования водных ресурсов малых рек. - РД 33-1.1.02-90. – М.: ВО "Союзводпроект" Минводстроя СССР. – 1990.

12. Фильчагов Л.П., Полищук В.Б. Возрождение малых рек.- Киев: Урожай, 1989.- 184 с.

Искусствоведение

Кисеева Е.В.
кандидат искусствоведения, доцент Ростовской государственной консерватории (академии) им. С.В. Рахманинова

АКАДЕМИЧЕСКИЙ КОНЦЕРТ В СИТУАЦИИ ПОСТМОДЕРНА

Публикация подготовлена в рамках поддержанного РГНФ научного проекта №13-04-00378

В академической концертной практике последней трети XX – начала XXI веков обозначилась мощная тенденция, связанная с поиском новых форм соединения музыкального и немузыкального контентов. Формирование новых форм исполнительской практики обусловлено как процессами, происходящими внутри музыкального искусства, так и беспрецедентным развитием технологий и средств массовой коммуникации, оказывающих на них воздействие извне. В результате существенных изменений, происходящих в традиционной концертной ситуации, расширяются границы музыкального искусства, создаются новые условия бытования, академическая исполнительская практика взаимодействует с массовой культурой и широкой социокультурной средой. Обширная область современного концертного исполнительства включает многочисленные открытые для творческого диалога явления, в которых благодаря объединению часто противоположных музыкальных традиций нивелируется стилевая и жанровая самобытность. Процессы культурной и стилевой гомогенизации обозначились еще в первой половине XX столетия, с конца 1960-х годов тенденция модернизации музыкальной классики заявила о себе в «полный голос» и спровоцировала формирование отличных от академической традиции форм воспроизведения и восприятия музыки.

Эксперименты музыкантов-исполнителей, работающих в обозначенной сфере можно разделить на несколько групп. К первой группе относятся многочисленные опыты освоения неакадемическими музыкантами (принадлежащими рок, поп-, рэп- сфере) идей академической музыки. Представители массовой культуры проявляют устойчивый интерес к творчеству композиторов-классиков и создают на основе знаменитых сочинений авторские версии с характерными стилистическими признаками своей культуры. Вторую группу представляют выполненные академическими музыкантами обработки классики в манере, несвойственной для академической традиции. Большинство сочинений здесь относятся к академической культуре, в то время как сценические амплуа, исполнительский состав, способы переработки композиторского текста, место проведения, атмосфера концерта и другие показатели, определяют иную неакадемическую манеру музицирования. Третью группу образуют композиции, возникшие в результате совместной творческой работы представителей разных музыкальных культур, например, творческие тандемы академистов и рок-, поп-музыкантов.

Как отмечает Е. Дуков, концерт на рубеже XX–XXI веков стал формой существования любого явления окружающей действительности. Современная художественная практика показывает, что концерт может состояться везде, где существуют элементарные условия для возникновения концертной ситуации. Он может иметь вид непосредственного акустического контакта исполнителей и аудитории, но может и мистифицировать его, например, при выступлении под фонограмму. Концерт может быть аудиовизуальным, рассчитанным одновременно на зрительное и слуховое восприятие, и исключительно аудиальным, адресованным только слуху, как «концерт диска». Концертом называют самые далекие от традиционного понимания явления. Например, автошоу с виртуозными трюками водителей-асов, выступление изобретателей и т. д. [1, 5–11].

На протяжении второй половины XX столетия академический концертный ритуал (среди его важнейших особенностей следует отметить каноны исполнения в специализированном помещении, принципы построения концертной программы, нормы взаимодействия между автором, исполнителем, слушателем, типовые исполнительские составы) был втянут в художественные процессы, множественность и противоречивость которых современное искусствоведение осмысливает сквозь призму культурной ситуации постмодернизма. Музыка формирующейся посткультуры, подобно литературе, философии, живописи и дизайну стала синтезировать техники, жанры, формы прошлого и настоящего, вбирать в себя стилевые качества визуальных и пластических искусств. Кристаллизация художественного постмодерна происходит в кризисной ситуации глобальных перемен 1960-х годов. Радикальные новации, исчерпав свои ресурсы, становятся неактуальными, что приводит к разрушению традиционной коммуникации между искусством и реципиентом. Основная проблема постмодернистского творчества заключается в снятии иллюзорного статуса искусства и демифологизации действительности. С приходом информационного общества утверждает понимание культуры как текста. Субъект перестает быть центром мира, он погружен в текст; эффект субъективности производится структурой текста. Проблема творчества заключается в поисках множественных смыслов и работе с самой действительностью, с телесностью и текстуальностью, с объектами и знаковыми системами.

Традиционные для музыкального искусства категории «искусство», «автор», «опус» в новой парадигме смешиваются и приобретают несвойственные им качества. Объектом искусства становится не результат (законченный опус), а живой процесс его осуществления. Выход искусство в реальность предполагает открытый текст, им становятся реально проживаемые события самой жизни. Композитор создаёт замысел, концепт, ситуацию, тем самым снимая вопрос авторства текста.

Основополагающие принципы художественного постмодернизма – новая эклектика и цитатность, уход от традиционных форм, раздвижение границ времени и пространства нашли специфическое преломление в практике музыкального исполнительства. В условиях ситуации постмодерна меняются эстетические свойства музыкального произведения. Неопределенность, культ неясностей, поверхностность, отсутствие психологической глубины (на смену психологизму приходит ирония, утверждающая плюралистичность) отличают его чувственное восприятие. Фрагментарность и принцип монтажа становятся основополагающими принципами построения музыкальной композиции в постмодернистской интерпретации. Смешение высокого и низкого отличает жанровые миксты и стилевой синкретизм.

Важным фактором, повлиявшим на процесс обновления концертного ритуала, стало разрушение традиционных для академической сферы функций внутри ранее единой триады «автор-исполнитель-слушатель». Как уже упоминалось, автор в музыкальной культуре может исполнять роль организатора события, «проектируя» не только произведение, ситуацию исполнения, но также самого слушателя, задавая модус восприятия и даже поведения. Однако в концертной практике функция автора значительно ослабевает. В. Мартынов, автор известной книги «Конец времени композиторов», в интервью для газеты «Известия» отмечает: «Во второй половине ХХ века композитор оказался задвинут на задний план, потому что исполнитель стоит ближе к микрофону» [3]. Исполнитель находится ближе к публике, оставляет не только слуховые, но и визуальные впечатления, чаще фигурирует в прессе, на телеэкране. В. Мартынов пишет и о конце времени опусной музыки. Исполнитель не только демонстрирует произведение, он включается в процесс совершения события. В результате появляется необходимость говорить о становлении музыканта-исполнителя, чья творческая деятельность выходит за пределы традиционной специализации к многофункциональности.

В новой концертной ситуации теряется незыблемость содержания опуса. Текст и смысловая нагрузка произведения, заложенные автором, могут претерпевать значительные изменения. Встает вопрос о реформации понятия «музыкальное исполнение», в традиционном смысле связанное с раскрытием содержания музыки в соответствии с композиторским замыслом. Первостепенное значение в творческом исполнительском процессе приобретает реализация радикально новой идеи – концепта, противоположной устоявшемуся звучанию произведения. В ситуации постмодернизма исполняемое произведение трактуется как некая «конструкция» исходных элементов, из которых воссоздается бесконечное число вариантов прочтения. Художественная разборка музыкального сочинения и его последующая сборка в новом контексте – деконструкция – составляет основу творческого акта музыканта-исполнителя. В свою очередь, реципиент – слушатель становится участником происходящего, частью концепта.

Условия бытования академического концерта в ситуации постмодернизма претерпели значительные изменения, в концертном исполнительстве обозначилась тенденцию обытовления, приближения к развлекательному функционированию. Для рассмотрения этого аспекта необходимо разграничить понятия «концертная» и «бытовая» формы представления музыки. «Бытовая» форма, по утверждению К. Зенкина, обретает содержание лишь при существовании ситуации концерта «в специально предназначенных для этого залах» [2, 45]. А. Сохор, классифицируя музыку на «преподносимую» и «бытовую» (обиходную), исходит из условий исполнения и восприятия. В первом случае обстановка предполагает отделение слушателей друг от друга концертной эстрадой или театральной рампой, во втором, – исполнение слито с восприятием [4, 235].

В современной концертной практике рождается новая психология потребления академической музыки. Наряду с традиционным для музыкальной классики сосредоточенно-целостным восприятием утверждается «фрагментарно-разорванное» и «загрязненное». «Фрагментарно-разорванное» восприятие – по определению В. Сырова «breaking»-восприятие – обозначает «попутное» или случайное потребление классики в условиях повседневной жизни [5, 210]. «Загрязненное» восприятие может ярко проявляться в открытой для внедрения элементов окружающей среды концертной форме open air, в формате пародийного исполнения, когда на звучание музыки накладываются посторонние шумы. Таким образом, классическая музыка из области преподносимой переходит в несвойственную ей сферу обиходной. Её представление может происходить как в специально отведённых и оборудованных помещениях (концертных залах), так и в открытых пространствах города (на стадионах, уличных площадях), в кинотеатрах, в заводских цехах и прочих помещениях изначально не предназначенных для исполнения музыкальной классики.

В связи с разнообразием форм концертного представления академической музыки во второй половине XX века можно говорить об общей тенденции индивидуализации концерта. Источником индивидуализации могут стать любые новации в области преподнесения музыки, работы с композиторским текстом. Не останавливаясь подробно на этой мало изученной проблеме, отметим, что на систематику концертов могут влиять большое число индивидуально избираемых исполнителем характеристик. Среди них: неакадемические внешние признаки – манера поведения академического музыканта, его внешний вид; место проведения; исполнительский состав; принцип построения концертной программы; применение определённых технических средств и многие другие факторы.

Важнейшим признаком обновления концертного ритуала становится визуализация и театрализация музыкального процесса. Рассматриваемый период изобилует многочисленными композиторскими и исполнительскими опытами создания «театра музыки», и связанными с ними идеями «визуализации звучаний». Внедрение в академический концерт внемузыкального контента, представленного элементами хореографии, сценографии, видео-ряда, драматического театра становится характерной приметой времени. Применение сложных синтетических сплавов актуализирует проблему обновления форм представления музыкальной классики. Использование широкого спектра сценических действий, призванных визуализировать музыкальный процесс, становится благоприятным фактором для утверждения в академическом концерте не свойственных академической манере способов преподнесения музыки. Концертная практика опирается на сложившиеся принципы арт-практик и массовых зрелищ.

Хэппенинг, перфоманс, шоу проникают в академическое исполнительство. В музыковедении не выработано единой позиции относительно места арт-практик в музыкальной среде, но пристальное внимание теоретиков к изучению особенностей игровых жанров и множество публикаций и исследований на эту тему дают повод относиться к ним как к новой исполнительской традиции профессионального уровня. По принципу развертывания и идейному содержанию новые формы концертных представлений отгородились с одной стороны от академической традиции, с другой – от массовой, образовав особую эстетическую ауру, собственную стилистику, аутентичный образ мысли, творчества, презентации и восприятия.

Важными свойствами хэппенинга в музыкальном исполнительском искусстве являются наличие концепта, включение зрителя в процесс исполнения. Композиция музыкального хэппенинга основывается на импровизационности с намеченным сценарно-драматургическим контуром. В данной концертной форме воплотилась идея объединения элитарного и массового, профессионального и непрофессионального. Одним из ярких примеров внедрения хэппенинга в академическую концертную практику является творчество Б.Макферрина (B.McFerrin). Вокально-инструментальные произведения И.С.Баха в его исполнении представляют собой музыкальные проекты, нередко провокационного характера, где зритель становится соучастником процесса исполнения. Перфоманс –

исполнение-действие, выходящее за рамки видовой специфики искусства, но не выходящее за рамки искусства, в музыкальном исполнительстве также демонстрирует расширенные возможности сценического прочтения произведения. Перфоманс предсказуем, имеет законченную структуру, однако в нём присутствует рассчитанный элемент случайности, что делает возможным участие публики. Для перфомансов характерны театральность, зрелищность, вовлечение немузыкальных предметов, элементов повседневности, неожиданности и провокации [1]. Типичным примером преподнесения академического концерта в формате массового шоу можно назвать киевскую постановку оперы-оратории И.Стравинского «Царь Эдип» (режиссер – В.Вовкун, дирижер – В.Сиренко). Спектакль проходил в формате рок-концерта с характерным для него уровнем громкости звучания, расположением сценической площадки, инструментальным составом, сценографией. Действие сопровождалось хореографией, акробатикой, трюками, иллюминацией, что уводило композиторский замысел на второй план, однако способствовало популяризации сочинения.

Одним из действенных средств визуализации концерта становится его техническое оснащение. На сценических площадках создается многоплановое действие: устанавливаются экраны, транслирующие увеличенное изображение, специально отснятые видеоклипы, что акцентирует внимание не только на музыке, но и на персонах, её исполняющих. В академической музыкальной среде распространено применение разнообразных пиротехнических и лазерных шоу. Среди многочисленных проектов, назовём светомузыкальные феерии Ж.Жарра, светопиратехнические шоу Г.Хофа, где зрелищные эффекты усиливают заложенные в музыке элементы театральности, придают звучащему событию особую значимость.

Таким образом, в концертно-исполнительском искусстве последней трети XX – начала XXI веков происходят крупные перемены. Концертная практика, развиваясь в ситуации постмодерна и адаптируясь к новым социокультурным реалиям, органично соединила в себе явления художественной и повседневной, академической и массовой культуры. В результате обновления концертного ритуала возникли новые формы бытования музыки, расширились привычные рамки концерта, модифицировались взаимоотношения композитора, исполнителя, слушателя. Академический концерт вошёл в область арт-практики, став акцией, эпатажным актом, где исполнительский акцент может быть перенесён с результата деятельности на процесс. Перфоманс, хэппенинг, театрализованное шоу сменили традиционные формы преподнесения

---

[1] В качестве яркого примера приведём выступление В.Спивакова и ансамбля «Виртуозы Москвы». Дирижёр разыграл перфоманс, включив в концертное исполнение роль зрителя-смутьяна (её исполнил актёр Е.Миронов), выражающего активное недовольство тем, что происходит на сцене. Кульминацией провокационного события стал пистолетный выстрел дирижёра в недовольного слушателя.

академической музыки. В концертной ситуации обозначилась идея деконструкции пространства – интерполяции, связанной с включением случайных элементов, разрушающих смысл, накладыванием дополнительных значений, созданием немотивированных образов.

Литература

1. Дуков Е. В. Концерт в истории западноевропейской культуры. – М.: Классика-XXI, 2003.
2. Зенкин К. В. Музыка быта и ее жизнь в контексте культуры романтизма // Бытовая музыкальная культура: история и современность: тез. докл. науч. конф.: / ред. А. М. Цукер и др. – Ростов н/Д: Изд-во Ростовской государственной консерватории им. С. В. Рахманинова, 1995.
3. Мартынов В. И. Конец времени композиторов / Послесл. Т. Чередниченко. – М.: Русский путь, 2002.
4. Сохор А. Н. О массовой музыке // Сохор А. вопросы социологии и эстетики музыки. – Л.: Музыка, 1980. – Т.1.
5. Сыров В. Н. Жизнь музыкального шедевра в изменяющемся мире. Диалог или потребление? // Искусство XX века. Диалог эпох и поколений. – Н. Новгород: изд-во Нижегор. гос. консерватория им. М. И. Глинки , 1999. – Т.2.
6. Тимофеев Я. В. Апокалипсис от граммофона // Известия. – 2011 – 15 сентября.

Касаров Г.Г.
доктор исторических наук, профессор
«Московский городской педагогический университет»
Электронная почта: ggkasarov@yandex.ru

ПЕРЕПИСКА НИКОЛАЯ II И ВИЛЬГЕЛЬМА II НАКАНУНЕ ПЕРВОЙ МИРОВОЙ ВОЙНЫ

В 2014 году исполняется 100 лет с начала Первой мировой войны, которая потрясла до основания почти все страны Европы и Азии. Она породила ряд революций в воюющих странах, продвинула далеко вперед революционное движение и борьбу народов колоний за свое освобождение.

Великой мировой войне посвящена многочисленная научная и мемуарная литература, опубликованы сборники документы. Уже в начале войны в России было издано несколько книг, в которых были опубликованы дипломатические документы и переписка руководителей государств, в том числе Николая II и Вильгельма II. В них отразилась напряженная борьба по вопросу войны и мира [1; 2]. К сожалению, эти документы не были проанализированы в отечественной и зарубежной исторической литературе. Не были они переизданы и в 1922 г. в «Красном архиве», в котором были опубликованы дипломатические документы России и Германии кануна войны. В том же 1922 г. эти документы были переизданы отдельной книгой. Но и здесь письма Николая II и Вильгельма II отсутствуют [3; 4].

Поводом для развязывания Первой мировой войны явилось убийство 28 июня 1914 г. в Сараево сербским националистами наследного принца Франца-Фердинанда Австро-Венгерской монархии [6, 522]. Правительство Австрии подготовило и вручило сербскому правительству ноту, в которой были сформулированы, по предложению кайзера Германии, неприемлемые положения для суверенного государства требования. Правительству Сербии для ответа было предоставлено 48 часов [1,7]. В ответной ноте почти все пункты были удовлетворены за исключением вмешательства во внутренние дела Сербии. Австро-Венгерское правительство на этом основании 25 июля объявила войну Сербии [1, 7; 6,524].

Получив информацию о нападении Австрии на Сербию, Совет министров России принял решение о мобилизации в армию в четырех военных округах, на Балтийском и Черноморском флотах. С решение Совета министров царь согласился [5,227].

После вручения Австро-Венгерским правительством ноты Сербскому правительству между Петербургом и Берлином началась интенсивная дипломатическая переписка. Одним из первых был поднят вопрос о продлении срока для ответа на ультиматум Австро-Венгрии со стороны Сербии. На эту просьбу российского Поверенного в делах в Берлине министр иностранных дел Германии не дал положительного ответа [3,194 – 195].

В ночь на 16 июля 1914 г. Николай II послал Вильгельму II телеграмму о возмущении российского общества против развязывания войны Австро-Венгрией против Сербии, что это нападение может привести к крайним мерам, к возникновению общеевропейской войны. Он просил кайзера сделать все возможное, чтобы сохранить мир, «чтобы союзница Германии не зашла слишком далеко» [1,50], что конфликт между Сербией и Австрией желательно передать на рассмотрение Гаагской конференции. Царь написал кайзеру Германии, что рассчитывает на его мудрость [1,17]. В ответной телеграмме 16 июля Вильгельм II посоветовал Российскому императору занять роль зрителя в разгоревшемся конфликте меду Сербией и Австро-Венгрией, что роль посредника между Россией и Австрией, которую он занял невозможно осуществить, если бы Россия не начала военные приготовления [1,51].

18 июля 1914 г. Николай II направил очередную телеграмму Вильгельму II, в которой сообщил, что обвинения в адрес России несостоятельны, что Россия провела мобилизацию, чтобы защитить свои границы от агрессивной политики Австро-Венгерской монархии, что остановить мобилизацию в данный момент по техническим причинам невозможно. В телеграмме говорилось: «Мы далеки от желания воевать. И до тех пор, пока переговоры с Австрией относительно Сербии будут продолжаться, Мои войска не позволят себе ни одного вызывающего действия. В этом я уверяю вас Моим честным словом» [1,18]. 18 июля в ответ на телеграмму царя Вильгельм II ответил, что попытка посредничества завершилась неудачно, что мобилизация в России против союзника сделалась иллюзорной. Кайзер утверждал, что у него есть сведения о мобилизации русской армии на границах с Германией, что он вынужден был принять соответствующие меры. Вильгельм II написал в своей телеграмме, что мир в Европе может быть сохранен, если Россия приостановит военные мероприятия, которые угрожают Германии и Австрии [1,18,19].

На телеграмму Вильгельма II Николай II ответил, что в России проведена вынужденная мобилизация. Здесь же он подчеркнул, что его страна не начнет военных действий. Россия сделать все, чтобы избежать войны между нашими странами. Кайзер же не дал гарантии, что Германия не развяжет войны[1,19]. В ответной телеграмме от 19 июля Вильгельм II заявил, что он настоятельно требует, чтобы российские войска не начинали никаких действий на германской границе. Он писал, что русские войска уже нарушили немецкие границы. Это было голословное заявление. В телеграмме не было указано даже место, где это произошло.

Одновременно Вильгельм II обвинил Францию, что ее военные летчики нарушили территорию Германии [1, 21,22].

18 июля 1914 г. Канцлер Германии направил послу в России Пурталесу телеграмму, в которой царская Россия обвинялась в подготовке к войне против Германии. Канцлер предложил послу предъявить России требования в ультимативной форме, чтобы в течение 12 часов русское правительство остановило все военные приготовления против Германии и Австрии и, чтобы об этом было поставлено в известность правительство Германии [1,52,53; 2, 64].

19 июля 1914 г. в 12 часов 52 минуты канцлер Германии направил послу в России телеграмму, в которой говорилось, что его страна не получила положительного ответа от царского правительства о прекращении мобилизации армии. Поэтому он предложил передать министру иностранных дел заявление, в котором объявлялось о состоянии войны между Германией и Россией [1,53,54,55;]. В 19 часов 10 минут 19 июля посол Германии в Петербурге вручил Сазонову ноту о состояния войны с Россией. Началась Первая мировая война [2,59 – 62, 64].

В короткий срок втянутыми в войну оказались Франция, Бельгия, Англия, Япония, Турция, затем Болгария, Греция Италия и другие страны. В 1917 г. в войну против Германии вступили США. Дорогой ценой заплатили народа мира за развязывание Великой империалистической войны.

Литература

1 Германская белая книга. Полный перевод с примечаниями, составленными на основании русских, французских и английских документов. – С.-Петербург, 1915. – 56 с.
2 Оранжевая книга (до войны). Сборник дипломатических документов. – С.-Петербург, 1914. – 93 с.
3 Русско-Германские отношения 1914 г.//Красный архив. М., 1922. Том первый. – С.163 – 205.
4 Русско-Германские отношения 1873 – 1914. (Документы из секретного архива б. Министерства иностранных дел). – М.: Центрархив, 1922. – 208 с., прил. 8 с.
5 Сазонов С.Д. Воспоминания. – М.: Международные отношения, 1991. – 400 с.
6 Тэйлор А. Дж. Борьба за господство в Европе 1848 – 1918. – М. Иностранная литература, 1958. – 644 с.

Апраксин Д.А.
врач-стоматолог-терапевт АНО «Ньюстом Эстетик», г. Иркутск
Мокренко Е.В.
к.м.н., ассистент кафедры ортопедической стоматологии Иркутского государственного медицинского университета
Кострицкий И.Ю.
ассистент кафедры ортопедической стоматологии Иркутского государственного медицинского университета

ОСНОВНЫЕ АСПЕКТЫ ВОССТАНОВЛЕНИЯ ПРОЧНОСТИ КОРОНКОВОЙ ЧАСТИ ДЕВИТАЛЬНЫХ ЗУБОВ

Возможность возмещения дефектов твёрдых тканей зубов для дальнейшего использования в качестве опоры ортопедической конструкции является одним из основных вопросов стоматологической практики. Однако препятствием является потеря эластичности, и, как следствие, прочности твердых тканей при девитализации зубов, что заставляет применять различные приёмы дополнительного их укрепления.

Основанием для проведения эндодонтического лечения перед протезированием должны быть только прямые показания, такие как: воспалительный процесс в пульпе зуба, аномалии и деформации зубных рядов, полость зуба большого размера.

Для восстановления и укрепления девитальных зубов широкое распространение получили анкерные и стекловолоконные штифты. За счет их использования может быть сформирован внутренний усиленный каркас и восполнен дефект твердых тканей зуба композитным реставрационным материалом. Использование стекловолоконных штифтов при значительном дефекте твердых тканей и планируемой повышенной функциональной нагрузке позволяет с помощью адгезивных технологий фиксировать внутриканальный штифт и сформировать внешний армирующий каркас из плетенного волоконного материала (GlasSpan, EverStick, Quartz Splint). Каркас из одного стекловолоконного штифта возможно создать только в корневых каналах, имеющих круглое сечение (зачастую это искусственно созданные — с помощью NiTi-инструментов). При овальном сечении каналов рекомендовано использование в качестве внутриканального штифта стекловолоконной ленты. В нашей практике мы совмещаем применение стекловолоконного штифта и ленты вне зависимости от формы сечения просвета корневого канала, что даёт дополнительную уверенность в результате.

Восстановленную светопроводимыми конструкциями культевую часть зуба возможно использовать для прямой эстетической реставрации, опоры безметалловой керамики, протезирования винирами и компонирами.

Для успеха стоматологического лечения следует использовать материалы, близкие по физическим параметрам к тканям опорных зубов. Потому представляется перспективным применение для культевых штифтовых вкладок термореактивных ацеталовых полимеров. Эластичность материалов данной группы позволяет изготовить вкладку, имеющую несколько непараллельных внутриканальных штифтов, как цельную конструкцию. Для повышения надежности фиксации искусственной коронки выполняется обработка культи опорного зуба с использованием внутриротового пескоструйного аппарата.

Точное соблюдение технологических тонкостей — гарантия успешного и адекватного стоматологического лечения больного, а врач должен стремиться создать положительную мотивацию, которой, в конечном счете, является здоровье самого пациента.

Список литературы:

1. Абрамова Н.Е., Леонова Е.В. Опыт повторного эндодонтического лечения зубов с плохим прогнозом на успех //Эндодонтия Today. - 2003, №1-2.
2. Арутюнов С.Д. Изучение напряженно-деформированного состояния комбинированных зубных протезов с опорой на зубы со здоровым пародонтом // Соврем. ортопедич. стоматол. - 2007, № 8
3. Зуев М.Д., Текучева С.В., Бычкова Н.В., Малый А.Ю. Анализ обоснованности депульпирования зубов при ортопедическом лечении цельнолитыми несъемными конструкциями // Форум стоматологии. - 2005, №1.
4. Каливраджиян Э.С., Лещева Е.А., Соловьева А.Л. и др. Долговечность, эффективность и эстетика в реставрации зубов // Учебное пособие. - Воронеж, «Водолей». - 2005
5. Митронин А.В., Марчук С.А. Клинико-лабораторная оценка применения стекловолоконной армирующей системы в реставрации зубов, подвергнутых
эндодонтическому лечению // Российская стоматология. - 2009, №1.

Вязьмин А.Я., Клюшников О.В., Подкорытов Ю.М.
1) д.м.н., профессор, зав.кафедрой ортопедической стоматологии;
2) к.м.н., ассистент кафедры ортопедической стоматологии;
3) к.м.н., доцент кафедры ортопедической стоматологии Иркутского государственного медицинского университета
E: mail - klush.stom@mail.ru

ДЕНС-ТЕРАПИЯ ПРИ ЛЕЧЕНИИ ОСЛОЖНЕНИЙ ЗАБОЛЕВАНИЙ ВИСОЧНО-НИЖНЕЧЕЛЮСТНОГО СУСТАВА

По данным Хватовой В.А. (1982) аномалии зубных рядов и прикуса являются этиологическим фактором дисфункций и заболеваний ВНЧС.

Во время ортодонтической коррекции аномалий прикуса возможны обострения заболеваний ВНЧС, сопровождающиеся острой болью в суставе, возникновением тригерных зон, патологическим шумом в суставах. Возникает так называемый «порочный круг», когда перестройка жевательного аппарата во время ортодонтического лечения приводит к микротравме элементов в височно-нижнечелюстном суставе, а это, в свою очередь, еще в большей степени ведет к возникновению болевого синдрома в ВНЧС.

Для ликвидации этого «порочного круга» необходимо способствовать устранению болезненных ощущений у пациента и продолжать ортодонтическое лечение до полной нормализации окклюзии. Мы использовали метод динамической электронейростимуляции в комплексном лечении взрослых пациентов с аномалиями прикуса, осложненными заболеванием височно-нижнечелюстного сустава.

В клинике ортопедической стоматологии нами было обследовано и принято на лечение 21 взрослый пациент с аномалиями прикуса, осложненными дисфункцией ВНЧС. Наблюдаемые больные были разделены на 2 группы, различавшиеся по протоколу проводимой терапии. В 1 группе (14 человек) проводили комплексное лечение, включающее аппаратурное ортодонтическое лечение и ДЭНС-терапию; во 2 группе (7 Человек) проводили аппаратурное лечение и фармакотерапию нестероидными противовоспалительными средствами (ортофен в суточной дозе 400-600 мг).

Для экспресс –оценки болевых зон и временных корпоральных тригерных зон в аппарате «ДиаДЭНС-Т» применялись режимы «ТЕСТ» и «СКРИНИНГ». Режим «ТЕРАПИЯ» использовался для быстрой ликвидации болевого синдрома (преимущественно на частоте 140 и 200 Гц). Для продолжительного анальгезирующего эффекта проводилось воздействие в режиме «ТЕРАПИЯ» на частоте 20, 60 и 77 Гц. Интенсивность воздействия определялась субъективными ощущениями пациентов и соответствовала комфортному и или максимальному уровню.

Процедуры проводились до устранения выявленных в ходе диагностики нарушений и купирования или значительного уменьшения болевого синдрома и по времени составляли 10-30 минут. Курс состоял из 10-15 процедур, проводимых ежедневно. Нами установлено, что продолжительность курса должна составлять не менее 15 сеансов. Лучшие результаты достигаются при проведении сеансов в вечернее время.

Положительная динамика наблюдалась уже в начале лечебного курса. Отмечено уменьшение или купирование болевого синдрома, увеличение объема движения нижней челюсти. Улучшилось самочувствие, качество жизни больных. В контрольной группе также отмечалась положительная динамика. Однако в 1 группе при кратковременном применении частот 140 и 200 Гц и максимальном уровне интенсивности воздействия анальгезирующий эффект достигался мгновенно и длился несколько часов после первых сеансов воздействия. Когда во 2 группе пациенты отмечали уменьшение болевого синдрома только на следующий день после приема препарата.

Таким образом, получены обнадеживающие данные о перспективах применения динамической электронейростимуляции для купирования болевых синдромов у пациентов в клинике ортопедической стоматологии.

Клюшникова М.О., Клюшникова О.Н.
1) к.м.н., ассистент кафедры терапевтической стоматологии
2) к.м.н., ассистент кафедры стоматологии детского возраста
Иркутский государственный медицинский университет

ВОЗМОЖНЫЕ ОСЛОЖНЕНИЯ ПРИ ЛЕЧЕНИИ ПУЛЬПИТА В ДЕТСКОМ ВОЗРАСТЕ

Течение и исход воспалительного процесса пульпы находятся в тесной зависимости от общего состояния организма ребенка, возраста, локализации и развития кариозного процесса, вирулентности микробов, характера и давности воспаления. Продвинутость воспалительного процесса определяет функциональные и патоморфологические изменения пульпы, дает обоснование врачу для выбора метода лечения и предела хирургического вмешательства, а также характера терапевтического воздействия.

Из клинических наблюдений следует, что показанием к применению того или иного метода лечения пульпита должны быть субъективные признаки и данные объективного исследования, свидетельствующие о сохранении репаративных свойств и биологических возможностей пульпы, дающих возможность установить предел обратимости воспалительного процесса.

Анатомо-физиологические особенности пульпы у детей обуславливают своеобразные условия течения пульпита и создают некоторые трудности в лечении.

В детском возрасте пульпарная камера имеет значительные размеры, каналы корней и апикальные отверстия широкие. Пульпа представляет собой рыхлую соединительную ткань с большим количеством лимфатических, кровеносных сосудов и нервных волокон. Особенностью воспалительного процесса в пульпе молочных зубов у дошкольников является быстрота течения с переходом серозного воспаления в гнойное, а затем в хронический гангренозный пульпит, осложненный острым периодонтитом.

Установлено, что при пульпите патологические изменения в области периодонта у детей отличаются в большем проценте случаев, чем у взрослых. По данным Е.А.Абакумовой (1955), они составляют при острых пульпитах 49,5%, при хронических пульпитах — 50,5% случаев. По данным Р.С.Шиловой-Механик (1941), изменения в периодонте при пульпите у детей бывают в 39,4% случаев.

При выборе способа лечения пульпита у детей необходимо учитывать сроки формирования корней молочных и постоянных зубов, рассасывания корней молочных зубов.

Практическому врачу необходимо учитывать индивидуальные сроки формирования корней, которые в значительной мере зависят от физического развития ребенка. Так, формирование корней постоянных зубов у детей ослабленных, которые перенесли инфекционные заболевания, или отягощенных хроническими заболеваниями, заканчивается через 5-6 лет (иногда 7 лет) после их прорезывания. Несомненно доминирующее влияние эндокринных желез на процессы формирования корней зубов. Следует также в отдельных случаях учитывать травматические моменты (родовая травма и др.).

Рентгенологическое исследование дает возможность правильно выбрать метод лечения и тем самым предупредить осложнения.

Исходя из сроков формирования и рассасывания корней зубов, при выборе показаний к лечению пульпита следует молочные моляры удалять в 8-9 лет, чтобы избежать различных осложнений в периапикальной области после наложения мышьяковистой пасты.

Пульпит в молочных резцах встречается крайне редко вследствие некроза и гибели пульпы, которое осложняется хроническим периодонтитом.

Значение при выборе способа лечения воспаления пульпы имеют в первую очередь распространение воспаления и анатомические условия, характеризующие корневые каналы, затем состояние зубов и общее состояние ребенка.

Главным требованием при лечении воспаления пульпы является удаление больной ткани и такая обработка раны, чтобы воспаление дальше не распространялось. При этом одновременно больной избавляется от боли. Пульпу обезболивают, вызывая искусственно ее некроз либо применяя инъекционную анестезию (так называемые девитальные и витальные методы лечения воспаления пульпы).

Ошибки в лечении и постановке диагноза связаны с недостаточным сбором анамнеза, неправильной оценкой признаков и степени распространенности воспаления пульпы, недооценкой болевого симптома. Они могут возникать также при недостаточном обосновании показаний и противопоказаний к лечению зубов с пульпитом биологическим и методом витальной ампутации коронковой пульпы, недоучете своеобразия течения острого общего пульпита и реакции окружающих мягких тканей у маленьких детей. Много неприятностей связано с мышьяковистой пастой.

Если временная повязка наложена неплотно, то просочившаяся в окружающие ткани мышьяковистая паста может вызвать некроз слизистой оболочки десны, щеки, языка. При длительном соприкосновении ее с тканями возможны некроз и секвестрация части альвеолы. Из-за передозировки или длительного пребывания мышьяковистой пасты в кариозной полости развивается острый мышьяковистый периодонтит. У детей диффузия ее происходит быстрее из-за анатомических особенностей временных зубов.

Частой ошибкой при лечении временных зубов является перфорация дна полости зуба, когда не учитываются анатомические особенности строения твердых тканей и пульпы временных зубов.

Часто из-за диагностической ошибки при хроническом гангренозном пульпите со значительным некрозом пульпы лечение временных моляров проводят методом девитальной ампутации. Нередко раскрытие полости временного моляра производят не полностью. С целью сокращения посещений лечение проводят не в 3, а в 2 посещения. В результате этих врачебных ошибок некротизированная пульпа в корневых каналах не успевает достаточно мумифицироваться под действием импрегнационных средств, и постепенно безболезненно развивается хронический периодонтит. Несвоевременное и неправильное лечение детей с острым и хроническим пульпитом может привести к быстрому переходу одонтогенного воспалительного процесса в следующую стадию: периодонтит, гнойный периостит, острый остеомиелит.

В заключение следует отметить, что рост осложненных форм кариеса в настоящее время среди детского населения — одна из актуальных проблем современной детской стоматологии, что во многом связано с отсутствием или недостаточно своевременным проведением профилактических осмотров и санации полости рта у детей всех возрастных групп, а также неполной диагностикой различных форм заболевания и недостаточно грамотным выбором методов лечения. Изыскание новых методов диагностики и лечения пульпита зубов у детей должно проводиться с учетом особенностей строения и функционирования пульпы зуба, этиологии, патогенеза и течения патологического процесса в детском возрасте. Применяемые методы лечения в основном заимствованы из терапии пульпита постоянных зубов. Однако имеющиеся различия в морфологии тканей временных и постоянных зубов, в течении патологического процесса в них не позволяют безоговорочно распространять одни и те же методы на все случаи и формы пульпита.

В связи с этим важнейшей задачей детских стоматологов является поиск средств и методов лечения воспаления пульпы детских зубов, применение которых будет строго обоснованным и вытекающим из патофизиологической характеристики пульпита этих зубов, с учетом функционального состояния окружающих тканей.

Каждый молочный зуб после лечения корня подлежит регулярному клиническому и рентгенологическому контролю для распознавания возможных патологических процессов челюстей, способных к тому же повредить постоянные зубы. Хроническое воспаление пульпы и периодонта молочных моляров с лечением или без лечения корней нередко приводит к порокам развития постоянных зубов. Серьезными последствиями периапикальных процессов молочных зубов являются повреждение или прекращение развития зачатка постоянного зуба. Возникновение фоликулярных кист вокруг постоянного зуба также ассоциируется с хроническими воспалительными процессами молочных зубов (с лечением или без лечения корня).

УДК: 616.33/34-089.168.1-005.41

Имашев М.С.
докторант кафедры общей хирургии, АО «Медицинский университет Астана».
Фурсов А.Б.
д.м.н, профессор кафедры общей хирургии АО «Медицинский университет Астана»

ПОКАЗАТЕЛИ КАЧЕСТВА ЖИЗНИ ХИРУРГИЧЕСКИХ БОЛЬНЫХ С ЗАБОЛЕВАНИЯМИ ЖКТ В ДО- И ПОСЛЕОПЕРАЦИОННОМ ПЕРИОДАХ

Введение.
Высокая медико-социальная значимость болезней органов пищеварения среди взрослого населения, определяющаяся ежегодным ростом уровней заболеваемости и отчетливым снижением качества жизни пациентов с заболеваниями ЖКТ в до- и послеоперационном периодах, обуславливает необходимость поиска научно-обоснованных путей совершенствования медицинской помощи.

Цель работы: прогноз значимости показателей качества жизни хирургических больных с заболеваниями ЖКТ в до- и послеоперационном периодах.

Материал и методы. В исследование были включены 100 больных с заболеваниями ЖКТ и 100 - здоровых. Возраст исследуемых от 18 до 76 лет (средний возраст 43,9 лет, соотношение мужчины/женщины — 90/10%). По возрастному, половому составу, анамнестическим данным, клинико-диагностическим, эндоскопическим параметрам все обследуемые в группах были однородными. Оценку тяжести состояния, а также показатели КЖ анализировали и ранжировали по признакам как до эндоскопического лечения индуктором эндогенного интерферона в комплексе с антигипоксантной терапией реамберином и простагландином, так и после лечении в указанные сроки. При этом проводили сравнение результатов полученных показателей КЖ из опросников в сопоставлении: а) до и после лечения; б) эффективности лечения различными препаратами (в том числе разработанной в процессе работы схемой - ИЭИ-СА-ПГЕ).

Результаты и обсуждение. Анализ полученных результатов свидетельствует о значительном улучшении показателей состояния больных и КЖ после лечения в обеих подгруппах. Так, например состояние по шкалам абдоминальной боли (АБ – мах. 4 баллов) до лечения указывало на однозначное снижение КЖ. После лечения больных КЖ улучшилось, о чем свидетельствует понижение балльной оценки АБ (мах. 3,5 баллов). Особенно важным для пациента и так же показательным для статистики является понижение баллов по шкале домена АБ у больных с эрозивными и геморрагическими изменениями гастродуоденальной слизистой: до лечения 4 балла, после лечения – 3 балла.

Таким образом, проведенная работа по определению КЖ у больных с эрозивно-язвенными поражениями верхних отделов ЖКТ позволила выявить следующее. Качество жизни в послеоперационном периоде у хирургических больных, пролеченных в стационаре по разработанной методике, значительно улучшается в течение первого месяца после выписки. Состояние больных с частыми рецидивами согласно опросникам отобранным в процессе работы соответствует более низким показателям КЖ, по сравнению с состоянием эндоскопически пролеченных пациентов, у которых заболевание протекает с достаточно редким рецидивированием. Среди лиц, находившихся в стационаре в обеих подгруппах (как до лечения, так и после) наихудшие показатели КЖ определены у пациентов с высоким риском эрозивно-язвенных осложнений. У которых затем на ФГДС диагностированы множественные эрозивно-геморрагические изменения слизистой пищевода, желудка, двенадцатиперстной кишки.

Полученная по результатам исследования картина, с четко фиксированным оценочным балльным коэффициентом, на основе единого подхода в определении состояния пациента и его качества жизни в различные периоды лечения, подтвердила возможность использования предлагаемой методики для прогнозирования эффективности лечения хирургических больных.

Учитывая полученный выше результат, наиболее важным оказалось, что для определения эффективности лечения и профилактики хирургических осложнений в данном исследовании необходимо изучить влияние разработанного комплексного метода ИЭИ-СА-ПГЕ на состояние больных в раннем и позднем послеоперационном периоде.

Параметры КЖ хирургических и гастроэнтерологических больных, наряду с традиционным показателями, по мнению ряда исследователей, являются одним из критериев оценки эффективности лечения. Они могут служить основой для выбора, как вида и схемы лечения, так препаратов и их дозировок.[1]. Метод исследования КЖ позволяет проводить сравнение различных методов лечения в хирургии и гастроэнтерологии [2,3]. Представлены результаты оценки эндоскопического метода лечения ИЭИ у больных с эрозивно-язвенными поражениями пищевода и гастродуоденальной слизистой оперированных по поводу различных абдоминальных заболеваний, и у которых в послеоперационном периоде возникло кровотечение из образовавшихся эрозий и язв. ИЭИ – эндоскопическое введение индуктора эндогенного интерферона; ИЭИ+СА – эндоскопическое ведение индуктора эндогенного интерферона в сочетании с субстратным антигипоксантом; ИЭИ + СА + ПГЕ - эндоскопическое лечение с антигипоксантом и простагландином Е; значения *1, 2, 4* – недели наблюдения.

В контрольной подгруппе наблюдались больные, у которых геморрагические осложнения были купированы без применения разработанного эндоскопического метода гемостаза и профилактики подобных осложнений. Так в группе контроля основными методами борьбы с кровотечением было: внутривенное введение гемостатиков, криоприципитата, свежезамороженной плазмы и донорской крови. У 14 (9,8 %) человек кровотечение из эрозий пищевода и эрозированных варикозно-расширенных вен дополнительно использовали зонд Блекмора. После стабилизации состояния больных и при продолжающемся подтекании крови из источника кровотечения вынужденной мерой было применение электрокоагуляции, которая не дала стойкого положительного результата. Однако данные мероприятия помогли выиграть время и подготовить больного к экстренной операции для окончательной остановки кровотечения.

Следует также отметить, что в данной наблюдаемой группе пациентов с хирургическими осложнениями кроме диагностированных кровотечений из образовавшихся эрозивно-язвенных дефектов слизистой имелись и другие осложнения характерные для раннего послеоперационного периода. Удельный вес послеоперационных хирургических осложнений у лиц с эрозивно-язвенными кровотечениями представлен на рисунке 1.

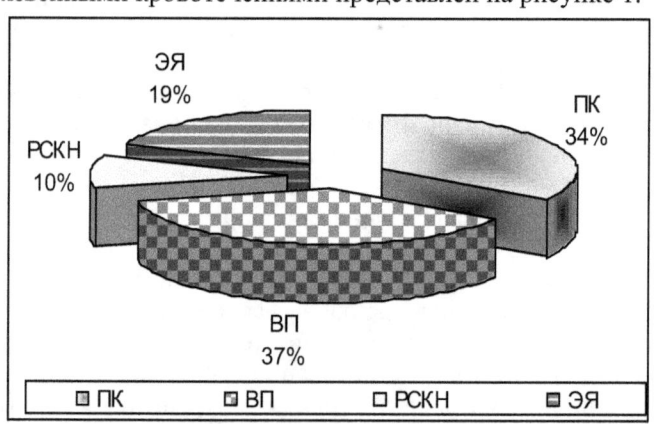

ПК- парез кишечника, ВП – вялотекущий перитонит, РСКН – ранняя спаечная кишечная непроходимость, ЭЯ – эрозии и язвы

Рис. 1 - Структура хирургических осложнений в группе больных с диагностированными эрозивно-язвенными кровотечениями в послеоперационном периоде (n=100).

Как следует из представленного материала из числа всех больных этой группы только у 34% диагностирован сопутствующий стойкий парез кишечника, у 37% - вялотекущий некупирующийся перитонит, у 10% - ранняя спаечная кишечная непроходимость. Выраженный интоксикационный синдром при этом наблюдался почти у 64% прооперированных. Синдром системного воспалительного иммунного ответа (SIRS) диагностирован у 34%. В процессе развития системных полиорганных нарушений с усугублением тяжести состояния у данной категории пациентов затем диагностирован сепсис (7%).

Проведенный анализ балльной оценки КЖ у больных с кровотечениями леченных эндоскопически с применением разработанной схемы ИЭИ+СА+ПГЕ и в сопоставлении с контролем показал хороший результат. Уже с первой недели отмечается рост баллов по шкале оценивающей самочувствие пациентов в послеоперационном периоде по сравнению с контрольной группой. Тенденция роста ко второй и четвертой неделе устойчива, о чем свидетельствует так называемая линия тренда, которая в динамике наблюдения стремится вверх.

Улучшение показателей качества жизни, у больных леченных разработанным комплексным эндоскопическим методом (по схеме ИЭИ +СА + ПГЕ) составило 27,6%.(согласно IBDQ).

С целью проверки достоверности полученных результатов и подтверждения улучшения общего состояния больных, было решено выборочно провести параллельное исследование КЖ вопросником GSRS у каждого 10 из уже анкетированных по IBDQ. По данным выборочного опроса больных общий вывод об эффективности примененного эндоскопического лечения и профилактики эрозивно-язвенных повреждений гастродуоденальной слизистой оказался полностью идентичным.

Таким образом, можно сделать следующее заключение.

Применение в работе разработанного методологического подхода к исследованию показателей качества жизни хирургических больных в до- и послеоперационном периодах, как одного из критериев прогноза патологического процесса, а также эффективности способов профилактики (или лечения), показало высокую его прогностическую значимость и объективность.

Список литературы

1. Скоромец Н.М., Чернова ТВ., Елфимов П.В., Бородина З.И. Результаты анкетирования пациентов врача общей практики // Здравоохранение Российской Федерации. — 1997.— Т. 3.-С . 21-22.

2. Lopez-Vivancos J., Casellas F, Badia X. et al. Validation of the Spanish version of the inflammatory bowel disease questionnaire on ulcerative colitis and Crohn's disease // Digestion. - 1999.- Vol. 60. - P. 274-80.

3. Wiklund I., Bardhan K.D., Muller-Lissner S. et al. Quality of life during acute and intermittent treatment of gastroesophageal reflux disease with omeprazol compared with ranitidin. Results from a multicentre clinical trial. The European Study Group // Ital. J. Gastroenterol. Hepatol. — 1998. —Vol. 30, №1 . — P. 19-27.

Кожахметова Д.К.*; Маукаева С.Б., Нуралинова Г.И.**;
Кудайбергенова Н.К., Куанышева А.Г.***
* магистрант; ** к.м.н., доцент; *** к.м.н., ассистент
Государственный медицинский университет г. Семей, Республика Казахстан

ОЦЕНКА ДИАГНОСТИЧЕСКОЙ ЗНАЧИМОСТИ ИММУНОЛОГИЧЕСКИХ ТЕСТОВ ПРИ ХРОНИЧЕСКОМ ДЕКОМПЕНСИРОВАННОМ БРУЦЕЛЛЕЗЕ

Актуальность. Многочисленные и разнонаправленные нарушения в системе иммунитета больных хроническим бруцеллезом обусловливают необходимость определить приоритетные диагностические методики, которые бы позволили сузить спектр обследований, и в тоже время полноценно охарактеризовать иммунопатологические нарушения при хроническом бруцеллезе [1, 5]. Одним из наиболее используемых в клинической медицине подходов для оценки надежности показателя является расчет коэффициента его диагностической значимости [2, 2].

Цель исследования: оценить диагностическую значимость тестов, используемых для выявления иммунных нарушений у больных хроническим декомпенсированным бруцеллезом.

Материалы и методы исследования. Работа выполнена на базе взрослого отделения Городской инфекционной больницы г. Семей. Обследовано 78 больных хроническим бруцеллезом в фазе декомпенсации. Диагноз хронического бруцеллеза выставлялся согласно классификации Е.С. Белозерова (1984) на основании анамнеза, клинико-эпидемиологических и лабораторных данных. Контролем послужили показатели иммунитета 30 здоровых доноров.

Для оценки диагностической значимости иммунологических показателей при хроническом бруцеллезе был проведен расчет коэффициента диагностической значимости (КДЗ) по формуле А.М. Земскова [3, 3].

$$КДЗ = (\delta_1^2 + \delta_2^2) / (M_2 - M_1),$$

где δ_1 – среднеквадратичное отклонение параметров здоровых лиц; δ_2 – то же больных лиц, M_1 и M_2 – соответственно средние значения показателей.

Полученные данные были ранжированы в зависимости от модуля величины коэффициента диагностической значимости. Параметры, имеющие значение коэффициента диагностической значимости до 1,0 считались высокоинформативными; показатели с коэффициентом 1,1-10,0 считались среднеинформативными; показатели с коэффициентом более 10,0 считались низкоинформативными.

Результаты и обсуждение. Результаты представлены в таблице 1. Выявлено, что при хроническом декомпенсированном бруцеллезе минимальный коэффициент диагностической значимости имеет соотношение γ-ИФН / IL10 (КДЗ=0,12), что говорит о наибольшей его информативности в диагностике иммунопатологических сдвигов у пациентов в фазе декомпенсации. Также высокой информативностью характеризуются иммунорегуляторный индекс $CD4^+ / CD8^+$ (КДЗ=0,31), уровень IgM, IgA, уровень ФНО-α (КДЗ=0,46, 0,64, 0,65 соответственно). Для показателя завершенности фагоцитоза КДЗ составил 0,69.

Таблица 1 – Коэффициенты диагностической значимости иммунологических показателей больных хроническим декомпенсированным бруцеллезом

Оцениваемый показатель иммунитета	Значение коэффициента диагностической значимости		
	0-1,0 высокая информативность	1,1-10,0 средняя информативность	>10,0 низкая информативность
γ-ИФН / IL10	0,12		
$CD4^+/CD8^+$	0,31		
IgM	0,46		
IgA	0,64		
ФНО-α	0,65		
Завершенность фагоцитоза	0,69		
IgG		1,80	
Фагоцитарное число		2,14	
γ-ИФН		2,60	
IL4		2,77	
$L / CD3^+$		3,55	
РТМЛ со специфическим АГ		3,90	
$CD8^+$, %		4,00	
НСТ-тест		5,26	
$CD16^+$, %		5,64	
РТМЛ с ФГА		8,15	
IL8		9,07	
IL10		9,84	
$CD3^+$, %			11,71
$CD4^+$, %			11,94
ЦИК			13,97
Фагоцитоз, %			14,25
$CD20^+$, %			106,56

Средним уровнем диагностической ценности при декомпенсации бруцеллеза характеризуются показатели содержания IgG, фагоцитарного числа, сывороточный уровень γ-ИФН, РТМЛ с ФГА и со специфическим антигеном, показатель активности клеток в НСТ-тесте, процентные показатели $CD8^+$, $CD16^+$ лимфоцитов, лейкоцитарно / Т-лимфоцитарный индекс ($L/CD3^+$), сывороточный уровень цитокинов IL4, IL8, IL10. Для всех перечисленных критериев коэффициент диагностической значимости варьирует в пределах от 1,0 до 10,0.

Низким уровнем диагностической значимости отличаются показатели процентного содержания $CD3^+$, $CD4^+$, $CD20^+$ лимфоцитов, уровень циркулирующих иммунных комплексов, показатель фагоцитоза, для них КДЗ превысил 10,0.

Выводы. Таким образом, проведенные исследования показали, что при хроническом бруцеллезе в фазе декомпенсации процесса наибольшей диагностической ценностью обладает показатель соотношения γ-ИФН / IL10, завершенность фагоцитоза, сывороточные уровни цитокина ФНО-α, иммуноглобулинов А и М, иммунорегуляторный индекс $CD4^+$ / $CD8^+$. Определение перечисленных показателей может быть рекомендовано для оценки степени иммунных нарушений у больных хроническим декомпенсированным бруцеллезом, а также для контроля эффективности терапии.

Литература

1. Курманова Г.М., Дуйсенова А.К., Курманова К.Б., Спиричева Н.Х. Оценка иммунологического статуса и дифференцированная иммунокоррекция при бруцеллезе: Методические рекомендации. - Алматы, 2002, 30 с.
2. Нурпейсова А.Х. - Клинико-лабораторные критерии диагностики и эффективности терапии хронического бруцеллеза: автореф. дис. . канд. мед. наук. - Санкт-Петербург, 2009. - 15 с.
3. Земсков А.М., Земсков В.М., Золоедов В.И. Доступные методы оценки и коррекции иммунных нарушений у больных // Клиническая лабораторная диагностика. - 1997г. - №3.– С. 3-4

Мартюшев Д.А.
аспирант кафедры нефтегазовые технологии,
Пермский национальный исследовательский политехнический университет
e-mail: martyushevd@inbox.ru

ОЦЕНКА КОЭФФИЦИЕНТА ПРОДУКТИВНОСТИ СКВАЖИН ПОСЛЕ КИСЛОТНЫХ ГИДРОРАЗРЫВОВ ПЛАСТА НА МЕСТОРОЖДЕНИЯХ ВЕРХНЕГО ПРИКАМЬЯ

Кислотный гидроразрыв пласта (КГРП) является одним из наиболее эффективных средств повышения дебитов добывающих скважин, которые эксплуатируют карбонатные залежи. Поскольку КГРП не только повышает эффективность выработки запасов, находящихся в зоне дренирования скважины, но и расширяют эту зону, приобщив к выработке малопроницаемые прослои, обеспечив гидродинамическую связь с системой естественных, природных трещин, не вскрытых скважиной, а так же с зонами повышенной проницаемости и, тем самым, способствуя значительному увеличения ее дебита и достижения более высокого коэффициент нефтеотдачи.

В период с 2008 по 2013 гг. в 73 добывающих скважинах, эксплуатирующих турнейско-фаменские объекты, проведены КГРП с использованием 22%-ной соляной кислоты. В качестве определения эффективности КГРП использовался коэффициент продуктивности ($К_{прод}$) после проведения работ относительно базового значения (до проведения интенсификации). В таблице 1 представлены средние значения основных показателей до и после проведения КГРП.

Таблица 1

Месторождение	Показатели					
	До КГРП			После КГРП		
	$К_{прод}$, м³/(сут·МПа)	$К_{прод}$, т/(сут·МПа)	Обводненность,%	$К_{прод}$, м³/(сут·МПа)	$К_{прод}$, т/(сут·МПа)	Обводненность,%
Уньвинское	3,29	2,70	2,65	9,23	6,58	28,11
Шершневское	1,53	1,30	1,05	7,02	5,50	9,23
Гагаринское	1,58	1,16	7,70	8,11	5,36	21,26
Маговское	1,14	0,77	16,00	3,44	1,89	27,26
Озерное	2,34	1,88	2,47	14,16	9,59	16,07
Юрчукское	0,81	0,66	4,00	5,66	4,38	13,21

Как видно из таблицы 1, коэффициент продуктивности после ГРП по всем месторождениям выше средней текущей продуктивности скважин до ГРП и по большинству скважин выше максимальной продуктивности скважины до ГРП. В результате после проведения КГРП компенсируется снижение продуктивности, произошедшее в процессе эксплуатации.

Средний дебит по жидкости до КГРП пласта составлял 5,31 м³/сут, по нефти – 4,05 т/сут, обводненность – 4,18%. По 8 скважинам (11% от всего числа скважин, на которых было проведено КРГП) до КГРП средний дебит составлял более 10 м³/сут.

После проведения КГРП средний дебит по жидкости увеличился до 26,63 м³/сут (в 5 раз), по нефти – 18,13 т/сут (в 4,47 раза), обводненность – 16,79%. Лишь по 9 скважинам (12 % от всех скважин) средний дебит по жидкости после КГРП не превышает 10 м³/сут.

В таблице 2 приведены средние показатели работы скважин после КГРП.

Таблица 2

Месторождение	Показатели	
	$P_{пл}/P_{нас}$	$P_{заб}/P_{нас}$
Уньвинское	1,02	0,67
Шершневское	1,07	0,67
Гагаринское	0,98	0,54
Маговское	0,98	0,49
Озерное	0,84	0,59
Юрчукское	1,19	0,71

Как видно из таблицы 2, на всех месторождениях, кроме Юрчукского, скважины эксплуатируются с пластовым давлением ниже или равным давлению насыщения. Стоит отметить, что данные месторождения имеют высокую газонасыщенность пластовой нефти (130-300 м³/сут), а так же обладают естественной трещиноватостью пород, как отмечалось в работах [1,62], и, следовательно, динамика $К_{прод}$ после проведения КГРП будет существенно зависеть от $P_{заб}$[2,102]. Увеличение депрессии на пласт при снижении $P_{заб}$ ведет к уменьшению $К_{прод}$, а снижении депрессии сопровождается увеличением $К_{прод}$. На рис. 1 показаны изменения $К_{прод}$ от увеличения депрессии после КГРП по скв.80, скв.407 и скв. 410 Шершневского, Гагаринского и Озерного месторождений соответственно.

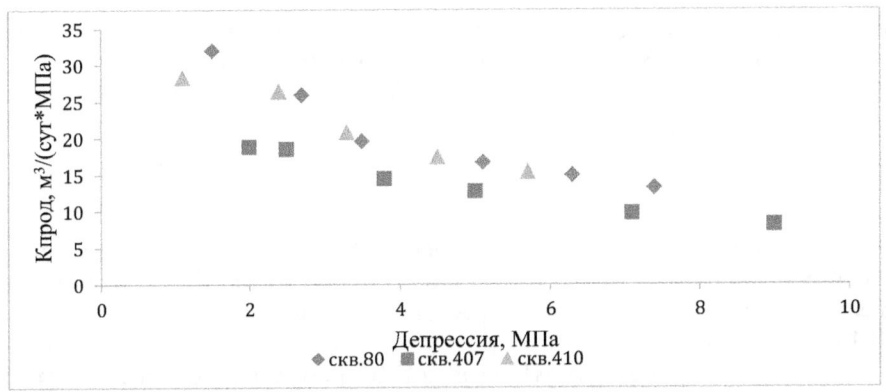

Рис.1 Зависимость К$_{прод}$ от депрессии

Необходимо выделить, что значение К$_{прод}$ так же зависит и от обрабатываемой толщины пласта (рис.2).

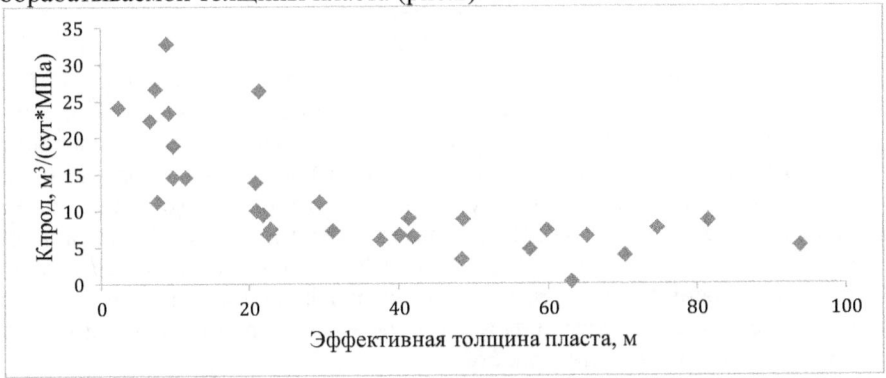

Рис.2 Зависимость К$_{прод}$ от нефтенасыщенной толщины пласта

Сопоставление степени увеличения К$_{прод}$ после ГРП с толщиной обрабатываемого пласта показало снижение эффективности КГРП в сторону увеличения толщин (после 25 м.).

В целом отмечается высокая продолжительная эффекта (в среднем 517 суток), обусловленная стабилизацией как обводненности, так и дебитов жидкости. Но стоит отметить, что по ряду скважин происходит снижение дебитов жидкости, стимулированных КГРП, по причине падения пластового давления. Для обеспечения эффективной эксплуатации скважин необходимо обеспечить благоприятные энергетические условия работы залежи путем развития в зонах применения КГРП системы заводнения.

Из представленных данных о работе скважин после КГРП следует, что при снижении забойных давлений ниже давления насыщения нефти газом и увеличение депрессии на пласт существенно уменьшает продуктивность добывающих скважин вследствие деформации трещин и снижения проницаемости коллектора для жидкости. Так же следует отметить, что для повышения степени вовлечения продуктивных пластов с большой толщиной (более 25 м) целесообразно проводить поинтервальный КГРП.

Список литературы

1. Черепанов С.С., Мартюшев Д.А., Пономарева И.Н. Оценка фильтрационно-емкостных свойств трещиноватых коллекторов месторождений Предуральского краевого прогиба // Нефтяное хозяйство. -2013. -№3. – С.62-65
2. Мордвинов В.А., Поплыгин В.В., Ерофеев А.А. Влияние газа и деформаций коллектора на показатели работы скважин после гидроразрыва пласта // Нефтяное хозяйство. -2012. -№10. –С.102-103.

Тезисы

На сегодня одним из эффективных методов интенсификации добычи нефти в карбонатных отложениях является кислотный гидроразрыв пласта (КГРП). Трещины формируются с помощью подаваемой под давлением жидкости. Для поддержания трещин в открытом состоянии в карбонатных породах используется кислота, которая разъедает породу вокруг созданной трещины. И тем самым КГРП позволяет увеличить дебит скважины и достичь более высокого коэффициента нефтеотдачи. Но стоит отметить, что дебит скважины после проведения интенсификации будет зависеть от условий эксплуатации скважины (пластовое и забойное давления), а так же от обрабатываемой толщины пласта.

В работе приведены результаты обработки КГРП 73 скважин, находящихся на территории Верхнего Прикамья и относящихся к турнейско-фаменским отложениям. В качестве определения эффективности КГРП использовался коэффициент продуктивности ($К_{прод}$) после проведения работ относительно базового значения (до проведения интенсификации).

Как показали результаты динамика $К_{прод}$ после проведения КГРП будет существенно зависеть от $Р_{заб}$. Увеличение депрессии на пласт при снижении $Р_{заб}$ ведет к уменьшению $К_{прод}$, а снижении депрессии сопровождается увеличением $К_{прод}$. Так же важно отметить, что при сопоставление степени увеличения $К_{прод}$ после ГРП с толщиной обрабатываемого пласта показало снижение эффективности КГРП в сторону увеличения толщин (после 25 м.).

Из представленных данных о работе скважин после КГРП следует, что при снижении забойных давлений ниже давления насыщения нефти газом и увеличение депрессии на пласт существенно уменьшает продуктивность добывающих скважин вследствие деформации трещин и снижения проницаемости коллектора для жидкости.

Александрова Т.Н.
доктор технических наук, профессор, Национальный минерально-сырьевой университет "Горный"
Рассказова А.В.
ФГБУН Институт горного дела Дальневосточного отделения Российской академии наук

ИЗМЕНЕНИЕ СТРУКТУРНЫХ ХАРАКТЕРИСТИК ТЕХНОГЕННЫХ УГЛЕРОДСОДЕРЖАЩИХ ОТХОДОВ ПОД ДЕЙСТВИЕМ МЕХАНОАКТИВАЦИИ[1]

Повышение реакционной способности в результате механоактивации можно рассматривать как один из методов получения твердых веществ в метастабильной активной форме [1, 75]. Это ведет к уменьшению энергий активации последующих химических взаимодействий, а в ряде случаев — к реализации реакций, которые при обычных условиях кинетически и термодинамически невероятны. Поэтому исследование изменения характеристик и структурных особенностей техногенных углеродсодержащих отходов актуальны для вовлечения их в переработку.

Объект исследования – техногенный углеродсодержащий отход гидролизной промышленности – технический лигнин сульфатной варки (ТГЛ).

Цель исследования - исследование изменения структуры технического гидролизного лигнина под действием механоактивации для повышения эффективности процессов последующей переработки.

Пробы ТГЛ были отобраны на лигнинохранилище Хорского гидролизного завода, выполнена их технологическая характеристика (таблица 1) и исследован элементный состав методом ренгенофлуоресцентного анализа.

Экспериментальным путем были определены технические характеристики технического гидролизного лигнина (ТГЛ). В таблице 1 – W^a, V^a, A^a – влажность, выход летучих веществ и зольность (r, a– рабочее и аналитическое состояние соответственно), $S_{общ}$, N – содержание серы и азота, Q_s^a - высшая теплота сгорания лигнина.

Количество выщелачиваемой водным растворителем серной кислоты колеблется в пределах 0,17-0,24%. В составе золы, определенном методом рентгенофлуоресцентного анализа, преобладают силикаты: Al_2O_3 – 1%; SiO_2 – 93,4%; P_2O_5 – 1,5 %; CaO – 1,5%; Na_2O – 0,3%; K_2O – 0,3%; MgO – 0,3%; TiO_2 – 0,1%. Токсичных компонентов не обнаружено. Среднее содержание органического углерода в пробах лигнина $C_{орг}^a$ = 34,04 %.

---

[1] Работа выполнена при финансовой поддержке Российского фонда фундаментальных исследований (проект № 13-05-00422)

Таблица 1 – Технические характеристики ТГЛ

Показатель	W^r, %	W^a, %	V^a, %	V^{daf}, %	A^a, %	A^r, %	A^d, %	$S_{общ}$, %	N, %	Q_s^a, МДж/кг
Значение	58,7	61,8	29,5	28,8	0,65	0,7	1,7	1,1	0,57	16,6

Анализ экспериментальных данных показывает, что механоактивация ТГЛ в планетарной мельнице Fritch «Pulverisette 5» (крупность исходной фракции – 3мм, время механоактивации ТГЛ – 5 и 10 минут, соотношение загрузки измельчаемого материала и шаровой загрузки составляет 20:1, скорость вращения барабана – 1000 об/мин) увеличивает его удельную поверхность с 6321 до 8467 см^2/см^3.

С целью исследования изменения структуры технического гидролизного лигнина проведена его механоактивация в планетарной мельнице Fritch «Pulverisette 5». Крупность исходной фракции – 3мм, время механоактивации ТГЛ – 5 и 10 минут. Спектроскопические исследования качественного группового состава исходных и механоактивированных образцов были выполнены на ИК – спектрофотометре с фурье - преобразованием модели «Spectrum One» фирмы «Perkin Elmer» и УФ – спектрофотометре Shimadzy UV-2600 с интеграционной сферой IRS-2700 Plus для твердых образцов. Условия механоактивации: соотношение пробы и шаровой загрузки 1:20, скорость вращения барабана 1000 об/мин. Уф спектры исходного и подвергнутого механической активации лигнина представлены на рис. 1.

По данным спектроскопии в ультрафиолетовой и видимой областях, у технического гидролизного лигнина различной крупности (-0,25 и -2+0,25 мм) совпадают основные максимумы. В образце, подвергнутом механоактивации в течение 5 минут, исчезает пик в районе 200 нм, что объясняется частичной деструкцией ароматических соединений и наблюдается батохромный сдвиг от 227 до 231 нм, который объясняется распадом и перегруппировкой молекулярных структур ТГЛ – образованием фенильного радикала из карбонильного соединения ароматического характера.

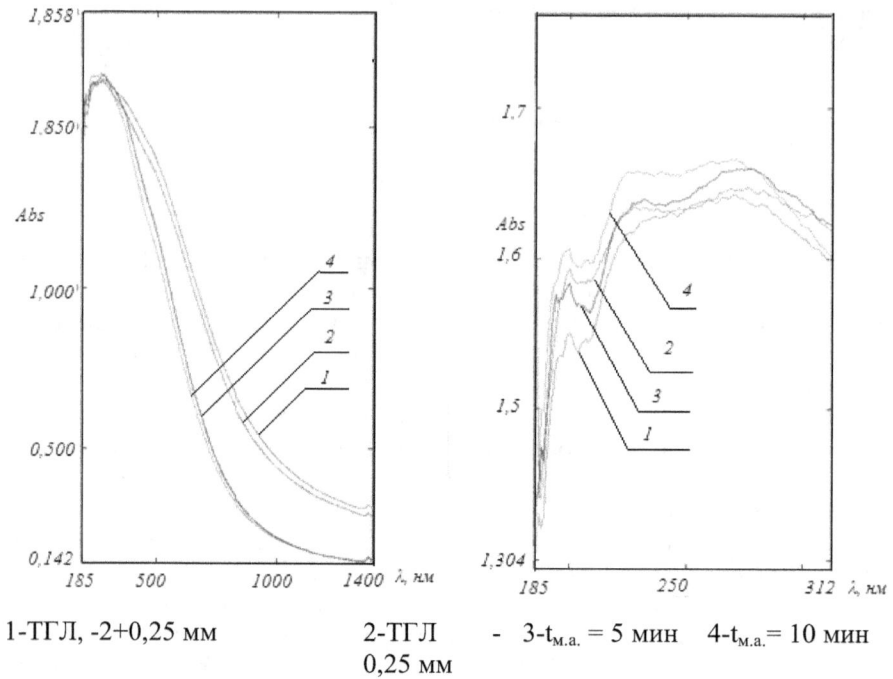

1-ТГЛ, -2+0,25 мм   2-ТГЛ - 0,25 мм   3-$t_{м.а.}$ = 5 мин   4-$t_{м.а.}$ = 10 мин

Рис. 1. УФ спектр технического гидролизного лигнина

При более длительном механоактивирующем воздействии продолжительностью в 10 минут, полностью исчезает и пик в области 231 нм, что иллюстрирует завершение процесса отщепления фенильных радикалов, обладающих высокой реакционной способностью. У механоактивированного ТГЛ наблюдается сильный гипохромный эффект при 1383 нм, что свидетельствует о расщеплении связей между ароматическими фрагментами ТГЛ. Неизменно присутствует максимум поглощения, характерный для фенола, причем с ростом времени механоактивации происходит несколько больший гиперхромный эффект.

Согласно данным лазерно – дифракционного анализа, при механоактивации гидролизного лигнина происходит увеличение удельной поверхности с 6321 до 8467 см^2/см^3. При механоактивации гидролизного лигнина происходит увеличение удельной поверхности, в некоторых случаях разрыв химических связей и образование свободных радикалов.

Критериальная оценка механоактивации. Границы ультрафиолетовой области спектра 100-400 нм, видимой части спектра 400-740 нм и ближнего инфракрасного диапазона 780-3000 нм. Критерием механоактивации служит отношение высоты пика светопоглощения после механоактивации материала к первоначальной высоте пика. В ультрафиолетовой области этот показатель равен 0,52, он стремится к нулю с увеличением времени механоактивации при уменьшении длины волны. В части ближнего инфракрасного диапазона этот показатель равен 1 - 1,01.

Критерий механоактивации в ближнем инфракрасном диапазоне: K_{ma}^{vis}=1 - 1,01. Критерий механоактивации в ультрафиолетовой области: K_{ma}^{uv}=0,52.

Вывод. Данные, полученные в ходе исследования, подтверждают глубокие структурные изменения, протекающие вследствие механической активации техногенного углеродсодержащего отхода.

Литература:

1. Медведев, А.С. Выщелачивание и способы его интенсификации [Текст] / А.С. Медведев. – М.: МИСИС, 2005. – 240 с.

Соловьев В.А.
д-р техн. наук, зав. лабораторией ОАО «Галургия»;
Секунцов А.И.
научный сотрудник ОАО «Галургия», аспирант ПНИПУ;
Чернопазов Д.С.
научный сотрудник ОАО «Галургия», аспирант ПГНИУ;
Каменских А.С.
инженер ОАО «Галургия»

ТЕХНОЛОГИЧЕСКИЕ МЕТОДЫ ПОВЫШЕНИЯ ИЗВЛЕЧЕНИЯ РУДЫ ИЗ НЕДР ПРИ РАЗРАБОТКЕ СБЛИЖЕННЫХ СИЛЬВИНИТОВЫХ ПЛАСТОВ НА ВЕРХНЕКАМСКОМ МЕСТОРОЖДЕНИИ КАЛИЙНЫХ СОЛЕЙ

Разработка сильвинитовых пластов на Верхнекамском месторождении калийных солей характеризуется значительными потерями полезного ископаемого, которые достигают 40–70 % по системе разработки. Актуальной задачей является снижение уровня потерь.

При разработке Верхнекамского месторождения главной задачей является сохранение сплошности водозащитной толщи, которая достигается путем применения камерной системы разработки с оставлением ленточных междукамерных целиков.

Объектом исследований для разработки возможных способов отработки сильвинитовых пластов с повышенным извлечением выбрано шахтное поле строящегося рудника на Половодовском участке Верхнекамского месторождения.

В ходе поиска резервов для повышения извлечения из разрабатываемых пластов было установлено, что параметры отработки верхнего разрабатываемого пласта принимаются со значительным запасом по степени нагружения целиков.

Авторами разработаны основные положения технологии отработки двух сближенных пластов, при которой по верхнему отрабатываемому пласту АБ предполагается регулярная прорезка междукамерных ленточных целиков, за счет которой степень нагружения междукамерных ленточных целиков по пласту АБ составит нормативное значение, при этом междукамерные ленточные целики будут частично доработаны, что позволит повысить степень извлечения.

Следующим методом, посредством которого возможно повышение степени извлечения, была выбрана технология отработки пластов с регулярным оставлением столбчатых целиков по верхнему пласту и отработкой нижнего пласта с оставлением междукамерных ленточных целиков.

Такое сочетание систем разработки по отрабатываемым пластам в обоих случаях обусловлено:

- небольшой мощностью (1,5–3,0 м) верхнего отрабатываемого пласта АБ, что позволяет утверждать о повышенной устойчивости таких целиков по сравнению с более высокими целиками по пласту Красный II;
- отсутствием опыта отработки двух и более сильвинитовых пластов с оставлением столбчатых целиков
- трудоемкостью обеспечения соосности столбчатых целиков при ведении очистных работ по двум и более отрабатываемым пластам.

В результате оценки возможности применения разных систем разработки, при выемке сильвинитовых пластов геомеханическими расчетами установлено:

- наибольшая интенсивность напряжений соответствует камерной системе разработки с оставлением столбчатых целиков;
- система разработки с оставлением ленточных междукамерных целиков характеризуется повышенной устойчивостью, как без прорезки, так и с регулярной прорезкой междукамерных целиков по пласту АБ. На расчетный 15-и летний период времени несущие элементы системы разработки находятся на стадии установившейся ползучести и являются устойчивыми;
- несколько меньшую устойчивость демонстрируют столбчатые целики, которые обладают меньшей жесткостью по сравнению с «классическими» схемами в горно-геологических условиях Половодовского шахтного поля;
- все рассмотренные технологические схемы позволяют сохранять устойчивость на достаточно длительный срок при жестком режиме деформирования целиков при обязательном соблюдении условия их соосности.

Сравнительно меньшая устойчивость столбчатых целиков достигается при большей степени извлечения (ω = 62,5 % для камерной системы разработки и ω = 72,5 % для камерно-столбовой системы разработки).

Однако вопреки повышенному извлечению применение камерной системы разработки с регулярным оставлением столбчатых целиков обладает рядом существенных недостатков:

- пониженной производительностью очистных комбайновых комплексов при отработке с регулярным оставлением столбчатых целиков;
- в условиях интенсивной складчатости сильвинитовых пластов столбчатые целики будут находиться в состоянии еще большего неоднородного нагружения;
- при проходке широтных комбайновых ходов в камерах будет происходить значительное разубоживание руды каменной солью и

создание уступов между проводимыми широтными и последующими меридиональными ходами.

Возможность комбинированной выемки запасов сильвинитовых пластов с применением камерной системы разработки и камерной системы с оставлением столбчатых целиков оценена с позиции степени влияния комбинации параметров несущих элементов системы разработки на распределение горного давления по сечению ленточного междукамерного целика.

В расчетах принята камерная система с оставлением столбчатых целиков по верхнему пласту АБ и камерная система разработки с оставлением ленточных междукамерных целиков по нижнему пласту Красный II. Некоторые результаты выполненных расчетов представлены на рис. 1.

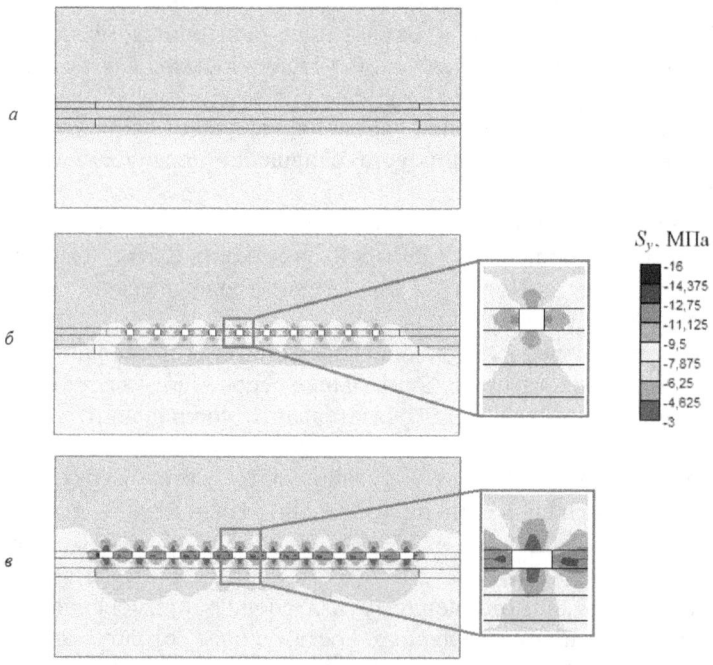

а – камерная система с ленточными целиками на двух пластах
б – камерная с регулярной прорезкой ленточных целиков по верхнему пласту;
в – камерно-столбовая по верхнему пласту и ленточными по нижнему пласту

Рис. 1 – Изолинии сжимающих напряжений при разных системах разработки двух сближенных сильвинитовых пластов (разрез по оси ленточного междукамерного целика)

В результате выполненных исследований установлено, что при отработке верхнего пласта с оставлением столбчатых целиков, а нижнего с оставлением ленточных происходит резко неоднородное нагружение ленточного целика на нижнем отрабатываемом пласте, что негативно сказывается на состоянии элементов системы разработки.

Сопоставляя полученные результаты с опытом применения камерно-столбовой системы разработки, следует отметить, что наибольшая эффективность применения системы разработки с оставлением столбчатых целиков достигается при однопластовой отработке либо за счет применения дополнительных средств корректировки горного давления (в том числе применения закладки), позволяющих снизить уровень требовательности к условиям соосности несущих элементов системы разработки.

Проведена оценка возможности регулярной прорезки ленточных целиков по отрабатываемым сильвинитовым пластам (рис. 2). Применение камерной системы разработки с регулярной прорезкой междукамерных целиков актуально для условий разработки сильвинитового пласта АБ, выемка которого в настоящее время ведется со значительным запасом по степени нагружения. Другим условием применения такой системы разработки является вовлечение в отработку некондиционных по мощности запасов сильвинитовых пластов.

Анализ результатов выполненных расчетов показывает возможность увеличения степени извлечения руды из сильвинитовых пластов без ухудшения геомеханического состояния междукамерных целиков с регулярными прорезками ленточных целиков. С другой стороны, комбинация ленточных междукамерных целиков с прорезкой по пласту АБ показывает меньшую неоднородность напряженного состояния породного массива, реализующегося в целиках по пласту Красный II по сравнению с вариантом применения столбчатых целиков (см. рис. 1).

Согласно действующим нормативным документам [1 и 2] проведены расчеты для оценки возможности безопасной разработки сильвинитовых пластов Половодовского участка и на неотработанной части шахтного поля Третьего Соликамского рудоуправления камерной системой разработки с регулярной прорезкой ленточных целиков по верхнему разрабатываемому пласту.

При выполнении расчетов полагали, что камеры по верхнему отрабатываемому пласту должны проходиться комбайном с барабанным исполнительным органом при выполнении следующих требований:

- создания возможности регулирования вынимаемой мощности в условиях малых мощностей пласта АБ на Половодовском участке и неотработанной части Третьего Соликамского рудоуправления, а также высокой вероятности ее резкого изменения;

- необходимости обеспечения высокой маневренности комбайнов при проходке междукамерных сбоек.

Определены участки в пределах Половодовского шахтного поля и неотработанной части шахтного поля Третьего Соликамского рудоуправления пригодные для безопасной отработки камерной системой с регулярной прорезкой ленточных целиков по верхнему отрабатываемому пласту.

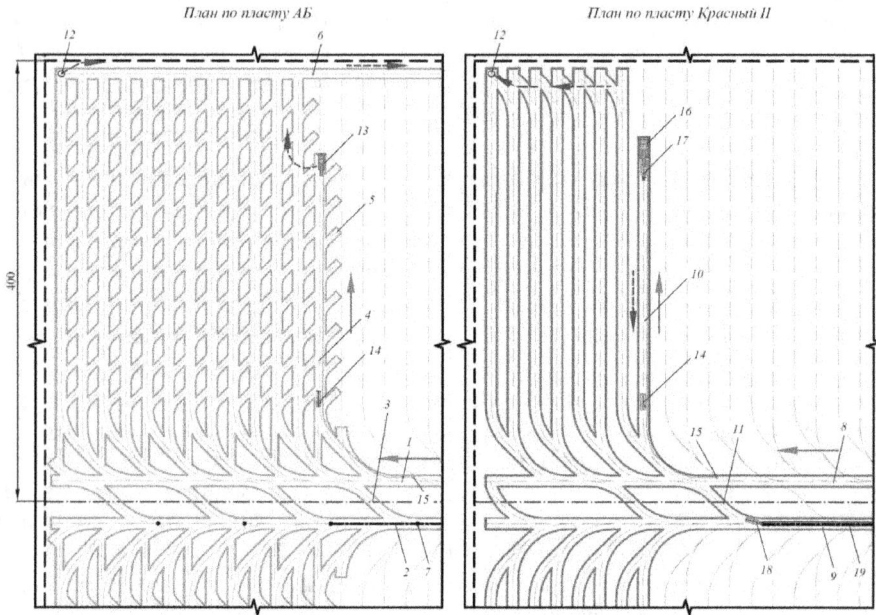

1 - выемочный штрек пласта АБ; 2 - конвейерный штрек пласта АБ; 3 - разгрузочная сбойка пласта АБ; 4 - очистная камера пласта АБ; 5 - междукамерная сбойка; 6 - вентиляционный штрек пласта АБ; 7 - рудоспускная скважина; 8 - выемочный штрек пласта Красный II; 9 - конвейерный штрек пласта Красный II; 10 - очистная камера пласта Красный II; 11 - разгрузочная сбойка пласта Красный II; 12 - вентиляционный ходок; 13 - комбайн с барабанным исполнительным органом; 14 - самоходный вагон; 15 - вентилятор местного проветривания; 16 - комбайн с роторным или планетарным исполнительным органом; 17 - бункер-перегружатель; 18 - механизированный перегружатель руды на конвейер; 19 - блоковый конвейер

Рис. 2 – Схема подготовки и отработки блока по пластам АБ и Красный II

В результате исследований установлено, что применение технологии очистных работ с регулярной прорезкой ленточных целиков на пласте АБ позволяет сравнять несущую способность междукамерных целиков по пластам и, как следствие, значительно увеличить извлечение полезного ископаемого по двум разрабатываемым пластам.

Литература

1 *Указания* по защите рудников от затопления и охране подрабатываемых объектов в условиях Верхнекамского месторождения калийных солей» (Технологический регламент), Санкт- Петербург, 2008 г.

2 *Методические* рекомендации к «Указаниям по защите рудников от затопления и охране подрабатываемых объектов в условиях Верхнекамского месторождения калийных солей», Санкт- Петербург, 2008 г.

Технические науки

Дюкова М.В.
инженер, ТатНИПИнефть

АНАЛИЗ ЭФФЕКТИВНОСТИ ПОВТОРНОГО ГИДРОРАЗРЫВА ПЛАСТА ЧЕРЕЗ ДОБЫВАЮЩИЕ СКВАЖИНЫ

Ключевые слова: гидроразрыв пласта (ГРП), повторный ГРП, оценка эффективности.

Key words: hydraulic fracturing, re-fracturing, analysis of efficiency.

Как известно, гидравлический разрыв пласта – сравнительно сложный, энергоемкий и дорогостоящий технологический процесс интенсификации добычи углеводородов и элемент системы разработки месторождений нефти и газа [1-4]. Для обеспечения планируемой технологической и экономической эффективности ГРП необходимо тщательное и всестороннее изучение объекта обработки, составление и моделирование оптимального дизайна процесса и самой технологии ГРП.

В статье «Теория распознавания образов в нефтегазопромысловой практике», написанной специалистами Тюменского государственного нефтегазового университета Сабитовым Р.Р. и Коротенко В.А. [5], обсуждается вопрос прогнозирования показателей эффективности повторного ГРП на объекте ЮВ1 Нивагальского и Урьевского месторождений с применением теории распознавания образов. В работе [6] показано, что кратность увеличения дебита нефти за счет повторных гидроразрывов пласта возрастает со снижением эффективности проведения первичного ГРП. Известно [7], что кратность увеличения дебита нефти при ГРП с первоначальным скин-фактором, близким к нулю, не может быть выше 2-х. В этих же пределах наблюдается эффективность и повторного ГРП. Как показал анализ, низкая эффективность повторных ГРП определяется высокой выработкой запасов в области дренирования скважины и худшим энергетическим состоянием пласта, в частности за счет снижения среднего пластового давления после первичного ГРП [6, 7]. Ведущими специалистами НГДУ «Альметьевнефть» Гумаровым Н.Ф. и Ганиевым Б.Г. изучена эффективность повторных ГРП на терригенных объектах разработки. В данной статье приводятся результаты первичного анализа эффективности двукратных ГРП, выполненных в ОАО «Татнефть» в течение последних лет.

С каждым годом в компании «Татнефть» увеличивается объем работ по применению ГРП, соответственно, растет добыча нефти. В последнее время ежегодно проводятся в среднем 400-500 мероприятий по ГРП различного назначения, включающих локальные, циклические, глубокопроникающие и повторные гидроразрывы в терригенных и карбонатных пластах-коллекторах.

Значительный интерес представляют результаты повторного гидроразрыва пласта через добывающие скважины. В мире повторный ГРП имеет давнюю и успешную историю применения. Обзор данных, начиная с шестидесятых годов прошлого века, показывает, что приблизительно 35 % от обработок ГРП в мире составляют повторные гидроразрывы, успешность которых оценивается в пределах 50-75 % [8].

Привлекательность повторного гидроразрыва определяется следующими показателями:
- имеется больше информации для проектирования повторного ГРП (например, данные по предыдущей обработке скважины);
- накоплен больший промысловый опыт ГРП в данном регионе, чем при первоначальной работе;
- со времени последней обработки пластовые условия, возможно, изменились – пластовое давление часто меньше начального вследствие отбора;
- в процессе разработки месторождения могут возникать значительные горизонтальные градиенты давления;
- возможно, что проппант от предыдущей обработки будет действовать как отклоняющий материал во время повторного ГРП.

После анализа все скважины на объектах ОАО «Татнефть», в которых проводились повторные гидроразрывы, были условно разделены на 4 группы.

Примеры сочетаний повторных ГРП по эффективности

К первой группе отнесены скважины, в которых достигнут положительный результат в обоих случаях ГРП (таблица 1, рисунок 1).

Таблица 1 – Обобщенные основные средние показатели эксплуатации скважин с проведенными повторными ГРП по первой группе скважин.

№ п/п	Наименование	Средние показатели первой группы					Накопленный средний прирост (т/сут)
		Qж, м³/сут	Qн, т/сут	Обв. (объем) %	Кпрод, м³/(сут·МПа)	Рпл, МПа	
1	До проведения ГРП	3,10	2,60	18,30	0.077	14,70	3,2
2	После проведения ГРП, за первый год эксплуатации	12,10	7,80	33.8	0.290	14,40	
3	Перед проведением второго ГРП	6,4	3,9	28,4	0.101	15,1	2,62
4	После проведения второго ГРП, за первый год эксплуатации	11,8	6	37,9	0.274	15,1	
5	Текущие показатели эксплуатации	10,50	4,90	45.6	0.250	15,10	

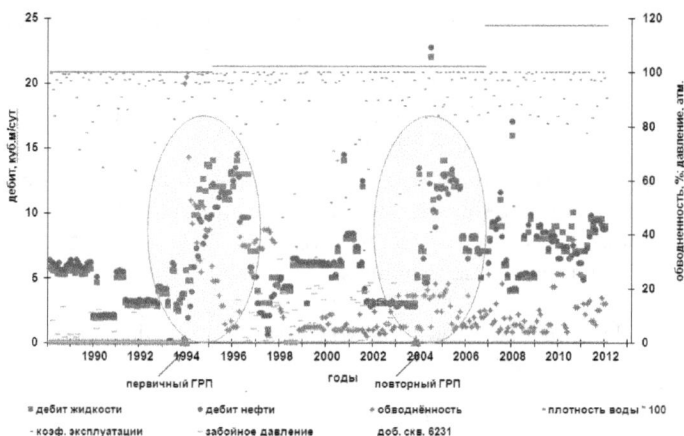

Рисунок 1 – Динамика технологических показателей эксплуатации скважины 6231
(группа 1)

Из графика видно, что как в первом, так и во втором мероприятии при проведении ГРП происходит увеличение отбора жидкости и нефти и снижение уровня обводненности продукции.

Ко второй группе отнесены скважины, в которых при первичном ГРП наблюдается эффект, а при повторном нет (таблица 2, рисунок 2).

Таблица 2 – Обобщенные основные средние показатели эксплуатации скважин с проведенными повторными ГРП по второй группе скважин.

№ п/п	Наименование	Средние показатели второй группы					Накопленный средний прирост (т/сут)
		Qж, м³/сут	Qн, т/сут	Обв. (объем) %	Кпрод, м³/(сут·МПа)	Pпл, МПа	
1	До проведения ГРП	6,50	3,80	43,50	0.067	14,90	2,9
2	После проведения ГРП, за первый год эксплуатации	10,30	10,50	45,60	0.290	14,60	
3	Перед проведением второго ГРП	9,3	2,2	67,4	0.201	14,9	1,04
4	После проведения второго ГРП, за первый год эксплуатации	4,3	1,9	60,6	0.174	14,8	
5	Текущие показатели эксплуатации	8,60	4,10	63,70	0,19	14,90	

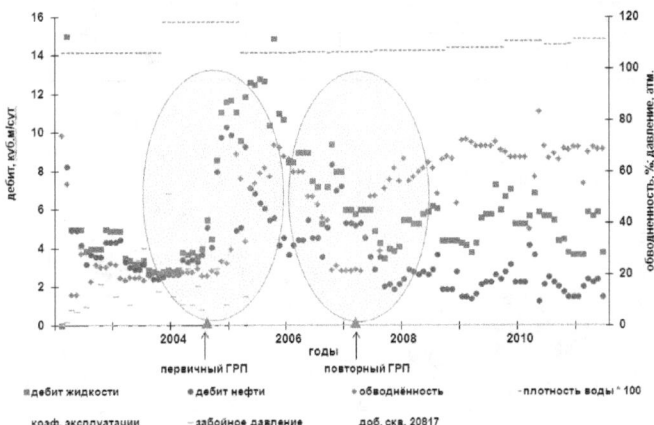

Рисунок 2 – Динамика технологических показателей эксплуатации скважины 9133
(группа 2)

Из рисунка 2 видно, что при первичном ГРП ярко выражено увеличение отбора нефти, жидкости и обводнённости продукции, а при повторном происходит снижение уровней отбора нефти, жидкости и увеличение обводненности продукции. Возможно, что в этом случае проппант от предыдущей обработки действовал как отклоняющий материал (как указывалось выше).

К третьей группе отнесены скважины, в которых результат от первичного ГРП отрицательный, а от вторичного - положительный (таблица 3, рисунок. 3).

Таблица 3 – Обобщенные основные средние показатели эксплуатации скважин с проведенными повторными ГРП по третьей группе скважин.

№ п/п	Наименование	Средние показатели третьей группы					Накопленный средний прирост (т/сут)
		Qж, м³/сут	Qн, т/сут	Обв. (объем) %	Кпрод, м³/(сут·МПа)	Рпл, МПа	
1	До проведения ГРП	8,20	5,90	25,70	0,21	15,10	3,2
2	После проведения ГРП, за первый год эксплуатации	3,10	2,10	26,30	0,19	15,00	
3	Перед проведением второго ГРП	7,2	4,0	35,4	0,23	14,9	4,3
4	После проведения второго ГРП, за первый год эксплуатации	8,9	6,3	35,9	0,25	15,2	
5	Текущие показатели эксплуатации	6,30	4,90	41,30	0,23	15,20	

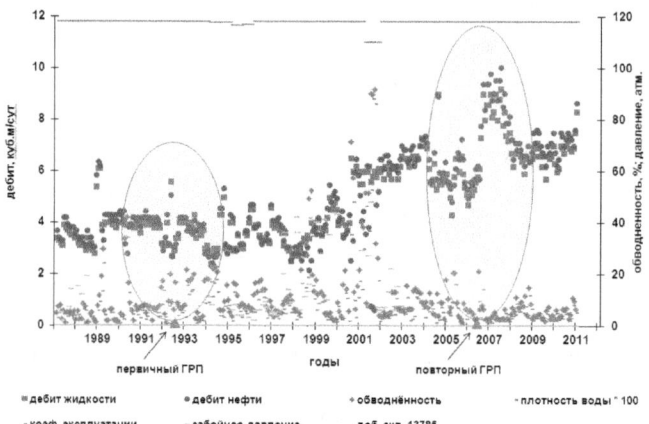

Рисунок 3 – Динамика технологических показателей эксплуатации скважины 13785 (группа 3)

Как видно из рисунка 3, эффект от первого ГРП эффекта не наблюдается, дебиты нефти и жидкости остаются без изменения. Вероятно, после проведения ГРП и увеличения проницаемости пласта для жидкости не был оптимизирован режим работы скважинного оборудования (например, замена насоса на больший тип размера) или же ГРП был безуспешен. При повторном гидроразрыве наблюдается резкое увеличение дебита жидкости и нефти, что позволяет нам сделать вывод об эффективности данного мероприятия.

К четвертой группе отнесены скважины, в которых оба мероприятия по проведению ГРП имели отрицательные результаты (таблица 4, рисунок 4).

Таблица 4 – Обобщенные основные средние показатели эксплуатации скважин с проведенными повторными ГРП по четвертой группе скважин.

№ п/п	Наименование	Средние показатели четвертой группы					Накопленный средний прирост (т/сут)
		Qж, м³/сут	Qн, т/сут	Обв. (объем) %	Кпрод, м³/(сут·МПа)	Рпл, МПа	
1	До проведения ГРП	7,20	4,30	45,90	0,19	14,60	2,1
2	После проведения ГРП, за первый год эксплуатации	4,90	2,90	31,20	0,18	14,80	
3	Перед проведением второго ГРП	4,6	3,7	13,5	0,18	15,6	2,6
4	После проведения второго ГРП, за первый год эксплуатации	3,4	3,1	45,9	0,17	15,5	
5	Текущие показатели эксплуатации	3,90	3,30	56,90	0,17	15,30	

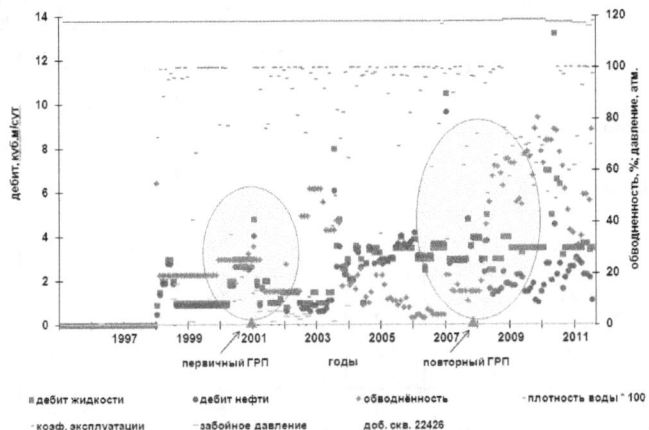

Рисунок 4 – Динамика технологических показателей эксплуатации скважины 224260 (группа 4)

Из рисунка 4 видно, что эффект от проведенного ГРП не наблюдается, то есть при первичном ГРП происходит снижение дебита нефти и жидкости, а при повторном – резкое увеличение уровня обводненности, снижение уровня отбора нефти, уровень отбора жидкости остаётся без изменения. Можно предположить, что в этом случае не был оптимизирован режим работы насоса.

Таким образом, были проанализированы эксплуатационные показатели по 46 скважинам ОАО «Татнефть», где проводились мероприятия по повторному гидроразрыву пласта. Усреднённые результаты по всем группам занесены в таблицу 5, где показана динамика показателей дебитов нефти, жидкости, обводненности до и после мероприятия. Относительное увеличение дебита (отношение разности дебита после мероприятия к дебиту до мероприятия) равно: в 1-й группе при первичном и повторном ГРП – 1,7; во 2-й группе при первичном – 1,6; при повторном – 1,8; в 3-й группе при первичном – 1,0; при повторном – 1,4 и в 4-й группе при первичном ГРП – 1,2; при повторном – 1,0. Индекс доходности, полученный в группах 1, 2, 4, с повторным ГРП уменьшается. В 3-й группе индекс доходности при повторном ГРП увеличивается, т.к. результат от проведения первичного ГРП отрицательный, а повторного – положительный.

Таблица 5 – Средние показатели по проведению первичного и повторного ГРП по выборка

Выборка	Очередность воздействия	Количество скважин	Дебит жидкости до воздействия, т/сут	Дебит нефти до воздействия, т/сут	Обводненность до воздействия, %	Продолжительность эффекта, сут	Дополнительная добыча нефти, т	Абсолютное увеличение дебита нефти, т/сут	Относительное увеличение дебита нефти, ед.	Индекс доходности, ед.
Первичный положительный, повторный положительный	Первичный	18	3,1	2,6	18	72	2760	1,3	1,7	1,35
	Повторный	18	6,4	3,9	28	34	2044	1,9	1,7	1,09
Первичный положительный, повторный отрицательный	Первичный	12	6,5	3,8	43	48	1574	1,0	1,6	1,20
	Повторный	12	9,3	2,2	67	28	933	1,1	1,8	1,14
Первичный отрицательный, повторный положительный	Первичный	12	8,2	5,9	19	68	577	0,3	1,0	0,59
	Повторный	12	7,2	4,0	27	31	1053	1,1	1,4	0,83
Первичный отрицательный, повторный отрицательный	Первичный	4	7,2	4,3	45	54	974	0,6	1,2	1,14
	Повторный	4	4,6	3,7	13	24	36	0,05	1,0	0,07

Таким образом, по результатам анализа применения двукратного ГРП можно сделать следующие выводы:

1. ГРП – действенный и высокоэффективный метод увеличения добычи нефти при условии правильного выбора скважины и корректного использования насосного оборудования.

2. Основанием для проведения повторного ГРП чаще всего служит снижение продуктивности пласта после первичного ГРП.

3. При повторном ГРП причинами низкой эффективности могут стать недостаточное извлечение отработанной технологической жидкости (геля) и возникновение технологических проблем во время гидроразрыва. Проведение повторного гидроразрыва при неэффективности первичного ГРП в 37 % случаев также неэффективно, в основном из-за особенностей природных геолого-физических условий.

Список литературы

1. Экономидес М., Олини Р. Унифицированный дизайн гидроразрыва пласта. От теории к практике. – Ижевск: Институт компьютерных исследований, 2007. – С. 234.
2. Hubber, M. K., Willis D. G. Mechanics of Hydraulic Fracturing // Trans. AIME 210. – 1957. – P. 153-166.
3. Hunt J. L., Soliman, M. Y. Reservoir Engineering Aspects of Fracturing High-Permeability Formations,// Paper SPE 28803. –1994.
4. Wright, C.A. Hydraulic fracture re-orientation in primary and secondary recovery from low-permeability reservoirs // Paper SPE 30484. – 1995.
5. Сабитов Р.Р., Коротенко *В.А.* Теория распознавания образов в нефтегазопромысловой практике // Нефтегазовое дело. – 2011. – № 5.
6. Куликов А.Н., Захаров В.П. Результаты факторного анализа эффективности методов интенсификации добычи нефти и их влияния на конечную нефтеотдачу пластов: // Электронный научный журнал «ИССЛЕДОВАНО В РОССИИ». URL: http://zhurnal.ape.relarn.ru/articles/2005223.pdf (дата обращения: 18.02.2013).
7. Каневская Р.Д. Математическое моделирование разработки месторождений нефти и газа с применением гидравлического разрыва пласта. – М.: ООО Недра Бизнесцентр, 1999. – С. 212.
8. Константинов С.В., Гусев В.И. Техника и технология проведения гидравлического разрыва пластов за рубежом. – М.: ВНИИОЭНГ, 1985. – С. 61.

Магин В.А.
доктор педагогических наук, профессор, ФГАОУ ВПО «Северо-Кавказский федеральный университет»

ОЛИМПИЙСКОЕ ОБРАЗОВАНИЕ СТУДЕНТОВ

Модернизация системы высшего профессионального образования в России нацелена, в том числе и на формирование у будущих специалистов общекультурных и профессиональных компетенций посредством содержательного обновления образовательного и воспитательного процесса.

В новом Законе «Об образовании в Российской Федерации» под образованием понимается единый целенаправленный процесс воспитания и обучения, являющийся общественно значимым благом и осуществляемый в интересах человека, семьи, общества и государства, а также совокупность приобретаемых знаний, умений, навыков, ценностных установок, опыта деятельности и компетенции определенных объема и сложности в целях интеллектуального, духовно-нравственного, творческого, физического и (или) профессионального развития человека, удовлетворения его образовательных потребностей и интересов. Под воспитанием понимается деятельность, направленная на развитие личности, создание условий для самоопределения и социализации обучающегося на основе социокультурных, духовно-нравственных ценностей и принятых в обществе правил и норм поведения в интересах человека, семьи, общества и государства. Обучение трактуется как целенаправленный процесс организации деятельности обучающихся по овладению знаниями, умениями, навыками и компетенцией, приобретению опыта деятельности, развитию способностей, приобретению опыта применения знаний в повседневной жизни и формированию у обучающихся мотивации получения образования в течение всей жизни.

Формирование общекультурных компетенций связано с усилением гуманистической составляющей системы образования и воспитания, которая требует нетрадиционных источников образования, проповедующих приоритет общечеловеческих моральных и духовных ценностей. Одним из путей реализации такого подхода к образованию и воспитанию учащейся молодёжи является олимпизм.

Олимпизм, согласно Олимпийской Хартии, представляет собой «жизненную философию, возвышающую и объединяющую в сбалансированное целое достоинства тела, воли и разума".

Известно, что Пьер де Кубертен, французский гуманист и основатель олимпийского движения современности, связывал олимпизм с идеей совершенствования человека, человеческих отношений и общества на основе использования спорта, спортивных соревнований и подготовки к ним. Важную задачу олимпизма он усматривал в предотвращении разрыва между физическим и духовным развитием человека, в содействии его разностороннему и гармоничному развитию.

Как ничто другое, олимпизм привлекает тем, что соединяет спорт с культурой и образованием, создает образ жизни, основанный «на радости от усилия, на воспитательной ценности хорошего примера и на уважении к всеобщим основным этическим принципам» (Олимпийская Хартия).

Система олимпийского образования в России начала формироваться с 1980 года. Её целью является приобщение россиян к общечеловеческим ценностям и идеалам духовной красоты и благородства. Эта система открытая: в ее становлении, функционировании, развитии большую роль играет среда, и не только как влияющий фактор, но и как компонент самой системы.

Создание эффективной системы олимпийского образования молодежи предполагает:

- усиление внимания к личности как к высшей социальной ценности;
- превращение обучающегося из объекта социально-педагогического воздействия в субъект активной творческой деятельности на основе развития внутренних мотивов к самосовершенствованию;
- демократизацию в отношениях преподавателей и обучающихся;
- индивидуализацию в работе на основе получения и учета достоверной информации о состоянии здоровья занимающегося, уровне его физической готовности.

Актуальность олимпийского образования вязана со снижением уровня здоровья молодежи, падением интереса к физическому и нравственному совершенствованию, чрезмерным увлечением агрессивными видами антикультуры и т.д.

Сегодня потребность в разработке научно-обоснованной системы олимпийского образования как никогда высока, в которой были бы отражены механизмы принципов непрерывности и преемственности. Этому способствует и проведение на территории России масштабных международных спортивных форумов – Всемирная студенческая Универсиада (2013), зимние Олимпийские игры (2014), чемпионат мира по футболу (2018), открытие в г. Сочи Российского международного олимпийского университета и др.

Основной недостаток современного олимпийского образования состоит в том, что отсутствует системная взаимосвязь элементов олимпийского образования: мотивации (интересов, потребностей, ценностных ориентаций, установок и т.п.), знаний, способностей, умений и навыков. Эффективное и масштабное развертывание олимпийского образования возможно лишь при наличии высококвалифицированных специалистов, обладающих соответствующими знаниями, умениями, навыками и компетенциями.

В практике работы вузов и факультетов физической культуры России имеется определенный опыт организации олимпийского образования. Заслуживает внимания опыт Российского государственного университета физической культуры, спорта, молодежи и туризма. В Северо-Кавказском федеральном университете для студенческой молодежи применяется довольно широкий круг форм и методов олимпийского образования. Наиболее значимые из них:
- совместная с Минобразования работа по организации и проведению всех этапов Всероссийской олимпиады по предмету «Физическая культура»;
- организация и проведение «Спартианских игр», концепция которых была разработана в 1991 году профессором В.И. Столяровым и нашла свое воплощение не только во многих регионах России, но и в Европе и мире. "Спартианские Игры" или «СпАрт» (SpArt) - производное от трех английских слов: «Spirituality» - духовность, «Sport» - спорт и «Art» - искусство. Программа этих Игр ориентирована на разностороннее духовное и физическое развитие участников. Она включает в себя соревнования и конкурсы, которые связаны с различными видами спорта, туризмом, искусством, наукой, техническим творчеством, национальной и народной культурой. Спартианская технология духовного и физического оздоровления детей, подростков и молодежи поддерживается Росспортом, Олимпийским комитета России, Минобрнауки России и другими государственными и общественными организациями;
- ежегодный университетский студенческий конкурс «Знатоки Олимпизма»;
- практика студентов в детских оздоровительных профильных лагерях с организацией смен, посвященных олимпизму;
- ежегодное проведение научных конференций и «круглых столов по проблемам развития физической культуры, спорта, олимпийского образования;
- преподавание учебных курсов «Олимпийское образование» и «Инновационные технологии физического воспитания».

Отмеченные выше формы олимпийского образования в наибольшей степени соответствуют его целям и задачам, ориентируют студентов на духовно-нравственные и эстетические ценности, не развивают стремления победить любой ценой, не дают повода для насилия, грубости, агрессивности, национализма, формируют стремление к самосовершенствованию, гармоничному развитию и высоконравственному поведению.

Шабанова О.П.
профессор, доктор педагогических наук, ФГБОУ ВПО «Курский государственный университет»
Шабанов Н.К.
профессор, доктор педагогических наук, ФГБОУ ВПО «Курский государственный университет»
Шабанова М.Н.
доцент, кандидат педагогических наук, ФГБОУ ВПО «Курский государственный университет»

ФОРМИРОВАНИЕ ПРОСТРАНСТВЕННОГО МЫШЛЕНИЯ ШКОЛЬНИКОВ КАК АКТУАЛЬНАЯ ПРОБЛЕМА СОВРЕМЕННОГО ОБРАЗОВАНИЯ

Способность мыслить пространственными образами является одной из важнейших человеческих способностей. Рукотворные объекты окружающего нас мира – результат воплощения идеальной мысли в конкретные формы. От египетских пирамид, храмов и дворцов до современных архитектурных проектов; от паровой машины И.И.Ползунова и шлюпа Петра1 до грандиозных проектов технологического производства; от исторических костюмов разных эпох и народов до высокой моды – таков путь человечества, а вместе с ним путь развития пространственного мышления человека.

Пространственное мышление, лежащее в основе создания объемных предметов, развивается у ребенка постепенно и достигает своих наиболее развитых форм к подростковому возрасту. Зарождается пространственное мышление у младенца в период знакомства с окружающими его предметами и как естественная потребность ориентации в пространстве.

Первые проблемы, связанные с развитием пространственного мышления у ребенка, возникают в результате восприятия им пространства, отраженного на плоскости (иллюстрации книг, картин). Известно, что дети воспринимают размер изображенных предметов на плоскости по их площади на картинке, т.е. человек, изображенный на переднем плане на фоне удаленного города воспринимается равным дому, а избушка на дальнем плане ребенком сравнивается с грибком или цветком на переднем плане картины.

Пространственные категории «лево-право», «дальше-ближе», «выше- ниже» для ребенка также затруднены по причине его эгоцентризма, т.е. восприятия всех объектов пространства только относительно положения собственного тела.

С «созреванием» мозга ребенка и с помощью верно выстроенной методики преодоления эгоцентризма эта проблема постепенно снимается. Отраженное ребенком трехмерное пространство на плоскости листа – это «выведенный наружу канал» функционирования пространственного мышления. Изображение трехмерных объектов пространства на листе бумаги двухмерными, механизм весьма сложный, а без обучающей системы порой недосягаемый.

Совершенствование этого механизма у младших школьников связано с уроками изобразительного искусства, с рисованием. Но даже при методически верном обучении изобразительному искусству младших школьников отражение трехмерного пространства на плоскости остается далеко несовершенным.

Полноценно освоить науку пространственных изображений возможно только при достижении ребенком определенного возраста. Это возраст подростка. Именно он является наиболее благоприятным для оперативности динамичности, подвижности, широты и полноты оперирования пространственными образами. Поэтому совершенно логично именно в этот период введение школьного предмета, предполагающего работу с формой.

Уникальным в этом смысле является предмет «Черчение», который к сожалению отсутствует в перечне изучаемых школьниками предметов. Лишение самостоятельности предмета «Черчение» ведет к отчуждению молодого поколения россиян от «языка техники» - чертежа. Десятилетиями черчение изучалось в школе с седьмого по восьмой (позже и девятый) класс. Путь освоения этого предмета идет через постоянное системное решение графических задач прямых и обратных, через механизм превращения трехмерного объекта в плоский – чертеж, и воссоздания трехмерного изображения по чертежу. Это и есть тот инструментарий, который успешно формирует все без исключения подструктуры пространственного мышления: метрическую, топологическую, проективную, порядковую. Несформированность или отсутствие хотя бы одной из них ущербно отражается на состоянии пространственного мышления школьников в целом.

. Именно эти подструктуры позволяют мысленно манипулировать пространственными объектами, изменять их величину, конструкцию, находить новые, более совершенные модели объектов. На этом «плато» затем успешно развивались профессиональные способности к технике, архитектуре, строительству, дизайну, изобразительному искусству.

Графические дисциплины – начертательная геометрия, черчение, техническая графика всегда были базовыми, полноценными предметами учебных планов технических и педагогических вузов, техникумов, профессионально-технических и военных училищ. Теперь эти предметы практически исчезли из профессиональной подготовки.

Невероятную трудность испытывают преподаватели технических вузов, общаясь с первокурсниками, у которых чертеж не имел места в жизненном опыте. Не меньше проблем испытывают и сами студенты.

Решение любой пространственной задачи требует мысленного объемного ее воссоздания, а этот механизм «от чертежа – к объемной модели» и «от объемной модели – к чертежу» у студента не функционирует.

Отсутствием достаточного уровня сформированности пространственного мышления объясняется неспособность многих студентов творческих направлений подготовки воплощать в объекты собственные художественно-образные идеи. Например, архитектор в своем проекте должен, прежде всего, уметь творчески преобразовывать форму, то есть манипулировать геометрическими телами, изменяя их сечениями и превращая линии перехода одного тела в другое в элементы архитектурных находок.

Дизайнеры моды достигнут креативного уровня, научившись преобразовывать развертки плоскости поверхности ткани в изящные формы конструкции костюма и его отдельных элементов. Изъяны в эстетике и эргономике мебели связаны с несовершенством чертежей, на основе которых она выполняется. Объекты отечественного автопрома подвергаются критике прежде всего на предмет их формы, основу которой составляет исключенный из российской системы образования чертеж.

В последние десятилетие графические дисциплины почти исчезли и из учебных планов подготовки учителя. Выпускники художественно-графических и индустриально-педагогических факультетов, а именно им отводилась роль учителя черчения в школе, теперь к этой роли не готовы.

Это поле проблем никак не согласуется с приоритетными задачами российского государства, взявшего курс на развитие технической науки, на подготовку высококвалифицированных инженерных кадров. От современного специалиста на производстве требуется способность к прогнозированию производственного процесса, умение совершенствования его технологии, что невозможно без способности воплощать свои мысли, идеи, предложения в графические образы – схемы, чертежи, эскизы.

Российское образование может стать адекватным стратегическим задачам, если подтвердит готовность всей системы к коренным качественным изменениям. Во-первых, должен произойти повсеместный переход на многоуровневую систему профессионально-технического образования, во-вторых, должна качественно перестроиться общеобразовательная школа, реформируясь в профильное обучение, и, в-третьих, должна быть успешно осуществлена программа модернизации педагогического образования.

Авторами статьи предлагается модель системного функционирования трех составляющих: школа – технический вуз – педагогический вуз в их адаптации к быстроменяющимся условиям смены акцентов и приоритетов. Системность, научность, последовательность и преемственность составляющих этой модели позволяют субъектам, погруженным в среду ее реализации, четко представлять себе главные вехи образовательной политики, сохраняющей потенциал графической культуры.

Овладение студентами комплексом графических знаний, умений и навыков в техническом вузе происходит на стадии бакалаврской и магистерской подготовки. В образовательной среде студентов технических вузов графическая подготовка может действительно стать стержневой основой предстоящей профессиональной деятельности, если ее базовая основа – пространственное мышление студентов было в достаточной степени сформировано еще в школе.

Как известно, единственно эффективный путь формирования пространственного мышления – решение графических задач. Поэтому так важно и необходимо введение графических дисциплин в курсы по выбору и элективные курсы на старшей ступени обучения школьников. Обучая технической, инженерной и компьютерной графике школьников, мы создаем мощную основу их профессиональной ориентации.

Но две составляющие системы «школа – технический вуз» будут малоэффективны без научно-методической подготовки школьного учителя в рамках графических дисциплин в педагогическом вузе. Качественную готовность будущих учителей к обучению школьников и студентов графическим дисциплинам в условиях модернизации российского образования призван обеспечить педагогический вуз программами специализированной подготовки бакалавра и магистра.

Итак, все три составляющие модели объединены графической подготовкой. <u>Технический вуз</u>, поставляющий выпускников на рынок труда, приоритетной областью их профессиональных компетенций считает уровень графической культуры.

Длительный период формирования профессиональной готовности выпускников технических вузов тесно связан с изучением начертательной геометрии, инженерной, компьютерной графики. В основу этого процесса закладывается принцип универсальности графической деятельности. Условно графическая интерпретация явлений пронизывает всю систему учебных дисциплин общеинженерного и специального циклов. Выпускник технического вуза в современных условиях рынка труда достигнет профессионализма в том случае, если проявит способности в творческом решении задач создания новой техники, разработке новых современных высоких технологий, высокоэффективной организации производства и разумной эксплуатации его технической оснащенности. Все вышеперечисленные компоненты профессионализма сопряжены с уровнем графических знаний, умений и навыков студентов. Только на графической основе формируется их пространственное мышление, позволяющее представить к обозрению любую творческую идею и техническую мысль.

В сложившейся ситуации перехода к многоуровневому техническому образованию графическую подготовку нужно и должно не только сохранить, но и поднять на уровень графической культуры специалиста.

Второй составляющей модели является современное педагогическое образование.

Особенностью изучения графических дисциплин в педвузе является их профессиональная направленность как на уровне подготовки бакалавра, так и на уровне подготовки магистра.

Активизацией учения студента-бакалавра – будущего учителя черчения является мотив профессионального достижения: одновременно изучая предмет «учиться учить» этому предмету, или, иными словами, интерес к предмету должен быть трансформирован в профессиональную готовность обучать ему. Основы профессионального мастерства будущего учителя черчения должны закладываться в деятельности, моделирующей профессиональный труд. На занятиях по графике это реализуется в ситуациях, предусматривающих решение студентами-бакалаврами графических задач наряду с педагогическими.

Сохраняя преемственность бакалаврской подготовки, подготовка магистранта переходит в иное русло, она базируется на научной концепции графического образования. Ее приоритетной задачей является нацеленность на развитие способностей будущих учителей к конструированию и экспериментальной проверке научно обоснованных методических систем формирования графической культуры школьников.

Магистерская графическая подготовка обеспечивает профессиональную готовность магистранта к работе на второй ступени общего образования (предпрофильная подготовка) и на старшей ступени (профильное обучение) в рамках элективных курсов, например индустриально-технологического или художественно-эстетического профилей.

Успешная защита магистерской диссертации является добротным основанием для поступления в аспирантуру по специальности 13.00.02 – теория и методика обучения и воспитания (черчение). Накопленный опыт магистра в научно-исследовательской работе создает фундаментальность, основательность и повышает качество кандидатских диссертаций в области методики преподавания графических дисциплин.

Молодые ученые, кандидаты наук не только возвращаются на кафедры графической подготовки в педвуз и ведут подготовку бакалавров и магистрантов, они должны, и мы в этом твердо уверены, осуществлять графическую подготовку и у студентов технических вузов. И этот факт указывает на наличие связи между двумя составляющими модели «педагогический вуз – технический вуз». Эта связь из односторонней превратится в двустороннюю при условии, если преподаватель графических дисциплин технического вуза поступит в аспирантуру педагогического вуза, а по окончании вернется на кафедру графики в технический вуз.

Третья, и на наш взгляд главная, составляющая модели – <u>профильная школа</u>. Ее связь с двумя предыдущими очевидна, она многосторонняя. Выпускники профильной школы с графической подготовкой, поступая в педагогический вуз, проходят стадии бакалаврской и магистерской подготовки и в качестве учителя возвращаются в школу. Поступив в аспирантуру и успешно защитив диссертацию, они могут работать как в педагогическом, так и в техническом вузе. Или: выпускники профильной школы, поступив в технический вуз и окончив его, повышают свой научно-методический потенциал в аспирантуре педагогического вуза и опять возвращаются в технический вуз в качестве преподавателей графических дисциплин у бакалавров и магистрантов.

Теперь становится очевидна главенствующая роль этой составляющей в нашей модели. И не только потому, что две другие составляющие черпают свои человеческие ресурсы из нее, а еще и потому, что именно этот этап приобщения к графической культуре личности является базовым.

Профилизация обучения в старших классах закладывает ориентацию учащихся на сферу будущей профессиональной деятельности, создает условия их самореализации, проявлению познавательных интересов, раскрывает потенциал их способностей.

Изложенное выше указывает на преемственность графической подготовки трех составляющих модели, на необходимость корректировки целей и задач обучения, учебных планов и программ, на создание единых методических комплексов, нацеленных на гармонизацию и совершенствование графической культуры школьников и студентов. Быть носителем графической культуры возможно только при наличии высокоорганизованного пространственного мышления.

Глухова О.Ю.
к.п.н, доцентКемеровский государственный университет

НЕТРАДИЦИОННЫЕ ФОРМЫ УРОКОВ НА ЗАНЯТИЯХ ЭЛЕКТИВНОГО УЧЕБНОГО ПРЕДМЕТА

Элективный учебный предмет «Решение нестандартных задач по математике» для учащихся 10 – 11 классов создает базу для ориентации учеников в основных математических понятиях, обобщая и углубляя знания, умения и навыки в понятиях и видах деятельности по решению нестандартных задач, формирует профессиональную направленность. Программа элективного учебного предмета «Решение нестандартных задач по математике» для учащихся 10 – 11 классов включает 4 основных модуля подразделенных на блоки и предусматривает выполнение школьниками исследовательских работ. Полезность применения математических методов и познание физических особенностей современного мира дают возможность оценить свои профессиональные наклонности.

Основными задачами элективного учебного предмета является: расширение содержания образовательного минимума по математическим знаниям на основе раскрытия особенностей преобразовательной и проективной деятельности, математической культуры, профессиональной ориентации; развитие творческого мышления и деятельности применительно к углублению знаний по математике с помощью исследовательских работ, различных проблемных ситуаций; формирование навыков проектирования моделей различных жизненных ситуаций математическими методами; интегрированное развитие личности на основе общей математической компоненты нацеленной на область математики.

В рамках элективного учебного предмета «Решение нестандартных задач по математике» для учащихся 10 – 11 классов предлагаются занятия в различных формах, как традиционных – теоретические и практические уроки, уроки контроля, уроки обобщения, так и нетрадиционных – лекции, практикумы, лабораторные работы, дидактические игры, защита индивидуальных проектов и других. В ходе обучения используется модульный принцип построения элективного учебного предмета. Выделяем следующие разделы модульного типа: нестандартные задачи, структура, методы и приемы; теория делимости; уравнения и неравенства с параметрами; задачи повышенного уровня сложности. Модульное построение позволяет на первых этапах изучения познакомить обучаемых с основными понятиями предмета и далее перейти к специальным разделам. Каждый из модулей построен по блочному типу, что позволяет менять блоки местами в зависимости от конкретных условий, расширять их, углублять, сохраняя в целом внутреннюю логику предмета и общую его направленность.

Использование в процессе обучения нетрадиционных форм уроков позволяет активизировать учебную деятельность обучаемых. На современном этапе в систему образования включают различные традиционные и нетрадиционные формы уроков. Рассмотрим характеристику некоторых форм нетрадиционных уроков, используемых в процессе обучения.

Урок-лекция читается в основном в старших классах средней школы. Различают следующие типы лекций: вводная, текущая, обзорная, обобщающая и другие. Лекционная форма обучения дает положительный эффект в тех случаях, когда: объем теоретического материала велик, а задач к нему недостаточно; большая часть материала носит вспомогательный характер и не обязательна для усвоения всеми обучаемыми; ранее изученного материала недостаточно для организации обучения в активном режиме, т.е. тема является для обучаемых практически новой; необходим вводный или обзорный рассказ преподавателя по крупной теме.

Урок - решения ключевых задач проводится в форме лекции с разбором и образцовой записью решения задач на доске. Преподаватель сам проводит отбор таких задач по теме и показывает их решение. Проверка усвоения ключевых задач проводится в несколько этапов: в ходе уроков-практикумов идет работа по распознаванию ключевых задач и умению систематизировать другие задачи по ключевым; на уроке-зачете проводится контроль над усвоением решения ключевых задач в теме; последующий контроль над усвоением ключевых задач темы в ходе изучения всего курса.

Урок-консультация – урок, к которому обучаемые готовят вопросы и задачи по пройденной теме. Ответ обдумывают все обучаемые и докладывают классу, если имеются другие ответы, то и они заслушиваются и обсуждаются. Если ответ обучаемыми не найден, преподаватель в ходе эвристической беседы подводит их к решению или сам объясняет решение, если задача сложна или встретила затруднение у большинства обучаемых.

Урок – лабораторная работа - одна из форм обучения математике, способствующая развитию и воспитанию ценных графических и вычислительных навыков и умений. При решении конкретных задач в лабораторных работах используются измерения, построения чертежей различных геометрических фигур, графиков функций, вычисления, выполняемые с помощью таблиц, микрокалькуляторов и др.

Урок-практикум проводится с целью закрепления и углубления теоретического материала, изложенного на лекции. На уроке проводится целенаправленная работа по систематизации задач по принципам и методам решения (на основе ключевых задач) и по выработке у обучаемых умений и навыков решения основных типов задач. На некоторых уроках-практикумах проводятся самостоятельные работы обучающего характера и кратковременные контрольные работы с последующим обсуждением и разбором типичных недостатков, допущенных обучаемыми, с целью предупреждения ошибок в итоговой контрольной по теме.

Урок-семинар – дидактической целью этого урока является повторение, углубление и обобщение пройденного материала, а также приобретение новых знаний, обучение самостоятельному поиску знаний и их применение в нестандартных ситуациях. Эффективность семинарских занятий зависит от организации их подготовки. Не менее чем за две недели обучаемым сообщается тема семинара, основные вопросы теории, по которым будет проведен опрос и обсуждение, указываются номера задач из учебника, приемы решения задач, которыми должны овладеть все обучаемые, выдается набор нестандартных упражнений.

Урок-зачет – на этом уроке проводится итог изучения темы. Зачеты подразделяются: по их месту в учебном процессе, цель – уточнение знаний учащихся по всему материалу, изученному за определенный период времени (текущие, тематические, итоговые); по характеру требований, цель – уточнение знаний учащихся по всему материалу, с определением требований (открытые, закрытые); по форме проведения, цель - проведение зачета по всему материалу в определенной форме (устные, письменные, устно - письменный).

Урок - контрольная работа – проводится как итоговый урок по теме или целому блоку тем. В старших классах на контрольную работу отводится два урока и в нее включаются задания единого государственного экзамена высокого уровня сложности и задания вузовских олимпиад для выпускников. Обучающимся предоставляется возможность попробовать свои силы, проверить знания, умения и навыки.

Урок - одной задачи – цель урока проведение исследовательской работы по решению одной и той же задачи. Чаще всего урок состоит из изложения теории и решения нескольких иллюстрирующих ее задач. Сама задача, приемы ее решения, анализ условия задачи не столь часто становятся объектом особого внимания обучаемых. Научить решать задачи и формировать навык исследовательской работы в ходе урока возможно, если обучаемый является активным участником поиска решения, испытывает при этом и радость открытий, и горечь поражений, когда выбранный путь заводит в тупик.

Урок-бенефис – так называются уроки-отчеты о самостоятельных домашних исследованиях. Двум обучаемым, обычно среднему и чуть-чуть посильнее, на карточках дается одна и та же задача на две недели. Решая задачу, обучаемый проделывает большую исследовательскую работу, а затем излагается решение всем на уроке. Класс готовит вопросы, проявляет дух соревнования, оценивает предложенные решения по следующим параметрам: оригинальность решения, разнообразие способов и приемов решения, чертеж к задаче, вопросы для «конкурента». Самое сложное – поиск таких задач, которые имеют различные способы решения.

Урок – мозговая атака – одна из форм проведения занятия, когда обучаемым предлагается новая проблема или задача, и в ходе обсуждения идей определяется область поиска решения. Для решения данной проблемы обучаемым приходится самостоятельно изучать теоретический материал, новые приемы и методы решения задач. Как правило, данная форма проведения занятия возможна, если учебный материал прост для самостоятельного усвоения.

Урок - круглый стол по обсуждению проблем – проводится как по одной теме, так и может охватывать несколько тем. На обсуждение выносятся, как правило, различные подходы к изложению теории или различные способы доказательства теорем. Обучаемым за две недели объявляется тема круглого стола. Пользуясь дополнительной литературой, обучаемые отыскивают теорию и доказательство, готовят выступления по теме. В ходе обсуждения можно задавать вопросы, выдвигать новые идеи и предложения.

Урок – игровое проектирование – данное занятие проводится в форме деловой или организационно - деятельностной игры по защите проекта обучаемым. Другая форма таких занятий – защита индивидуального проекта или научной работы обучаемым по выбранной теме. Тема выбирается обучаемым и разрабатывается под руководством преподавателя, далее идет их апробация на задачах, примерах и оформление работы.

Урок – анализа конкретной ситуации – занятие является творчеством преподавателя, так как требует от него глубокого знания учебного материала и видения сложной ситуации для большинства обучаемых. Прием анализа конкретной ситуации разрабатывается с помощью вопросом и обсуждения на уроке.

Урок – тематическая дискуссия – такая форма занятия может возникнуть как стихийно, так и быть спровоцированной преподавателем. В ходе дискуссии сталкиваются различные формы мышления, логические подходы, приемы и методы решения задач. Цель преподавателя – не пропустить в ходе обсуждения интересные идеи, новые проблемы, оптимальные пути решения тех или иных задач.

Шатунова О.В.
кандидат педагогических наук, доцент

ОБУЧЕНИЕ ШКОЛЬНИКОВ ЦВЕТОВЕДЕНИЮ И КОЛОРИСТИКЕ НА УРОКАХ ТЕХНОЛОГИИ

Декоративно-прикладное искусство уже много лет остается самым разносторонним видом изобразительного искусства, в котором используются не только все известные художественно-выразительные средства, но и постоянно создаются и совершенствуются новые специфические изобразительные приемы, методы и формы художественного творчества.

Декоративные композиции и изделия (художественные панно, гобелены, витражи, мозаика, настенная роспись, лепные, резаные, кованые изделия и т.д.) создаются для придания большей выразительности и эстетичности архитектурно-пространственному окружению, с которым они тесно связаны. Как правило, декоративные композиции становятся важными элементами дизайна интерьеров и экстерьеров жилых и общественных зданий и сооружений, потому что способны образовывать с ними ансамбли, отличающиеся оригинальностью, художественной гармоничностью и целостностью [1, 15].

Одной из важных проблем, которой при создании декоративной композиции иногда уделяют недостаточное внимание, является выбор цвета, его оттенков и цветовой тени для фона. Основными функциями цвета при создании декоративной композиции являются:
— раскрытие содержания композиции с помощью колорита;
— расширение или сужение пространства картинной плоскости композиции, придание ему легкости или массивности;
— создание и передача зрителю определенных эмоций и настроения;
— создание композиционного колористического баланса с помощью количественных и качественных характеристик цвета, сочетаемости и взаимовлияния цветов.

Чтобы реализовать данные возможности, человеку необходимо иметь представление о законах цветоведения и колористики. К сожалению, отдельной дисциплины, изучающей цветоведение и колористику, в школьной программе нет. Фрагментарно элементы науки о цвете рассматриваются в таких предметах как физика, биология, изобразительное искусство. Лучше всего изучать данные вопросы в рамках образовательной области «Технология».

Работа с засушенными листьями и цветами позволит учащимся не только освоить данную технологию, которую называют еще и ошибаной, но и будет способствовать развитию у учащихся творческих способностей, вкуса, цветовой культуры. Древнее искусство ошибаны, как и искусство икебаны, возникло в Японии много веков назад и с тех пор уверенно завоевывает все больше поклонников по всему миру. В России зачинателем нового вида искусства считают художницу Зинаиду Мамонтову, которая посвятила много времени и сил разработке технологии засушивания растений и пришла к выводу, что почти все цветы, листья и травы удается засушить, сохранив при этом их природные цвет и форму [2, 7].

Композиции из высушенных в специальной гербарной сетке или под прессом растений покоряют зрителя тонкостью, изяществом, и неожиданными художественными находками. Раскрыв секреты этого удивительного искусства, овладев им, можно творить шедевры буквально из ничего – природа щедра на подарки, нужно только искусно распорядиться ее дарами. Идя от простых идей и технологий к более сложным, можно научиться с помощью доступных инструментов и вспомогательных материалов создавать свои неповторимые композиции, которые могут украсить любой стильный интерьер или послужить прекрасным подарком. Цветы и листья имеют такую неисчерпаемую гамму цветовых оттенков, что, собрав и правильно засушив эти цветы и листья, можно получить богатейшую палитру.

Рассмотрим методику проведения одного из возможных уроков технологии по теме «Приемы цветоведения и колористики для создания художественных панно». Цель данного занятия – познакомить учащихся с правилами гармонизации цветов на примере создания композиций в виде открыток из засушенных листьев, цветов, трав. Учащиеся должны получить необходимые знания по основам цветоведения и колористики, научиться применять их на практике.

В начале занятия учитель должен продемонстрировать учащимся работы, выполненные школьниками, уже освоившими данный вид декоративно-прикладного творчества, или мастерами, занимающимися прессованной флористикой. Это могут быть реальные работы, а можно показать электронную презентацию, содержащую наглядный материал по ошибане. Следует обратить внимание учащихся на то, что природа создала растения удивительной формы и раскрасила их всеми цветами своей богатой палитры. Удачно используя этот природный материал, легко сделать оригинальные работы.

Далее учитель должен показать, какие сочетания цветов считаются гармоничными, а какие неудачными, и объяснить почему. Здесь целесообразно вспомнить учения И.-В. Гете, И. Ньютона, Г. Гельмгольца, И. Иттена о законах цветовосприятия и цветовой гармонии.

Картины из листьев и лепестков могут быть очень богатыми по колористике, и для того, чтобы использовать все возможности флористического материала и более свободно с ним обращаться, надо хорошо знать, какие листья и лепестки по цвету и фактуре могут понадобиться для претворения художественного замысла, какие лучше подходят для изображения неба и воды, крон деревьев и земли, животных, людей и т.д. Очень важно заранее учитывать то, как флористический материал меняет цвет в процессе высыхания, как влияет на его изменение способ засушивания [3, 47].

Чтобы картина хорошо смотрелась, учителю необходимо дать рекомендации по выбору фона. Фон для композиции может быть любой: картон, фанеровка, бархатная бумага, но самым лучшим фоном будет сам растительный материал, который позволит в отличие от однотонной бархатной бумаги или картона создать живописный фон. Но фон не следует делать слишком ярким, пестрым, он должен гармонировать с композицией и подчеркивать ее. Так, на темный фон лучше укладывать светлые цветы, и наоборот.

Картину желательно выполнять в одной тональности, без большого разнообразия красок. Надо следить, чтобы листья соответствовали цветам. Нельзя сочетать в одной композиции весенние и осенние цветы. Каждая картина должна выражать какую-нибудь идею или просто настроение автора.

На основе всего изложенного материала учащимся следует предложить выполнить несложную композицию. Каждому ученику раздается определенный набор засушенных листьев, цветов, трав и предлагается выполнить поздравительную открытку. После этого нужно объяснить последовательность выполнения открытки.

Далее учащиеся смогут приступить к работе. Учитель должен консультировать их, помогать с выбором цвета, в случае затруднений предлагать те или иные цветовые решения.

В конце занятия учащиеся организуют мини-выставку своих открыток. Лучшие работы можно оформить для участия в общешкольной выставке или рекомендовать для участия в различных конкурсах.

В дальнейшем школьники будут иметь возможность применять полученные знания по цветоведению и колористике при создании целых картин, панно и других объектов дизайна, которые смогут стать украшением любого жилого или офисного помещения.

ЛИТЕРАТУРА

1 Даглдиян К.Т. Декоративная композиция. – Ростов н/Д.: Феникс, 2008. – 312 с.

2 Белецкая Л.Б. Прессованная флористика: картины из цветов и листьев. – М.: Эксмо, 2006. – 64 с.

3 Маркова Е.А. Флористика: картины из лепестков и листьев // Школа и производство. – 2006. – №5. – С. 48–56.

Политические науки

Пищулина М.В.
РАНХиГС, Москва, аспирантка

ВЛИЯНИЕ ЗАКОНОДАТЕЛЬНЫХ ИЗМЕНЕНИЙ НА ПОЛИТИЧЕСКИЙ ПРОЦЕСС. НОВЫЕ ПОЛИТИЧЕСКИЕ АКТОРЫ

После резонансных событий на Болотной площади и проспекте Сахарова, власть вынуждена была обратить внимание на изменение такого канала обратной связи как выборы, потому что именно это помогло бы адаптировать политическую систему под социальные изменения. Был принят новый закон, согласно которому порог голосов был снижен с 1 января 2013 года до 5%, а также изменены условия формирования партий: минимальная численность теперь составляет 40000 человек, а региональные отделения должны быть представлены в 42 субъектах РФ. Данные изменения инициировали всплеск политической активности, появление новых акторов в политике, а также изменение партийно-политического спектра России. Помимо партий, представленных на ноябрь 2013 года («КПРФ», «Патриоты России», «Справедливая Россия», «Единая Россия», «Гражданская платформа», «Яблоко» и «ЛДПР») начали появляться новые партии. Так, если рассматривать их по идейно-политическим основаниям, разделив на левые, правые и центр, можно выделить ряд новых игроков, требующих рассмотрения. В их программах отчасти сосредоточено то, что Д. Истон называл «требованиями» на входе политической системы.

Примечательно то, что согласно новому законодательству, деятельность партии может быть приостановлена, а партия ликвидирована, если в течение 5 лет она не принимает участия в выборах.

Так, партия «КПСС», главой которой является Ю. Морозов, бывший член «КПСС», а впоследствии, «Единой России», выступает за построение социалистического общества. В 2013 году она получила лишь одно место в региональном законодательной собрании Волгоградской области, на мой взгляд, это связано с тем, что об этой партии еще очень мало кому известно. Программа партии предполагает превращение России в «социально-ответственное государство, заботящееся о своем народе», «государства без угнетателей и угнетенных».

Партия «Коммунисты России» во главе с М. Сурайкиным, была создана по инициативе «Справедливой России» как альтернатива КПРФ. Часть ее представителей ранее состояла в «КПРФ», но покинула ее из-за противоречий с руководством. Члены данной партии стратегической целью ставят строительство коммунизма во всем мире, а чтобы встать на коммунистический путь развития, предлагают осуществить «социальную революцию», «революционные преобразования в 3 этапа». Вся символика, гимн, девиз полностью соответствуют «КПСС СССР». Отличие в том, что появляются так называемые «пролетарии умственного труда», то есть социальная база расширена.

«Социал-демократическая партия России» во главе с В. Милитаревым, в прошлом тесно связанным с движением скинхедов, ставит своей целью решение нескольких проблем, в том числе- установление режима социальной справедливости, решение «русского вопроса» и обеспечение демократического развития России.

«Партия пенсионеров», созданная на основе общественной организации «Союз пенсионеров», своей целью ставит защиту прав людей пенсионного возраста, а также всех граждан, на которых распространяется закон «О пенсионном обеспечении». Для решения поставленной задачи, партия курирует ряд социальных объектов, выступает с законодательными инициативами. Ядерный электорат этой партии достаточно специфичен, однако у него есть определенная особенность: эти люди способны посвящать больше времени партии, даже при условии, что политическая деятельность не является и не являлась их основным видом деятельности.

Представители одной из партий центра – «Союз горожан» - говорят о необходимости диалога между горожанами и жителями сельской местности, а также одной из приоритетных задач видят улучшение городской инфраструктуры и развитие местного самоуправления.

Интересным явлением в политической жизни страны можно назвать «Партию Социальных Сетей», активность которой видна в Краснодарском крае. Помимо эпатажного требования, явно привлекающего к себе внимание определенной категории молодежи, - обеспечения повсеместного бесплатного доступа в Интернет, сторонники этой партии выступают за упразднение Совета Федерации и переход от национально-территориального деления к территориальному, что может иметь очень серьезные политические последствия. Ориентация на, так называемый, «креативный класс» - термин, появившийся после акций на выборах в Государственную Думу, полностью согласуется с данным требованием.

Также на политической арене снова появилась «Аграрная Партия России», ставящая своей целью преемственность традиций АПР, участвовавшей в политическом процессе в 90е годы. В 2008 году партия «АПР» была аккумулирована «Единой Россией», однако аграрное крыло в «Единой России» так и не сформировалось. На формирование «АПР» в нынешнем составе претендовали две политические силы – «Общероссийский Народный Фронт» и бывшие сторонники «АПР», победа досталась сторонникам «ОНФ». Эту партию следует отнести ближе к «левому центру», потому как жители сельской местности тяготеют к социалистическим взглядам. Партия «За женщин России» выступает за возрождение семейных ценностей, именно это представители партии считают ключом к возвращению социальности и духовности России.

На основе экологического движения «Кедр» в РФ сформировалась партия «Зеленые», имеющая аналоги в мире, а также ставящая решение экологических проблем приоритетной задачей. В экономической сфере представители партии придерживаются концепции «зеленой экономики», предполагающей внедрение энергосберегающих технологий, а также упор на переработку используемых материалов.

Вновь появилась «Демократическая партия России», во главе с А. Богдановым, баллотировавшимся в президенты в 2008 году, причем он стал председателем партии еще в 2005 году и заявил: «Мы же всегда были консерваторами, это одно название, что мы демократы», то есть название партии отчасти противоречит тому, что написано в ее программном манифесте. Также прослеживается связь А. Богданова и В. Смирнова с такими партиями как «Союз горожан», «Партия социальной справедливости», «Народная партия России», «Социал-демократическая партия России». При этом В. Смирнов не отрицал этого: «Проще пяти-шести партиям пользоваться одним и тем же бухгалтером и одним пакетом. Есть разница — платить не за одну партию 500 долларов, а за несколько. Кроме этого, мы кое-где на местах помогали найти председателей региональных отделений» [http://lenta.ru/articles/2012/08/31/party1/]. Мне кажется предельно странным для политической силы, целью которой является борьба за власть, помощь конкурентам.

Достаточно известная благодаря сложной процедуре регистрации «Республиканская партия России –партия Парнас», в своих программных заявлениях говорит о требованиях досрочных парламентских и президентских выборов, трансформации России в парламентскую республику, освобождении политических заключенных, а также исполнения основных политических акций за последние 2 года.

Знаменитая партия «Гражданская платформа», выдвигающая множество предложений об изменениях в политической системе (уменьшение барьера до 3%, срока полномочий президента до 4 лет), а также прямые выборы мэров, разрешение на формирование союзов и блоков, тоже является партией либерального толка, однако ее дальнейшая судьба очень сильно зависит от лидера этой партии.

Итак, проанализировав ключевые позиции новых политических акторов, можно сделать следующие выводы: в обществе созрела необходимость артикуляции интересов, государство не замедлило на это среагировать рядом законодательных поправок.

Список литературы:

1) Федеральный закон N 67 "Об основных гарантиях избирательных прав и права на участие в референдуме граждан Российской Федерации"
2) Федеральный закон от 18.05.2005 N 51 (ред. от 02.07.2013) "О выборах

депутатов Государственной Думы Федерального Собрания Российской Федерации"
3) Мухаев Р. Т. «Политология»
4) «Лаборатория Богданова и партии-сквоттеры» (http://lenta.ru/articles/2012/08/31/party1/)

Нелин М.В.
соискатель, Черноморский государственный
университет имени Петра Могылы
nelin@mail.ru

ИТАЛЬЯНСКО-РОССИЙСКОЕ ЭНЕРГЕТИЧЕСКОЕ СОТРУДНИЧЕСТВО В КОНТЕКСТЕ ОБЩЕЕВРОПЕЙСКОЙ ГЕОПОЛИТИЧЕСКОЙ СТАБИЛЬНОСТИ В 2000-Х ГОДАХ

Актуальность тематики артикулируется важностью энергетического фактора в контексте обеспечения общеевропейской стабильности и возрастающим влиянием на этот процесс со стороны итальянско-российского стратегического тандема.

Италия является одним из наиболее конструктивных партнеров Российской Федерации в Европе, с которым налажено и развивается интенсивное сотрудничество на всех направлениях в рамках комплекса двусторонних связей. Государства имеют близкие или созвучные позиции по большинству вопросов мировой политики в рамках интенсивного политического диалога и активных взаимодействий в международных организациях. На официальном уровне отношения между Россией и Итальянской Республикой характеризуются как «привилегированное стратегическое партнерство», развивается межправительственное и межведомственное отраслевое сотрудничество, технологическая и промышленная кооперация, инвестиционное, энергетическое взаимодействие.

Итальянскую Республику можно по праву считать пионером в развитии энергетического сотрудничества с Российской Федерацией, как правопреемницей Советского Союза, в силу исторически сложившихся обстоятельств, объясняющих нынешнее привилегированное положение Италии в иерархии энергетических партнеров РФ. Итальянская Республика стала первой страной бывшего западного лагеря, которая начала инициативно развивать сотрудничество с СССР в энергетической отрасли.

Итальянское «Государственное нефтепромышленное объединение» (Ente Nazionale Idrocarburi - ит.) «ЭНИ» стало первой западноевропейской компанией, которая в 1969г. оформила присутствие на советских рынках (на сегодняшний день – российских рынках – М.Н.) и развила активное сотрудничество с государственными предприятиями и министерствами в таких отраслях как тяжелая, газовая и нефтяная промышленность, аэронавтика, телекоммуникации. Именно ее приход в советскую экономику предшествовал принятию стратегического решения руководством концерна «ФИАТ» в пользу развития полномасштабного сотрудничества с госпредприятиями СССР. Это убедительно свидетельствует о том, что основы нынешнего российско-итальянского межгосударственного сотрудничества в энергетической сфере были заложены еще в эпоху блокового противостояния, у них есть сложившиеся традиции, механизмы, которые успешно прошли адаптацию к новым реалиям постбиполярного мирового устройства и трансформировались в «привилегированное стратегическое партнерство».

Кульминационный прорыв в современном развитии энергетического сотрудничества по всем азимутам, ссылаясь на хронологию и динамику процесса, связывают с победой В.Путина на президентских выборах в России в 2000г. и приходом к власти в Италии второго правительства С.Берлускони после парламентских выборов в 2001г. Помимо прагматичного межгосударственного диалога между лидерами России и Италии сложились личностные дружественные отношения, которые во многом способствовали формированию доверительного партнерства между странами. На протяжении 2000-х годов Италия превратилась в одного из ключевых проводников российских внешнеполитических интересов в европейских делах, обеспечив надежный дипломатический тыл РФ в энергетическом диалоге с комунитарными институциями Евросоюза. Объективно анализируя данный тезис, можно констатировать вероятность того, что привилегированное партнерство в энергетической сфере между Россией и Италией идет вразрез со стремлениями Европейского Союза, как наднациональной межгосударственной структуры, по созданию единого газового и энергетического рынка ЕС. Известно, что формирование цен на природный газ, экспортируемый из Российской Федерации, основывается не только на рыночных тенденциях, но и по принципу оценки руководством РФ в лице «Газпрома» уровня и содержания двухсторонних отношений с каждой по отдельности страной-членом Евросоюза, которые экспортируют или реэкспортируют российские энергоресурсы. Таким образом, очевидно, что энергетическое сотрудничество между Российской Федерацией, Европейским Союзом и его странами-членами имеет политическое подспорье, оказывая влияние на систему стратегических взаимодействий на евроатлантическом пространстве. Роль Итальянской Республики в этом процессе, как одного из лидеров ЕС и форпоста НАТО, носит конструктивный характер, отображает синтез общей внешней и энергетической политики Евросоюза и стратегического партнерства с Россией. При этом отметим, что официальный Рим исходит из целесообразности реализации национальных внешнеполитических императивов, часто идущих вразрез с общеевропейскими энергетическими интересами.

Рынок природного газа Италии является третьим по величине среди европейских стран после Великобритании и Германии. Доля газа в энергетическом балансе Италии - более 30%. Страна является вторым по величине импортером российского газа в Европе. Государства

Европейского Союза импортируют 40% газа, более половины, которого поступает из Российской Федерации. Правительства С.Берлускони традиционно и последовательно проявляли дипломатическую гибкость в вопросе диверсификации поставок энергоносителей в ЕС, как для внутренних потребностей, так и для трейдинга с третьими странами. Благодаря личностной харизме итальянского лидера и его мастерству находить общий язык с российским руководством Итальянской Республике удалось закрепиться во многих энергетических проектах по экспорту природного газа из России в страны ЕС. Отметим также важность личностного фактора в итальянско-российских отношениях во время пребывания правительств С.Берлускони у власти в 2000-х годах, личной дружбы С.Берлускони с В.Путиным и Д.Медведевым. В данном контексте показательным является одно из первых заявлений президента Италии Дж.Наполетано после отставки последнего правительства С.Берлускони и назначения левоцентристского правительства М.Монти в конце 2011г., что стало компромиссным вариантом между правыми и левыми политическими силами в условиях экономического кризиса, в котором он призвал нового премьера к «диперсонификации» итальянско-российских отношений [1,online].

На протяжении 2000-х годов сложилась структурированная мозаика российско-итальянского энергетического диалога и солидное нормативно-правовое подспорье, определяющее ориентиры двухстороннего сотрудничества в средне- и долгосрочной перспективе.

14 ноября 2006 г. ООО «Газпром экспорт» и «ЭНИ» подписали Соглашение о стратегическом партнерстве. Итогом этого соглашения стала возможность для «Группы Газпром», начиная с 1 апреля 2007 г. осуществлять прямые поставки российского газа на итальянский рынок за счет переуступки компанией «ЭНИ» в пользу «Газпром экспорт» мощностей и объемов газа в газопроводе на итальянско-австрийской границе. К 2010 г. объемы поставок достигли максимума и составили 3 млрд. куб.м. в год. Документ также предусматривал продление действующих контрактов на поставку газа в Италию до 2035 г. [2, online]. В соответствии со стратегией продаж природного газа на границе Италии или непосредственно на национальном рынке через создаваемые совместные предприятия, «Газпром» продолжает вести переговоры с крупными оптовыми покупателями, работающими на итальянском энергетическом пространстве.

Для того чтобы объективно проанализировать эволюцию и содержимое российско-итальянского энергетического сотрудничества в 2000-х годах, рассмотрим совместные проекты, которые уже имплементированы или будут запущены в ближайшие годы.

В рамках стратегического альянса, предусмотренного Соглашением от 1998 г., «Газпром» и «ЭНИ» совместно реализовали проект «Голубой поток» (Blue Stream). Газопровод, который был запущен в эксплуатацию в 2003г., проходит из России в Турцию по дну Черного моря. Эксплуатацию системы осуществляет совместная российско-итальянская компания специального назначения «Блю Стрим Пайплайн Компани», созданная «Газпромом» и дочерней компанией «ЭНИ» - «ЭНИ Сайпем». Мощность газопровода распределяется между «Газпромом» и ЭНИ в соотношении 50/50. В 2010 г. газопровод вышел на проектную мощность в 16 млрд. куб. метров [3,online].

ОАО «Газпром» и концерн ЭНИ 23 июня 2007 г. подписали Меморандум о взаимопонимании по реализации проекта «Южный поток» (South Stream), начало эксплуатации которого планируется с 2015г. Меморандум определяет направления сотрудничества двух компаний в области проектирования, финансирования, строительства «Южного потока» и управления им. 18 января 2008г. в Швейцарии была зарегистрирована компания специального назначения «Саут Стрим АГ». Учредителями компании на паритетной основе выступили «Газпром» и «ЭНИ» [4,online]. «Южный Поток» - совместный российско-итальянско-австро-французский газопровод длиной 900 км с четырьмя артериями, который должен проходить от г.Анапа (РФ) через Болгарию и Балканы в Италию и Австрию. Доля российской стороны в проекте составляет 50%, итальянской «ЭНИ » - 20 %, французской «ЭДФ Групп» и австрийской «Винтершалл АГ» - по 15%. 15 мая 2009г. стороны подписали Дополнение к Меморандуму о взаимопонимании от 23 июня 2007 г. о дальнейших шагах по реализации проекта «Южный поток», предусматривающего увеличение пропускной способности газопровода с 31 млрд. куб. до 63 млрд. [5,online].

Помимо совместных с российской стороной проектах Италия участвует в строительстве южно-европейского энергетического «интерконнектора» по транспортировке азербайджанского газа в Западную Европу через территории Турции и Греции в обход территории РФ. Проект запущен в рамках турецко-азербайджанского соглашения 2010г. по совместной эксплуатации месторождения «Шах Дениз II». Из 13 млрд. куб.м газа, начало транспортировки которых на европейские планируется в ближайшие годы, 8 млрд. должны поступать непосредственно на итальянские рынки [6,online]. Не смотря на присутствие итальянской стороны в альтернативных газотранспортных проектах без участия структур «Газпрома», это не отразилось на характере итальянско-российского стратегического партнерства.

Важным элементом контекстуального анализа российско-итальянских отношений в энергетической сфере является геополитический аспект, а именно расширение Евросоюза, главным образом за счет потенциального вступления Украины – главной транзитной транспортной артерии российского газа в Европу, и формирование независимого от российских поставок европейского энергетического рынка.

7 мая 2009г. в Праге состоялся саммит лидеров ЕС в ходе которого была подписана Совместная Декларация о Восточном партнерстве, - инициатива, (соавторами которой выступили Польша и Швеция - М.Н.) призванная укрепить отношения Украины, Белоруссии, Молдовы, Грузии, Армении и Азербайджана с Европейским Союзом через развитие демократических обществ в бывших республиках СССР, проведение структурных реформ с целью углубления торгово-экономических отношений как в многосторонних, так и двусторонних форматах, либерализацию торговли и упрощение визового режима. При этом только Украина и Грузия официально задекларировали стремление к членству в ЕС. Уровень присутствия стран на саммите засвидетельствовал тот факт, что лидеры средиземноморских стран проигнорировали своим присутствием данное мероприятие, ограничившись министерским или более низким уровнем представительства. Кроме лидеров Мальты, Португалии, Испании отсутствовали также президент Франции Н.Саркози и итальянский премьер С.Берлускони. Для Франции и Италии, сложившегося во второй половине 2000-х гг. политического тандема Саркози – Берлускони - сторонников развития инициатив сотрудничества со средиземноморскими странами, которые входят в сферы их стратегических интересов, поддержка Восточного партнерства означало бы сокращение финансирования в рамках Европейской политики соседства Барселонского процесса и региональных инициатив в регионе Средиземноморья. Открыто об этом хоть и не заявлялось, поскольку противоречит декларируемым ценностям и принципам ЕС, дать понять европейскому сообществу об отсутствии политического энтузиазма относительно Восточного партнерства Франции и Италии удалось.

Что касается мотивации решения С.Берлускони, определившего уровень участия Италии на саммите министром социального развития, в качестве важной аргументации следует выделить энергетический фактор в контексте нейтрально-негативной позиции РФ по отношению к Восточному партнерству. На следующий после саммита Восточного партнерства день, 8 мая 2009г., в Праге проходил саммит ЕС по вопросам энергетической безопасности, который итальянский премьер так же проигнорировал, поскольку, как считают многие эксперты, его главной темой было обсуждение газотранспортного проекта «Набукко». Известно, что этот панъевропейский проект в обход территории России, рассматривается официальной Москвой как будущая конкурентная альтернатива «Южному потоку» [7,2]. Логическим продолжением взятой С.Берлускони линии стал его визит в Сочи для встречи с премьер - министром России В.Путиным менее чем через две недели после саммитов в Праге и, следовательно, подписание российско-итальянского проекта договора об осуществлении проекта «Южный поток», который, как и «Набукко», должен проходить в обход Украины [8,online].

В геополитических играх на европейском энергетическом пространстве Италия руководствуется национальными внешнеэкономическими интересами и не склонна «идти в обмен» на декларативные дивиденды, которые гарантируются европейским сообществом, не смотря на то, что сама является его неотъемлемой составляющей. Объективно оценивая перспективы и текущие тенденции на рынках энергоносителей и в европейских делах в целом, официальный Рим решительно отдает предпочтение прагматичному стратегическому партнерству с РФ, а не политическим играм, в которых Германией и Францией ему отводится роль «второй скрипки». За счет «привилегированного стратегического партнерства» и статуса проводника интересов России в европейских континентальных делах, итальянской дипломатии удается использовать тактику «маятника» и повышать свое реноме при формировании Евросоюзом совместной внешнеполитической линии в отношениях с Россией и вопросах расширения ЕС.

Литература (Источники)

1. Leaders change, business does not: Italy – Russia economic relations in 2012. Vilàggazdasàgi Intèzet. 2012.03.16.
2. http://ria.ru/economy/20061114/55636758.html#ixzz2lCFah64i
3. R.Kandiyoti. Europe's energy diplomacy all at sea. Le Monde Diplomatique online. English Edition. March 2011.
4. http://www.gazpromexport.ru/partners/italy/
5. R.Kandiyoti. Europe's energy diplomacy all at sea. Le Monde Diplomatique online. English Edition. March 2011.
6. Ibid.
7. Karoly Benes. Whose' Sphere of Influence'? Eastern Partnership Summit in Prague. 06/03/2009 issue of the CACI Analyst. P.2.
8. Ibid.

Ермоленко А.В.
студент IV курса
Викторова Е.А.
«Национальный Исследовательский Университет» Белгородский Государственный Университет, Белгород

МОТИВАЦИЯ УЧЕБНОЙ ДЕЯТЕЛЬНОСТИ СТУДЕНТОВ С РАЗЛИЧНЫМ СТИЛЕМ ПОЗНАВАТЕЛЬНОГО КОНТРОЛЯ

В современном образовании в качестве основного направления работы используется личностно-ориентированный подход, главным тезисом которого является построение образовательного процесса исходя из индивидуальных особенностей личности учащихся. Немаловажными особенностями является мотивация учебной деятельности и стилевые характеристики студентов. Проблему исследования мотивации учебной деятельности студентов в своих работах разрабатывали многие ученые-психологи зарубежной и отечественной психологии Х. Хекхаузен, А.К. Маркова, И.П. Ильин[1] которые установили, что мотивация объясняет целенаправленность действия, организованность и устойчивость целостной деятельности, направленной на достижение определенной цели, в том числе и учебной деятельности. Исследование когнитивных стилей осуществлялось М.А. Холодной [2], Р.В. Гарднером[3].

Понятие мотивация было впервые использовано в статье А. Шопенгауэра «Четыре принципа достаточной причины» в 1910 году[1]. В дальнейшем этот термин прочно закрепился в психологии и использовался для обозначения причин, обьясняющих то или иное поведение человека и животных. В современных психологических представлениях понятие «мотивация» не имеет однозначной трактовки, одни авторы считают мотивацию совокупностью факторов, поддерживающих и направляющих активность человека, в другом случае, как считает Платонов К.К., мотивация представляет собой совокупность мотивов. Кроме того существуют взгляды на мотивацию, как механизм регуляции определенного вида деятельности в форме процесса реализации мотива.

Исходя из этого, в психологии образовались два направления понимания феномена мотивации. Первое направление рассматривает мотивацию как структурное образование, которое включает в себя как мотиваторы (факторы), так внутренние диспозиции личности, непосредственно мотивы, интересы (В.Д. Шадриков). Второе направление рассматривает мотивацию как динамическое явление, в форме процесса или механизма (А.А Файзуллаев).

Частным видом мотивации является учебная мотивация. Учебная мотивация определяется различными факторами и личностными диспозициями субъекта. Первое что определяет учебную мотивацию - это образовательная система, которая подразумевает собой как сам образовательный процесс, так и учреждения, где осуществляется учебная деятельность. Другими немаловажными факторами являются форма организации этого процесса, а также личностные особенности учащихся и педагога.

Что касается мотивации обучения в высших учебных заведениях, то здесь также нет однозначного взгляда на мотивы, лежащие в ее основе. Некоторые авторы отдают ведущее влияние на мотивацию обучения социально-экономическим и политическим условиям в стране.[4]

При этом можно выделить относительно стабильные мотивы, проявляющиеся в структуре мотивации обучения в ВУЗе.

Основными мотивами поступления в ВУЗ являются:
- Желание находится в кругу студенческой молодежи;
- Возможность проявить свою индивидуальность, самореализоваться в профессиональной сфере, овладеть профессией;
- Познавательный мотив;
- Мотив престижа, общественной значимости профессии, получение социального статуса студента;
- Престижность диплома о высшем образовании (именно диплома, не самого образования).Данный мотив был особо актуален в 90-х годах прошлого столетия. В настоящее время наблюдаются тенденции к снижению его значимости.

Таким образом, ведущими мотивами у студентов являются «профессиональные» и «личного престижа», менее значимыми являются «прагматические» (мотив получения диплома) и «познавательные»[5].

Что касается разработки проблемы когнитивных стилей в отечественной психологии, то стоит сказать о том, что в зарубежных источниках понятие «cognitive» обозначает познавательный, что в отечественной психологии не совсем так. Понятие «когнитивный» имеет отношения к механизмам переработки информации, в процессе построения познавательного образа на разных уровнях отражения. Познавательные же процессы это собственно и есть процесс отражения действительности в виде познавательного образа разных модальностей[2]. В отечественной психологии сложилось специфическое определение когнитивного стиля, как характеристики индивидуальных особенностей переработки информации, в процессе построения содержательного познавательного образа действительности.

На современном этапе развития психологической науки в отечественной и зарубежной науке можно встретить описания более чем двух десятков когнитивных стилей, которые были классифицированы в работах М.А.Холодной[2], автор разделяет их на «базовые» и «второстепенные» когнитивные стили, первые легли в основу феноменологии стилевого подхода, вторые же были выделены в более поздних исследованиях.

В нашем исследовании будет предпринята попытка рассмотреть когнитивный стиль - ригидный/гибкий познавательный контроль как характеристику «индивидуального» учащихся в высших учебных заведениях.

Ригидный/гибкий познавательный контроль — это когнитивный стиль, который обуславливает степень субъективной трудности при смене способов переработки информации в процессе когнитивного конфликта. В основе данного разделения ригидный/гибкий лежат трудности, которые возникают в процессе перехода от вербальных функций (высокоавтоматизированных) к сенсорно-перцептивным (низко автоматизированных).

Помимо двух полюсов ригидный/гибкий познавательный контроль, в своих исследования М.А. Холодная выделяла в когнитивном стиле познавательного контроля еще два полюса данного стиля: интегрированный и неинтегрированный познавательный контроль. Они характеризуются степенью включенности вербальных и сенсорно-перцептивных функций в структуру личности.

В своей работе мы исходим из предположения, адекватная мотивация учебной деятельности будет обуславливаться определённым полюсом когнитивного стиля ригидный/гибкий познавательный контроль. Нами было проведено исследование, направленное на определение характера связи между мотивацией учебной деятельности студентов и когнитивным стилем познавательного контроля. Объектом выступала мотивация учебной деятельности. Предметом: мотивация учебной деятельности студентов с различным стилем познавательного контроля. В исследовании принимали участие 40 студентов, обучающихся НИУ Белгородский государственный университет. В исследовании использовались методики: Опросник «Мотивация обучения в ВУЗе» автор Е.П. Ильин, Опросник Удовлетворенность учебной деятельности автор Л.В. Мищенко, а также методика словесно-цветовой интерференции Дж. Струпа. Статистическая обработка данных производилась с использованием непараметрического математического метода коэффициента корреляции Спирмена на основе пакета SPSS. Выбор данного метода основывается на его предназначении: выявление линейной связи между измеряемыми признаками.

При исследовании ведущих мотивов обучения в высшем учебном заведении, а также структуры удовлетворенности учебной деятельностью студентов нами были получены следующие результаты, представленные на рисунке 1.

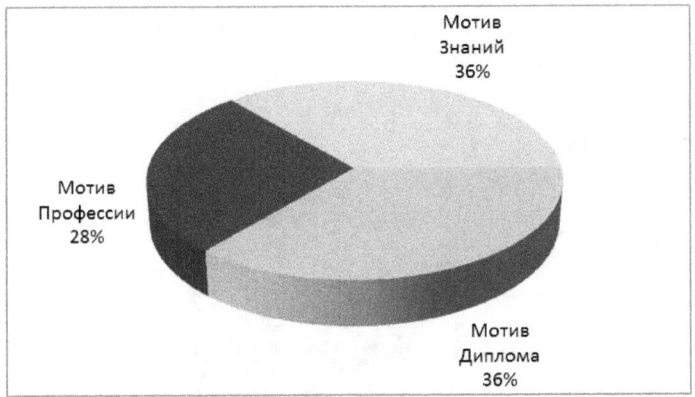

Рис.1. Представленность ведущих мотивов обучения в ВУЗе в выборке.

В итоге, согласно рисунку 1 видно, что в структуре мотивации учебной деятельности в равнозначной степени представлены мотивы получения знаний и диплома, в меньшей степени представлен мотив овладения профессией. Это говорит нам о том, что студентов обучение в высшем учебном заведении привлекает в основном расширением кругозора и получением самого образования, в форме результата. Что негативно сказывается на профессиональном становлении студентов, так как знания, получаемые в университете необязательно относятся к сугубо профессиональным, они также включают общекультурный компонент. Равнозначность мотива получения диплома, может быть объяснена тенденциями в современном общественном сознании, а именно витальной необходимостью получения высшего образования. Поэтому правомерно говорить об искажении восприятия получения высшего образования, понимание его как непременного атрибута необходимого для получения определенного социального статуса, лучших условий и т.п. Это ведет к деструкции представлений в обществе о профессионале с высшим образованием, обуславливает его обесценивание, что также влияет на содержательную и качественную стороны профессиональной деятельности. Ведь на сегодняшний день немногие выпускники ВУЗов работают по специальности, а это непосредственно связано с данными тенденциями общества.

Таким образом, в современные студент в своей учебной деятельности направлены на получение диплома об окончании высшего учебного заведения, а также накопления знаний, которые необязательно имеют отношения к получаемой профессии. Данный факт подтверждается особенностями структуры удовлетворенности учебной деятельностью.

Анализируя удовлетворенность учебной деятельностью у студентов, были получены следующие результаты, представленные на рис. 2.

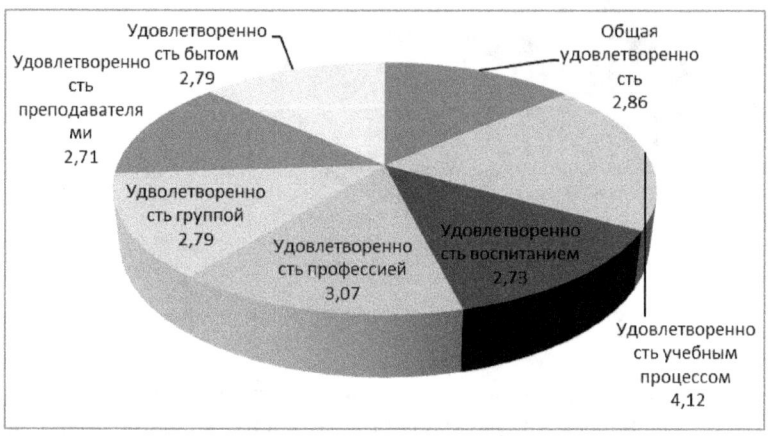

Рис. 2. Структура удовлетворенности учебной деятельностью студентов.

Как видно из представленных данных, высокая удовлетворенность наблюдается в сфере учебного процесса, то есть учебный процесс обеспечивает образовательные потребности каждого студента в соответствии с его склонностями, интересами и возможностями, способствует развитию творческого интеллектуального потенциала, что позволяет сформировать важные и необходимые профессиональные качества. Однако удовлетворенность выбранной профессии остается на среднем уровне, что, по нашему мнению, непосредственно связано со структурой ведущих мотивов учебной деятельности. Стоит также отметить, что данные исследования указывают на средний уровень (нижняя его граница) общей удовлетворенности, что в реальности говорит о противоречивых тенденциях, а именно с одной стороны студент удовлетворен учебной деятельностью в образовательном учреждении, но остальные показатели находятся на нижней границе среднего уровня, за исключением учебного процесса. Который в своей сущности и обеспечивает мотив приобретения знаний.

Таким образом, можно предположить, что в ВУЗах обучаются в большей степени студенты с познавательной мотивацией направленной на получение диплома о высшем образовании, а не на получение профессии выбранной при поступлении.

В результате проведения диагностики стиля познавательного контроля студентов, с помощью кластерного анализа было выделено 4 группы студентов, соответствующих полюсам когнитивного стиля ригидный/гибкий познавательный контроль. Выделенные группы представлены на рис 3.

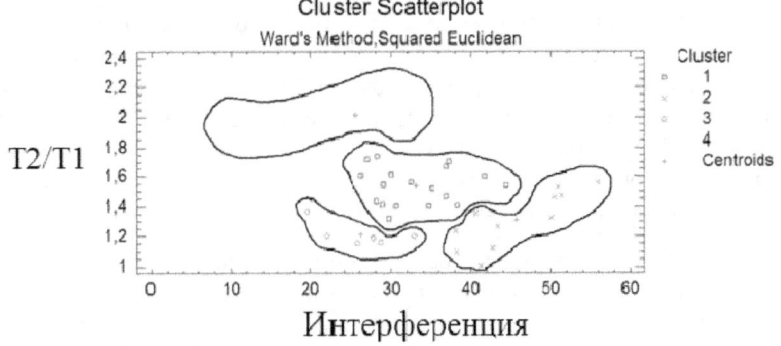

Рис. 3. Графическое отображение кластеров по когнитивному стилю ригидность/гибкость познавательного контроля.

Согласно рисунку 3 из выборки выделяются четыре непересекающихся кластера, которые расчленяют полюса когнитивного стиля ригидный/гибкий познавательный контроль на две субгруппы. Их можно обозначить как: интегрированные (кластер 1), ригидные (кластер 2), гибкие (кластер 3), неитегрированные (кластер 4).

В таблице 1 представлены значения центроидов по каждому из кластеров, а также указано количество испытуемых, составляющих кластеры и их процентное соотношение от всей выборки.

Таблица 1 Основные показатели полученных кластеров.

Название кластеров	% испытуемых и их кол-во	Величина Т3-Т2	Значение центроидов
Интегрированные	18 (46,15%)	33,05	1,53
Ригидные	11 (28,21%)	45,71	1,31
Гибкие	6 (15,38%)	26,15	1,2
Неинтегрированные	4 (10,26%)	25,53	2,01

Исходя из таблицы 1 видно, что основу выборки составляют испытуемые, являющиеся представителями интегрированной субгруппы стиля познавательного контроля (46,15%), представители ригидной субгруппы сотавляют (28,21%),(15,38%) представителей гибкой субгруппы и 10,26% неинтегрированной субгруппы. Стоит отметить, что полученные данные не совпадают с результатами исследования когнитивного стиля студентов М.А. Холодной проводимого в 2002 году. Соотнося данные полученные Холодной М.А и результаты нашего исследования, можно отметить изменения в распределении субгрупп полюсов стиля в выборке испытуемых, если в 2002 году основной субгруппой, представленной в выборке, являлась субгруппа гибких(40%), последующими были субгруппы интегрированных(24,4%), неинтегрированных (28,9%), а также ригидных (6,7%). Что, в свою очередь, не совпадает с данными полученными в нашем исследовании, в результате которого около половины выборки относятся к субгруппе интегрированных, а группы гибких и неинтегрированных составляют менее четверти студентов, участвующих в исследовании.

Далее нами был проведен корреляционный анализ переменных. В результате статистической обработки показателей когнитивного стиля познавательного контроля: интерференция не имеет статистически значимых связей с мотивацией и удовлетворенностью учебной деятельностью, что касается интегрированности функций, то она имеют статистически значимую, линейную, положительную связь с «коммуникативными» удовлетворенность отношения в группе($\rho=0{,}385, p \leq 0{,}05$) и морально-нравственными особенностями реализации личности учащегося в структуре удовлетворенности учебной деятельностью воспитательным процессом ($\rho=0{,}422, p \leq 0{,}01$), что касается мотивации учебной деятельности, стоит отметить положительную, значимую связь интегрированности функций с мотивацией овладения профессией ($\rho=0{,}351, p \leq 0{,}05$). Так как именно интегрированность (вербальность) функций в большей степени обуславливает когнитивный конфликт (интерференцию), а именно усиливает доминирование знаково-символической системы в структуре индивидуального метакогнитивного опыта, то можно предположить, что с ростом интегрированности вербальных функций происходит увеличение степени овладения словом, так как знаково-символическая система лежит в основе коммуникации и процесса преподавания в высшем учебном заведении, то это детерминирует успешность в учебной деятельности и, как следствие, обеспечивает повышение мотивации овладения профессией, что вполне объясняется гуманитарной направленностью студентов, составляющих выборку.

Таким образом, в результате исследования поставленная гипотеза подтвердилась частично, так как мотивация учебной деятельности имеет связь с одной составляющей когнитивного стиля познавательного контроля, а именно степенью интегрированности, относительно интерференции обнаружено отсутствие значимой связи с мотивацией учебной деятельности студентов.

Список литературы

1. Ильин Е.П. Мотивация и мотивы.— СПб.: Питер, 2006. —512 с.: ил.— (Серия «Мастера психологии»)
2. Gardner R.W., Holzman P.S., Klein G.S., Linton H.B., Spence D.P. Cognitive control. A study individual consistencies in cognitive behavior. Psychological Issues. Monograph 4. V. 1. – N.Y., 1959.
3. Холодная М.А. Когнитивные стили. О природе индивидуального ума.
4. Котов С. С. Особенности мотивации учебной деятельности студентов, обучающихся в новых социально экономических условиях. Диссертация на соискание степени канд. психол. н. - Тверь, 2003.- 158с
5. Печников А.Н., Мухина Г.В. Особенности учебной мотивации курсантов юридических вузов МВД. – Психология: итоги и перспективы: Тезисы научно-практической конференции. – СПб., 1996

Филоненко М.М.
доцент, кандидат психологических наук, Национальный медицинский университет имени А.А.Богомольца
filmm@ukr.net

ЗАКОНОМЕРНОСТИ СТАНОВЛЕНИЯ ЛИЧНОСТИ СТУДЕНТА-МЕДИКА КАК БУДУЩЕГО СПЕЦИАЛИСТА

На современном этапе профессиональной подготовки будущих специалистов особое значение имеет потребность личностного подхода к формированию специалиста-профессионала. Учет в учебно-воспитательном процессе вуза особенностей психосоциального и личностного развития студентов-медиков есть важным направлением усовершенствования взаимодействия в системе «педагог-студенты» на основе рефлексивно–личностного подхода. Знание особенностей личностного становления студентов-медиков с перспективной проекцией на их профессиональную деятельность в будущем и стало предметом нашего анализа.

Психологические аспекты развития личности в процессе профессионализации рассматриваются многими исследователями, представляющими различные направления современной психологии [1,2]. Вместе с тем, обращает внимание слабая разработанность проблемы личностного развития будущего специалиста как субъекта деятельности. В отдельных работах содержатся оригинальные подходы к изучению определенных сторон профессионализации личности врача, достижения им акмеологических вершин, но исследования системного характера феноменологии развития личности субъекта будущего врачебного труда - актуальная перспектива психологической теории и методологии.

В студенческий период профессионального развития будущий врач не только приобретает профессиональные знания, навыки и умения, но и выбирает путь формирования личности, что есть необходимым для успешности будущей профессиональной деятельности. Выбирается образ субъекта врачебного труда, идентификация с которым содержательно определяет процесс профессионального развития личности, формирования профессиональной "Я-концепции".

В контексте специфики студенческого возраста как важной стадии развития личности эту проблему рассматривали Б.Ананьев, А.Бодальов, Д.Дворяшин, Н.Пейсхаков, О.Степанова, К.Альбуханова-Славская, В.Бодров, Е. Климов, А Маркова, С.Д.Максименко и др. [1,2,3,4].

В профессиональной психологии исследование личности ведётся в двух направлениях:
1. Изучение отдельных индивидуально-психологических особенностей личности в труде.

2. Изучение целостной личности - как комплексный подход к исследованию личности профессионала.

В нашем исследовании мы придерживаемся холистического подхода к исследованию развития личности в процессе профессионализации (адаптанта), который позволяет проследить динамику мотивационно-потребностной сферы, ценностных ориентации, коммуникативных ресурсов как подструктур интегральной индивидуальности и, в результате, конструировать модель адаптированной, успешной и самоактуализирующейся личности профессионала, некий "портрет-эталон", используемый в целях профессиональной ориентации, отбора и прогнозирования профессионального становления специалиста. При этом сущность профессионального развития понимается как формирование у человека способностей, потребностей, интересов, установок и т.д., оптимально соответствующих требованиям деятельности, её целям, содержанию и условиям реализации.

В последние годы существенно увеличилась степень "личностно-смысловой ёмкости" учебно-воспитательной деятельности, так как высшее образование глубоко влияет на психику человека, развитие его личности. За время обучения в вузе, при наличии способствующих условий, у студентов развиваются все уровни психики, которые определяют направленность личности человека, формируют мышление, которое характеризует профессиональную направленность личности.

На протяжении учебы студенты формируют студенческие коллективы, формируют навыки и умения рациональной организации умственной деятельности, осознается выбранная профессия, вырабатывается оптимальный режим работы, отдыха и быта, устанавливается система работы по самообразованию и самовоспитанию профессионально важных качеств личности. Знание индивидуальных особенностей студентов, на основе которых строится система включения его в новые виды деятельности и новый круг общения дает возможность социализироваться студенту, то есть сделать процесс приспосабливания ровным и психологически комфортным. Именно поэтому при личностном становлении студентов важно учитывать их социальную адаптацию к условиям учебы.

Социальная адаптация студентов включает в себя:
1. Профессиональную адаптацию, как приспособление к характеру, содержанию, условий и организации учебного процесса, формирования навыков самостоятельности в учебной и научной деятельности;
2. Социально-психологическую адаптацию – приспособление индивида к группе, взаимодействия с ней, выработка собственного стиля поведения.

Именно социальная адаптация выступает условием личностного становления будущего специалиста, формирование его готовности к будущей профессиональной деятельности. При этом одной из ключевых проблем есть построение такой системы учебно-воспитательного процесса, которая бы оптимально учитывала особенности и закономерности не только личностного развития студента, но и его профессионального становления как специалиста.

Формировать профессиональную направленность у студентов означает развивать у них позитивное отношение к будущей профессии, формировать интересы, наклонности и способности к ней, способность усовершенствовать свою квалификацию после окончания высшей школы, развивать идеалы, взгляды, убеждения.

Позитивные изменения профессиональной направленности проявляются в том, что укрепляются мотивы, которые связаны с будущей профессией, появляется потребность хорошо исполнять свои деловые обязанности, желание показать себя умелым специалистом и достичь успеха в роботе, растет потребность успешно решать сложные учебные вопросы или задания, усиливается чувство ответственности.

Закономерности социальной адаптации будущих специалистов включают в себя:
- формирование у каждого студента уверенности в своей профессиональной пригодности, а также осознанного понимания необходимости овладения всеми дисциплинами, видами подготовки, которые запланированы учебным планом вуза;
- выработка желания следовать за всем прогрессивным в деятельности специалистов;
- умение направлять самовоспитание на успех работы, постоянно пополняя свои знания.

Литература

1. Леонтьев А.Н. Психологические вопросы формирования личности студента//Психология в вузе.-2003.-№ 1-2.-С.232-241
2. Психологическое исследование проблемы формирования профессионала/Под ред. В.А.Бодрова.-М.1991.
3. Смирнов С.Д. Педагогика и психология высшего образования: от деятельности к личности. -М.: Академия, 2001.-304 с.
4. Максименко С.Д. Генезис существования личности.:-К.:Издательствао ООО «КММ», 2006,-240 с.
5. Ясько Б. А. Психология медицинского труда: личность врача в процессе профессионализации: Дис.д-ра психол. наук. -М.: РГБ, 2005.

Хрипков К.А.
аспирант кафедры социальных технологий
Белгородского государственного
национального исследовательского университета

РАЗВИТИЕ САМОУПРАВЛЕНЧЕСКОГО ПОТЕНЦИАЛА ТЕРРИТОРИАЛЬНЫХ СООБЩЕСТВ

В настоящее время стало очевидным, что стабильное и эффективное функционирование местного самоуправления является основополагающим механизмом устойчивого развития локальной территории.

Суть местного самоуправления заключается в том, что социум (территориальная общность) решает самостоятельно и под свою ответственность вопросы местного значения. Его основным содержательным показателем выступает активное участие жителей в решении проблем местного значения.

Местное самоуправление, несомненно, является основой для развития гражданского общества в России. Под гражданским обществом понимается система общественных отношений и институтов, дающих возможность человеку реализовывать его гражданские права и выражающих разнообразные потребности, интересы и ценности членов общества. С точки зрения социологии составными частями гражданского общества, как правило, выступают семья, социальные группы, общественные организации, а также органы общественного самоуправления.

Одной из форм реализации права граждан на местное самоуправление является территориальное общественное самоуправление. Институт территориального общественного самоуправления это показатель правового государства и гражданского общества с самостоятельным населением, которое активно проявляет себя в жизни общества и государства.

При этом в государственно-организованном обществе территориальная организация населения обусловлена многоцелевым назначением самой территории: как составной части материальной базы суверенитета народа, пространственной основы участия граждан в осуществлении народовластия, реализации ими своих прав, свобод и обязанностей по месту жительства[1].

Вместе с тем, очевидно, что даже при наличии высокого уровня заинтересованности в решении местных проблем население в настоящее время не способно эффективно решать, самостоятельно локальные задачи.

В настоящее время факторов, препятствующих полноценному функционированию территориального общественного самоуправления, пока еще достаточно много. Наиболее существенными из них являются: низкий уровень гражданской активности населения, недостаточная информированность граждан о функциях территориальных сообществ.

Для более детального обоснования проблемного поля развития самоуправленческого потенциала территориальных сообществ, следует рассмотреть социологическое исследование «Практика деятельности территориального общественного самоуправления в регионе», проведенное Р.И. Гайдуковым в 2012 г. в Белгородской области (N=651 респондент)

58,5% респондентов информированы о ТОС. Однако эта информированность носит поверхностный характер: лишь 19,8% знают, чем занимается ТОС, а 38,7% "что-то слышали" о нем. Эти данные нужно распределитьт по названным ранее факторам.

Так же нужно отметить, что личное участие жителей территорий в конференциях, собраниях и сходах, как правило, носит эпизодический характер. Низкими оказались показатели участия в таких коллективных мероприятиях как ремонт подъездов, обустройство территории, конкурсы на лучший дом, двор и т.п. Всего лишь около 20% населения участвуют в жизни своей территории[2].

Исходя из результатов исследования можно выделить основные проблемы, стоящие на пути эффективного взаимодействия населения, а именно недостаточную информированность и низкий уровень гражданской активности населения.

Для решения развития самоуправленческого потенциала населения территориальных сообществах предполагает первоочередное решение следующих задач:

- активизировать участие жителей в мероприятиях территории, за счет грамотной информированности населения о сущности, целях ТОС и направлениях его деятельности;
- создать единое информационное пространство ТОС и органов управления муниципальным образованием.

Список литературы

1. Бабурин С.Н. Территория государства. Правовые и геополитические проблемы. М., 1997; Барциц И.Н. Конституционно-правовое пространство России: формирование и динамика. М., 2001.
2. Гайдуков Р. И. Практика деятельности территориального общественного самоуправления в регионе/Р. И. Гайдуков, Е. В. Реутов // СОЦИС: социологические исследования, 2012,N № 11.-С.81-84

Бондарчук М.М.
кандидат технических наук, доцент, ФГБОУ ВПО «МГУДТ»
Грязнова Е.В.
кандидат технических наук, доцент, ФГБОУ ВПО «МГУДТ»

КЛАССИФИКАЦИЯ И ПРОИЗВОДСТВО ФАСОННОЙ ПРЯЖИ

Фасонная пряжа - пряжа, полученная путем смешения различных по цвету и по качеству волокон, а также пряжа, изготовленная по особой технологии. Для получения фасонной пряжи натуральные волокна часто смешивают с синтетическими волокнами или металлизированными нитями [1, 169].

Фасонная пряжа отличается от обычной пряжи цветовыми, структурными и другими внешними или функциональными признаками (ГОСТ 13784-70) и имеет множество разновидностей:
- меланжевая пряжа вырабатывается из волокон, окрашенных в разные цвета и соединенных на различных стадиях технологического процесса;
- пестрая пряжа получается на прядильных машинах при одновременном питании разноцветными ровницами;
- пряжа фасонного крашения или печатная – эффекты достигнуты за счет нанесения красителя на поверхность пряжи по ее длине;
- мушковатая пряжа – имеет на поверхности хаотично распределенные волокна различного цвета;
- пряжа с грубым волосом – характеризуется внешним эффектом в виде выступающих на поверхности 5 – 15 % цветных или грубых волокон большей линейной плотности;
- пряжа ровничного типа – объемная пряжа малой крутки;
- пряжа с «непсами» – характеризуется наличием на поверхности пряжи уплотнений шарообразной формы;
- пряжа с отрезками нитей – характеризуется утолщениями удлиненной формы, полученными путем введения на различных стадиях волокон длиной 30 – 80 мм;
- переслежистая пряжа – характеризуется разной протяженностью и периодичностью толстых и тонких мест;
- высокоусадочная пряжа – позволяет создавать в ткани или трикотаже эффект сжатости;
- пряжа с использованием специализированных эффектов шерсти - имеет повышенную уваленность, мягкость, объемность, упругость;
- пряжа с использованием специализированных эффектов льна;
- пряжа с использованием специализированных эффектов шелка;
- пряжа с использованием специализированных эффектов химических волокон нового поколения;

- мулинированная пряжа – это простейший вид многониточной пряжи, получаемой скручиванием двух или нескольких разноцветных нитей;
- комбинированная пряжа получается скручиванием двух или нескольких видов фасонных нитей или сочетанием фасонной и обычной нити;
- волнистая пряжа имеет волнистую структуру, образованную скручиванием нитей с круткой разного направления;
- могокруточная пряжа образуется путем скручивания нескольких разных по цвету, но одинаковых по линейной плотности нитей;
- высокорастяжимая многониточная пряжа;
- извилистая пряжа характеризуется рельефом;
- петлистая (буклированная) пряжа – эффектная нить располагается относительно стержневой в виде замкнутых петель;
- пряжа с сукрутинами – имеет на поверхности непрерывно выступающие сукрутины;
- шишковатая пряжа получается в результате местного сгущения витков эффектной пряжи вокруг стержневой, это приводит к образованию утолщений в виде шишек;
- ворсованная пряжа – получается путем ворсования, начесывания;
- пряжа «синель» имеет сердечник из хлопчатобумажной или искусственной нити находится и внутри гусеничной и бархатистой пряжи;
- комбинированная пряжа – получена скручиванием в несколько этапов различных фасонных нитей одного или разного цвета с последующим закреплением;
- обвивочная пряжа - представляет собой прочную уравновешенную нить с волокнистым сердечником, обвитым комплексными нитями, на долю которых (по массе) приходится от 1 до 5%;
- узелковая пряжа – характеризуется наличием на поверхности узелков определенной толщины, длины и формы. По форму узелка пряжа подразделяется на узелковую, гусеничную и застилистую;
- пряжа с ровничным эффектом характеризуется периодически повторяющимися на ее поверхности утолщениями, образованными отрезками крученной в нее ровницы [2, 63].

До последнего времени практически весь объем фасонной пряжи, выпускаемой в России, производился с использованием прядильно-крутильных машин *PL-31*(Польша) или на модернизированных прядильно-крутильных машинах *ПК-100*. Технический уровень этого оборудования ограничивает возможности производства фасонной пряжи получением пряжи с периодическими утолщениями - петлями.

В случае использования машины *ПК-100* мы имеем стержневую нить и нить закрепа, скорость которой больше стрежневой нити на коэффициент нагона. При этом никак нельзя влиять на распределение нити нагона по длине фасонной пряжи и получается ограниченное число эффектов.

Если фасонная пряжа вырабатывается на машине с управляемыми рабочими органами (в первую очередь, снабженной вытяжным прибором с управляемой вытяжкой) можно управлять подачей «массы» нагонной нити [3, 159].

Технологический процесс выработки фасонной пряжи методом двойного кручения включает первое кручение для формирования полуфабриката фасонной пряжи, запарку пряжи, второе кручение для закрепления эффекта, запарку готовой фасонной пряжи, перемотку пряжи на бобины.

Нагонная нить подается с опережением по отношению к стержневой нити. Для подачи стержневой и нагонной нитей на машине может использоваться до трех пар питающих цилиндров, частота вращения которых регулируется индивидуально. На второй происходит закрепление фасонных эффектов за счет скручивания полученной на первой стадии нити с закрепительной нитью. Направление крутки на второй стадии противоположено направлению первичной крутки.

Оборудование для выработки фасонной пряжи способом двойного кручения выпускают фирмы: «Majed» (Польша), «Allma Saurer» (Германия), «PAFA» (Италия), «Walker» (США).

Для производства фасонной пряжи с непрерывными и прерывистыми эффектами, имеющими постоянный и переменный шаг: извилистая, петлистая, шишковая, с сукрутинами, гусеничная, с ровничным эффектом, застилистая, узелковая используется машина фасонной крутки PL-31 фирмы «Majed» (Польша).

Петельчатый эффект, относится к непрерывным эффектам, образуется в результате разности скоростей прохождения нитей, составляющих фасонную пряжу, через питающие валики и нитепроводящие элементы машины. При формировании петельчатой пряжи в первом кручении участвуют три нити, из которых две стержневые одна эффектная. Для правильного построения такой пряжи необходимо в качестве эффектной нити использовать слабо крученую пряжу или ровницу. Петельчатый эффект в пряже проявляется в основном после второго кручения по направлению, противоположному первому. Второе кручение способствует стабилизации эффектов.

Современное оборудование для производства фасонной пряжи - полностью программируемые машины, которые могут проводить питание независимо несколькими видами полуфабриката и так же независимо изменять скорость рабочих органов - позволяет изменить сам процесс проектирования фасонной пряжи.

Список литературы:

1. Павлов Ю.В., Иванова М.И. Крутильно-ниточное производство. – М.: Легпромбытиздат, 1986. – 178 с.
2. Бондарчук М.М., Грязнова Е.В., Полякова Т.И. Производство крученой, фасонной пряжи и швейных ниток. Конспект лекций. – М.: - ГОУВПО «МГТУ им. А.Н.Косыгина», 2011. -80 с.
3. Разумеев К.Э., Кудрявцева Т.Н. Производство фасонной пряжи. – М.: Глобус, 2005.- 240 с.

Мустафин И.Ф.
студент кафедры ТОР, ТУСУР
Дмитриев В.Д.
кандидат технических наук, доцент кафедры ТОР, ТУСУР

НАСТЕННЫЙ СПЕКТРОАНАЛИЗАТОР НИЖНИХ ЧАСТОТ

В данной статье предлагается вид спектроанализаторов для эксплуатации в сфере цветомузыкального сопровождения в клубах или частных домах. Они являются настенными и управляют мощными светодиодами. Их преимуществом в сравнении существующих типов данных устройств является дешевизна реализации (не более 500 руб на одну полосу) и возможность яркого освещения пространства.

Решение представляет собой совокупность, состоящую из активного фильтра нижних частот и системы компараторов с истоковыми повторителями для возможности управления большими токами. В качестве нагрузки используются мощные светодиоды.

Существует большое разнообразие спектроанализаторов, спроектированных на микроконтроллерах. Существующие типы этих устройств не удовлетворяют критерию яркого освещения, и соответственно не могут быть использованы в качестве цветомузыкального сопровождения музыки в больших помещениях.

Это объясняется тем, что данный тип устройств не специализируется на внешний эффект. Посредством них можно лишь контролировать амплитуду входного аудиосигнала на аудиоколонки в различных полосах частот.

К примеру спектроанализаторы, сконструированные на обычных микроконтроллерах типа AN6884 не могут удовлетворять вышеприведенным требованиям, так как на выход устройства подаются токи не более 30 мА. Такие токи могут с наибольшим КПД управлять светодиодами типа ARL2-10203UWC, световой поток которых составляет 5люмен.

Предлагаемое устройство с легкостью управляет светодиодами типа ARPL-3W, которые работают на токах порядка 1000 мА, обладая световым потоком 170люмен.

Схемотехническая реализация начинается с фильтра. Нам подходит эллиптический активный RC-фильтр нижних частот 6го порядка, граничная частота которого составляет 200 Гц [1, 83]. Фильтр Кауэра выбран потому, что он обеспечивает наибольшую крутизну спада частотной характеристики (24дБ/окт), что позволяет наилучшим образом разделять частоты, а главное соблюдать размеры фильтра порядка 1 см и вес с учетом платы не более 40 гр. Для сравнения, такой же фильтр выполненный на LC компонентах будет занимать место на плате 10x10 см и вес 320 гр.

Предложенный фильтр (рис. 1) выполнен на операционных усилителях типа LM224D в корпусе SO14 и цепями согласования на smd компонентах, что обеспечивает низкую стоимость.

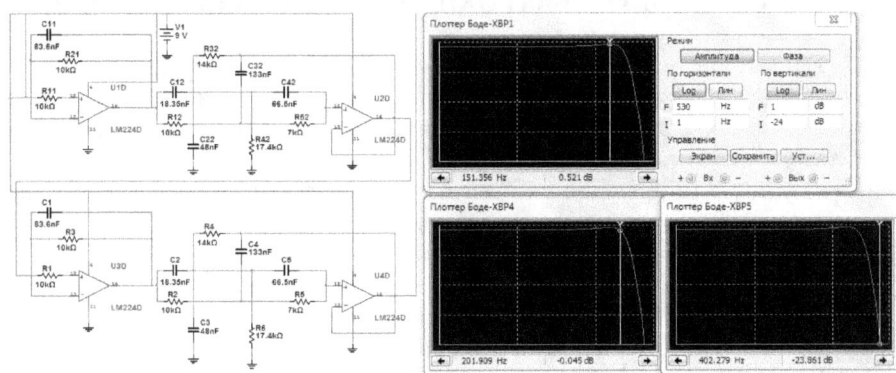

Рисунок 1. Фильтр Кауэра 6го порядка и его полоса пропускания.

Дальнейшая реализация заключается в блоке управления светодиодами, состоящий из системы компараторов, которые осуществляют преобразование входного в общем случае гармонического воздействия в последовательность импульсов для управления полевыми транзисторами с целью пропускать токи до 1000 мА.

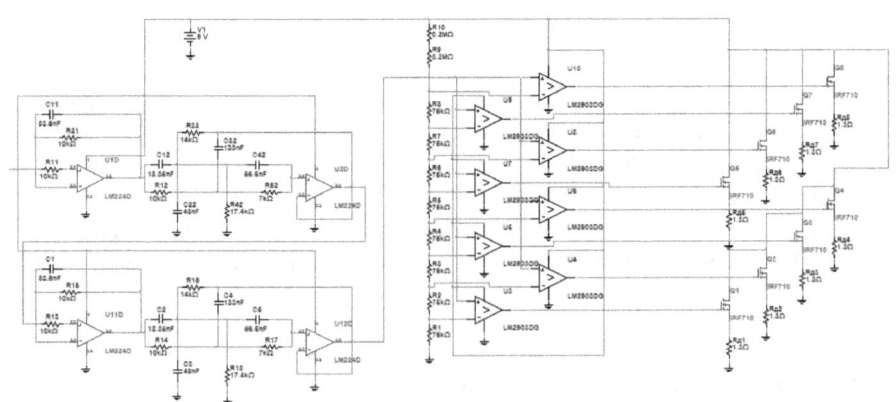

Рисунок 2. Спектроанализатор нижних частот.

В итоге на выходе устройства при амплитуде входного аудиосигнала 100 мВ будет работать только самый нижний светодиод. На схеме он изображен как дифференциальное сопротивление Rд1.

Так как импульсы выходного напряжения составляют 2,25 В, то в импульсе имеем ток светодиода:

$$Iсв = \frac{2,25}{1,3} = 1,73\ A$$

С учетом скважности 3,5 при входном напряжении 100 мВ постоянный ток составляет 500 мА. Здесь при увеличении входного воздействия до 600 мВ скважность составит 1,83 и ток будет увеличиваться до 1 А на данном светодиоде.

При увеличении амплитуды входного воздействия до 600 мВ будет мигать самый верхний светодиод, так как все нижние будут гореть непрерывно, ибо их управляющие компараторы включены.

На основе схемотехнических решений в настоящее время производится практическая реализация устройства.

Литература

1) Зааль Р. «Справочник по расчету фильтров». Издательство «Радио и связь 1983». 750 С

2) Справочник по транзисторам. Издательство «Радио и связь 1989» выпуск 1144. 270 С

3) Хуровец П. Хилл У. «Искусство схемотехники». Издательство «Мир», 5е издание 703 С

Жихарев А.Г., Калайда А.К., Брусенская И.Н., Власова О.В.
Белгородский государственный национальный исследовательский университет

СРАВНИТЕЛЬНЫЙ АНАЛИЗ ТЕХНОЛОГИЙ РАЗРАБОТКИ ИНТЕРНЕТ-РЕСУРСОВ: PHP И ASP.NET

Введение.

Интернет – сайт – информационная система, без которой в настоящее время не обходится ни одна компания, и не важно, в какой сфере она работает. Наличие Интернет – ресурса компании влечет за собою множество положительных аспектов, таких как: реклама, увеличение объемов продаж, увеличение количества клиентов, улучшение информационного облика компании и т.п.

На данном этапе развития Интернет – технологий, появилось множество различных технологий и средств разработки Интернет – ресурсов. Ни для кого не секрет, что наиболее популярными решениями в данной области являются технологии PHP и ASP. Далее рассмотрим обе технологии относительно некоторых критериев сравнения.

ASP.NET [1] — технология создания веб - приложений и веб - сервисов от компании Майкрософт. Она является составной частью платформы Microsoft .NET и развитием более старой технологии Microsoft ASP. На данный момент последней версией этой технологии является ASP.NET 4.5.

ASP.NET внешне во многом сохраняет схожесть с более старой технологией ASP [2], что позволяет разработчикам относительно легко перейти на ASP.NET. В то же время внутреннее устройство ASP.NET существенно отличается от ASP, поскольку она основана на платформе .NET и, следовательно, использует все новые возможности, предоставляемые этой платформой.

Еще одной популярной технологией разработки Интернет – ресурсов является технология PHP [3] (препроцессор гипертекста). Первоначально Personal Home Page Tools — «Инструменты для создания персональных веб - страниц», представляет собою — скриптовый язык программирования общего назначения, интенсивно применяемый для разработки веб - приложений. В настоящее время поддерживается подавляющим большинством хостинг-провайдеров и является одним из лидеров среди языков программирования, применяющихся для создания динамических веб-сайтов.

Рассмотрим данные технологии с точки зрения некоторых наиболее актуальных и интересных критериев.

Сравнение синтаксиса PHP и ASP.NET.

ASP.NET проще PHP в том смысле, что нужно меньше писать программного кода для решения одной и той же задачи [4]. Кроме того, архитектура классического ASP.NET является компонентно-ориентированной, то есть Web-страница представляется как форма, на которую можно «кидать» «контролы» и компоненты, подписываться на их события, а инфраструктура ASP.NET сама сделает это так, чтобы у пользователя создался нужный html + javascript, реагирующий на его действия таким образом, чтобы логика обработки этих событий исполнялась на сервере. Ещё одним плюсом ASP.NET является то, что приложение пишется на строго типизированных компилируемых .NET - языках и поэтому технология существенно упрощает отладку по сравнению PHP. [2] PHP может допускать ошибки, притом большая вероятность того, что при запуске скрипта не будет указываться ошибки. Код, написанный на PHP, может и вполне корректно работать, только считать данные неправильно. Приведя к серьезным последствиям. В ASP.NET дело обстоит по-другому: ASP.NET не даст скомпилировать скрипт с синтаксическими ошибками, соответственно меньше вероятность допуска ошибок. В заключении можно сказать, что PHP предназначен для сравнительно небольших проектов, чем ASP.NET. Вывод из этого пункта сравнения языков веб-программирования говорит о том, что PHP язык проще в написании кода, однако он требует от программиста повышенной внимательности, так как этот язык программирования практически не показывает ошибки, нежели чем ASP.NET

Быстродействие технологий.

Для оценки работы рассматриваемых технологий по критерию быстродействия, авторами были проведены ряд экспериментов, результаты которых представлены ниже:

Испытание скорости работы с базой данных:

- **PHP**: используя интерфейс ODBC (Open Database Connectivity) доступ - 9.54 сек.
- **ASP**: Используя COM интерфейс для работы с ODBC - 17.28 сек (т.е. на 80% дольше).

OLEDB – COM - разработка компании Microsoft и предназначена для взаимодействия с базами данных, она "быстрее" технологии ODBC, но если мы задействуем интерфейс PHP MYSQL, то выигрыш (на 200%), опять за PHP. Это говорит только о том, что открытость кода PHP, а значит свободный доступ всех желающих к разработке и тестированию движка PHP - все это позволило создать более совершенную технологию, нежели ту, которая разрабатывалась в недрах Microsoft [3]. Из этого этапа следует вывод: PHP значительно быстрее технологии ASP.NET, однако при работе с большими объемами данных (более 2 ГБ), технология ASP.NET значительно превосходит PHP.

Материальные затраты.

В отличии от ASP.NET, PHP является бесплатной средой разработки веб-приложений. Что касается ASP.NET, то при использовании скриптов, например, для работы с e-mail, необходимо приобрести ServerObject's Qmail. Если мы хотим работать с файлами, осуществлять загрузку на сайт, то необходимо так же приобрести Software Artisans SA-FileUp. Иначе говоря, если мы хотим делать серьезные проекты на ASP.NET, то необходимо приобретать несколько платных пакетов программ, в то время как на PHP все возможности будут бесплатны [4], что выгодно отличает данную технологию от своих конкурентов. Отсюда следует только один вывод: по материальным затратам выигрывает PHP.

Безопасность.

Весьма распространен миф о том, что все продукты от Microsoft – «дырявые», а их аналоги на Unix-платформе – безопасные. На самом деле, к безопасности в Microsoft относятся очень серьезно (об этом свидетельствуют некоторые их интервью и репортажи) а так же опыт работы с продуктами данной компании, основная причина возникновения мифа – широкая распространенность их продуктов, что обуславливает гораздо больший интерес к этим продуктам для злоумышленников. Вопреки всему, по данным Securitylab.ru, веб-сервер Internet Information Services имеет гораздо меньше уязвимостей, чем его Unix-аналог – Apache. Так, например, в IIS 6.0 было найдено всего 3 уязвимости. Однако гораздо больше случаев взлома веб-сайтов происходит из-за ошибок разработчиков этих сайтов. И хотя вероятность успешного взлома определяется в основном квалификацией программиста, в этом аспекте имеются некоторые преимущества у ASP.Net – более жесткий контроль вводимых посетителем данных. Например, по умолчанию включен запрет на использование HTML-тегов в полях ввода – таким образом, повышается защищенность веб-сайта от XSS (Cross Site Scripting) - атак [5]. В PHP такие проверки разработчику необходимо реализовывать самостоятельно. Это особенно важно для начинающих веб-программистов, которые, как правило, в начале своего пути не знают о возможных уязвимостях – эти знания приходят с опытом. ASP.Net в случае обнаружения некорректных данных сразу останавливает выполнение веб-приложения и предупреждает разработчика о потенциальной опасности. В PHP выполнение продолжается и никаких предупреждений программист не видит – такой уязвимостью могут воспользоваться злоумышленники [5]. Говоря о безопасности данных языков программирования, можно сказать, что технология ASP.NET более защищена от несанкционированного доступа, чем технология PHP.

Исходя из рассмотренных выше критериев, можно сделать общий вывод о том, что невозможно сказать, что, например, одна технология беспрекословно лучше другой. Можно видеть, что по различным критериям, рассмотренные языки программирования ведут себя по разному, поэтому каждая технология как имеет свои достоинства, так и недостатки. Но, хочется еще раз отметить, что технология PHP является бесплатной, поэтому на данном этапе развития Интернет – технологий используется гораздо чаще, чем конкурентные технологии.

Литература

1. Вильямс - Microsoft ASP.NET 2.0 с примерами на C# 2005 для профессионалов, Москва, 2006.
2. Matthew MacDonald and Mario Szpuszta - Pro ASP.NET 3.5 in C# 2008, Second Edition, 2007
3. Спейнауэр С., Куэрсиа В. Справочник Web-мастера. - К: "BHV", 1997. - 368 с.
4. Ратшиллер Т., Геркен Т. PHP4: разработка Web-приложений. - СПб: Питер, 2001. - 384 с.
5. Гутманс Э., Баккен С, Ретанс Д. PHP 5. Профессиональное программирование./ Пер. с англ. СПб: Символ- Плюс, 2006. 704 с., ил.

Гончаренко О.В.

аспирант, ФБГОУ ВПО «Югорский государственный университет»,
г. Ханты-Мансийск, ovg@ugrasu.ru

ИНСТРУМЕНТАЛЬНЫЕ МЕТОДЫ И СРЕДСТВА ОЦЕНКИ ПОТОКОВ ЭМИССИИ ПАРНИКОВЫХ ГАЗОВ

Введение

При оценке влияния изменения климата на потоки CO_2 в лесных экосистемах основными задачами исследований являются:
- выявление составляющих углеродного баланса при современном климате и их изменений за последние 100 - 150 лет;
- сравнение разных методов оценки обмена CO_2 между экосистемами и средой и продуктивности экосистем [2].

Для нахождения составляющих углеродного баланса в настоящее время используются микрометеорологические методы (метод вихревой covariации), камерные методы, методы дистанционного зондирования, полуэмпирические расчетные и информационно-аналитические методы, имитационные модели процессов [6].

Введем основные величины. Баланс CO_2 в экосистеме описывается уравнением сохранения массы:

$$NEE = GPP - R_e$$

где *GPP* — первичная брутто-продуктивность растительности (Gross Primary Production), а R_e — полное дыхание экосистемы. Их разность, *NEE* (Net Ecosytem Exchange), определяет баланс между поглощением CO_2 растениями при фотосинтезе и выделением CO_2 растениями и почвой в процессе дыхания. В свою очередь, дыхание экосистемы R_e подразделяется на автотрофное (дыхание растительности) R_a и гетеротрофное (дыхание почвы — почвенных микроорганизмов и животных, а также разложение растительных остатков (дебриса) R_h [1]:

$$R_e = R_a + R_h$$

1 Метод вихревой ковариации eddy covariance

Метод вихревой ковариации (eddy covariance) основан на предположении, что вертикальный перенос упомянутых величин в атмосферном пограничном слое осуществляется посредством множества хаотично направленных турбулентных вихрей разных размеров.

Значение потока некоторой субстанции C, например, CO_2, находится интегрированием уравнения сохранения массы по объему с учетом осреднения Рейнольдса для C и скорости ветра ($C(t) = \overline{C} + C'$, $w(t) = \overline{w} + w'$). При некоторых упрощающих предположениях вертикальный поток CO_2 равен ковариации F высокочастотных (обычно не менее 10 Гц) пульсаций вертикальной составляющей скорости ветра $w(t)$ и пульсаций концентрации CO_2 $C(t)$, измеряемых на некоторой высоте над растительностью за некоторый промежуток времени (как правило, за 30 мин):

$$F = \text{cov}[w \cdot C]$$

Основным условием проведения надежных измерений вертикальных потоков является наличие интенсивного турбулентного обмена в приземном слое воздуха.

Аппаратура для измерений обычно включает трехмерный высокочастотный ультразвуковой анемометр, малоинерционный датчик температуры, быстродействующие инфракрасные анализаторы водяного пара и диоксида углерода открытого или закрытого типов [6].

2 Модели оценки потоков углекислого газа
2.1 Модели SVAT

Модель вертикального тепло- и влагопереноса в системе «почва – растительность – атмосфера» (SVAT) предназначена для расчета суммарного испарения, распределений влажности и температуры почвы по глубине, а также температур поверхности почвы T_g и растительного покрова T_f для любого интервала времени в течение сезона вегетации. С помощью модели можно рассчитывать испарение с поверхности почвы, транспирацию растительности, перемещение влаги в корнеобитаемой зоне, а также вертикальные потоки скрытого и явного тепла. Поскольку подстилающая поверхность рассматривается в модели как сочетание двух слоев – почвы и растительности, суммарное испарение представляется в виде суммы двух потоков - испарения с оголенной почвы, E_g, и транспирации растительности, E_f:

$$E_g = \rho_a \cdot (r \cdot q^*(T_g) - qaf) / rag$$
$$E_f = \rho_a \cdot (q^*(T_f) - qaf) \cdot LAI / (ra + rs)$$

где $q*(T_g)$ и $q*(T_f)$ - удельные влажности насыщения при температуре поверхности почвы T_g и поверхности листьев T_f; qaf – удельная влажность воздуха в межлистном пространстве; r - относительная влажность воздуха на поверхности почвы; rag и ra - аэродинамические сопротивления между поверхностью земли и поверхностью листьев и поверхностью листьев и атмосферой; rs - устьичное сопротивление растительности, ρ_a – плотность воздуха, LAI – листовой индекс [3].

2.2 Модель SISPAT

SiSPAT – вертикальная 1-D модель, использующая температуру, влажность воздуха, скорость ветра, поступающей солнечной радиации и количество осадков.

В почве связанные уравнения тепло- и массообмена решаются по температуре и матричному потенциалу. Поступающая энергия разделена между почвой и растительностью через фактор ограждения σ_f. Фактор ограждения выражен как функция индекса листовой поверхности (LAI):

$$\sigma_f = 1 - e^{-0.4 LAI}$$

Растительность рассматривают, так как полупрозрачные и многократные отражения между почвой и навесом позволены. В почве срок извлечения корня включен и смоделирован с сетью сопротивления. Предположение, что полное извлечение корня равно испарению растений, учитывает вычисление потенциала воды листа, который используется, чтобы вычислить устьичное сопротивление воды как функцию.

«Мозаика» или «три составляющих» версии модели построены как среднее число области двух независимых размерных колонок (рисунок 1), одна из чистой почвы, и одна из почвы, наложенной растительностью (оригинальный «двойной источник», или две составляющих модели). Это означает, что вычислены два отдельных решения модуля почва-растительность-атмосфера, и поэтому рассчитаны два верхних граничных условия для модуля почвы. Для незаштрихованной колонки почвы это сделано с помощью одного баланса энергии и массовых уравнений сохранения, но пять уравнений необходимы для заштрихованной почвы и растительности: два для баланса энергии, один для массового сохранения и два для чувствительного и скрытого теплового непрерывного потока [5].

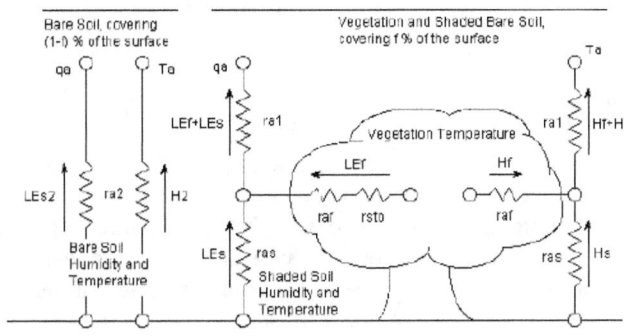

Рис. 1 – Диаграмма SISPAT модели [5]

2.3 Модель COSMO

Негидростатическая атмосферная модель COSMO основана на системе термогидродинамических уравнений, описывающих сжимаемый поток воздуха во влажной атмосфере.

Данная модель состоит из трех шагов. Первый шаг интерполирует грубое решение решения биквадратными сплайнами x- и y-переменными.

$$f(x,y) = a_1 + a_2 \cdot x + a_3 \cdot y + a_4 \cdot x^2 + a_5 \cdot y^2 \quad (1)$$

Здесь требуется пять неизвестных коэффициентов a_1, a_2, a_3, a_4, a_5 для каждого грубого пиксела. Таким образом, должны быть сформулированы пять ограничений. Четыре ограничения предоставлены производными выражения (1). Сохранение среднего значения служит пятым ограничением.

Второй шаг использует эмпирические отношения между атмосферными переменными и поверхностными переменными, используя доступную информацию с высокой разрешающей способностью.

Третий шаг добавляет все еще недостающую изменчивость с высокой разрешающей способностью, добавляя шум.

Основные особенности модели COSMO:

– модель является негидростатической и, следовательно, явно описывает конвективные движения (естественно, соответствующего масштаба, т.е. в первую очередь – процессы глубокой конвекции);

– в качестве метода решения используется вариант метода расщепления, основанный на расщеплении по быстрым и медленным модам;

– модель COSMO является совместной моделью атмосферы и слоев почвы [4].

Заключение

Экосистемы болот играют ключевую роль в круговороте углерода.

Общий подход к оценке баланса углекислого газа в атмосфере предполагает использование рассмотренных выше математических моделей его эмиссии, которые учитывают ключевые факторы, влияющие на этот процесс. Все математические модели являются полуэмпирическими, т.к. используют достаточно большое количество параметров, значения которых определяют на основании данных наблюдений, подвергающихся аналитической обработке. Чаще всего для получения этих данных используются методы зондирования, что в определенной степени снижает точность оценки параметров рассмотренных моделей. Для повышения качества и точности оценок, как параметров самих математических моделей, так и точности получаемых с их использованием количественных прогнозов эмиссии углекислого газа, целесообразно использовать метод вихревой ковариации (eddy covariance).

Список использованных источников

1. Кудеяров В. Н., Заварзин г. А., Благодатский С. А., Борисов А. В., Воронин П. Ю. и др., 2007. Пулы и потоки углерода в наземных экосистемах России, М., Наука, 315 с.

2. Моисеев Б. Н., Алябина И. О ., 2007. Оценка и картографирование составляющих углеродного и азотного балансов в основных биомах России, Известия РАН, серия геогр., № 5, с. 1—12.

3. Музылев Е.Л., Успенский А.Б., 2004 Дистанционное определение характеристик подстилающей поверхности по данным сканирующих радиометров спутников NOAA и EOS/TERRA при моделировании вертикальных потоков влаги и тепла с речных водосборов, № 5, с. 256—258.

4. Ривин Г.С., Розинкина И.А., 2011 Мезомасштабная модель COSMO-RU07 и ее результаты ее оперативных испытаний, № 346, с. 176—188.

5. Boulet Gilles, 1998. Mosaic versus dual source approaches for modeling the surface energy balance of a semi-arid land

6. Constantin J., Morgenstern K., Ibrom A., and Gravenhorst G., 1996. Carbon dioxide fluxes at the forest floor determined with the eddy correlation technique, Physics and Chemistry of the Earth, vol. 21, No. 5–6, pp. 415–419.

УДК 004.02.021

Койнов Р.С., Добрынин А.С., Кулаков С.М., Зимин В.В.

ФБГОУ ВПО «Сибирский государственный индустриальный университет»,
г. Новокузнецк

ОБ УЧЁТЕ КОНФИГУРАЦИОННЫХ ЭЛЕМЕНТОВ В ИНФОРМАЦИОННОЙ СИСТЕМЕ ИТ-ПРОВАЙДЕРА

Аннотация

Устойчивая информационная среда должна не только быть надёжной, но и прозрачной для управления. В связи с этим необходимо целостное видение состава, зависимостей и состояния всех элементов технологической инфраструктуры компании, поэтому разработчики корпоративных систем уделяют большое внимание введенной в ITIL [1,5] концепции базы данных управления конфигурациями (CMDB) и ее реализации. Статья имеет теоретическую и прикладную ценность для организаций и компаний, осуществляющих внедрение процессов ITIL, v3. Данная работа выполнена в рамках научного исследования при поддержке Минобрнауки, соглашение 14.B37.21.0391.

Поддержка процессов ITIL

Управление конфигурациями должно предусматривать не только инвентарный и материальный учет ресурсов и активов, но и обеспечивать такую степень контроля над технологической инфраструктурой, при которой назначение, свойства, состав, местоположение и регламент использования всех ее компонентов точно определены. Эти сведения хранятся в базе данных управления конфигурациями, поддерживаются в актуальном состоянии и предоставляются всем заинтересованным процессам управления инфраструктурой. Как видно из рисунка 1, CMDB интегрирована и с другими процессами ITIL.

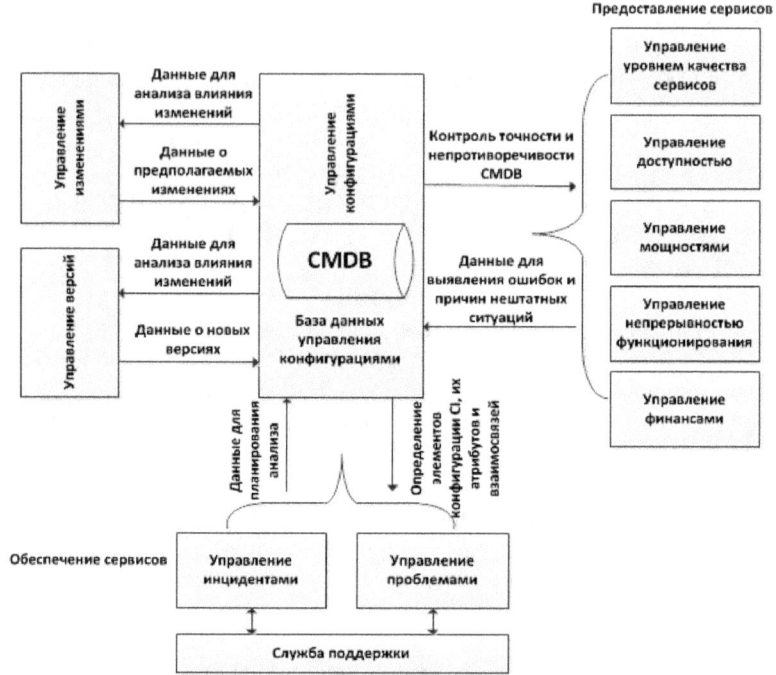

Рисунок 1 – CMDB – центральное хранилище технологических метаданных для основных процессов управления инфраструктурой ITIL

Процессы управления инцидентами и проблемами призваны сокращать простои при оказании услуг ИТ-провайдером, регистрацию инцидентов и отклонений для анализа ситуации, а также выборку данных по цепочкам элементов конфигурации, связанных с конкретным инцидентом. Для анализа последствий и эффективного проведения изменений предоставляются данные о взаимосвязи элементов конфигурации. Управление версиями обеспечивает применение только прошедшего тестирование программного обеспечения, документирование конфигураций установленных программ и обратную трассировку внесенных изменений.

Управление уровнем качества предоставляемых сервисов обеспечивает регистрацию в CMDB и контроль соглашений об уровне обслуживания (Service Level Agreement, SLA), отражающих требования бизнеса и обязательства ИТ-подразделений, взаимосвязи между пользователями, бизнес-процессами, сервисами и инфраструктурными компонентами. SLA, в свою очередь, служат основой соответствующих контрактов.

Управление доступностью и мощностями включает практически все элементы конфигурации, описания которых хранятся в CMDB — отслеживание их взаимосвязей позволяет анализировать риски, моделировать нагрузки и выявлять источники нарушения работоспособности систем или снижения производительности.

Управление непрерывностью призвано обеспечивать быстрое восстановление работы систем при сбоях и аварийных ситуациях. Для этого осуществляется мониторинг параметров (атрибутов CI), отражающих текущее состояние технологических компонентов, упреждающий анализ и выявление потенциальных проблем, а также периодическая фиксация состояний системы для отката и восстановления.

Централизованный учет стоимостных и количественных характеристик имеющегося оборудования, программного обеспечения, предоставляемых услуг и их использования клиентами-заказчиками, позволяет в любой момент получить сводную финансовую информацию по ИТ-провайдеру, оценить эффективность его работы, а также осуществлять планирование и управление его финансами.

Модельное представление конфигурационного элемента (CI).

Как уже говорилось выше, CMDB представляет собой хранилище метаданных, описывающих массив CI с их взаимосвязями и атрибутами. Это хранилище может быть централизованным, распределенным или федеративным.

CI представляют собой инфраструктурные компоненты (ИТ-ресурсы или активы), являющиеся объектами или субъектами процессов управления конфигурациями: материальными сущностями (компьютер, коммутатор, маршрутизатор и т.д.), системными или прикладными программными продуктами и компонентами, реализациями баз данных, файлами, потоками данных, нормативными или техническими документами, а также логическими или виртуальными сущностями (группа устройств, серверный кластер, пул дисковой памяти и т.д.).

Выбор классов и типов объектов конфигурации, а также их атрибутов, которые должны поддерживаться в CMDB, определяется разработчиком конкретного продукта, исходя из требований предполагаемой области его применения. В отсутствие общепринятой эталонной модели данных CMDB в качестве таковой обычно применяется CIM, ориентированная на представление свойств технологических компонентов. Для моделирования таких сущностей как, например, сервисы и пользователи, поставщики решений по управлению конфигурациями применяют собственные расширения CIM.

Атрибуты отражают специфические свойства элементов конфигурации: идентификаторы, марки и названия моделей, серийные номера, сетевые адреса, технические и операционные характеристики и т.п. Взаимосвязи представляют отношения, которые существуют или могут возникать между двумя или более элементами конфигурации (рисунок 2).

Одна из важнейших задач, при учете отдельных конфигурационных единиц (CI) заключается в уровне охвата и степени детализации элементов инфраструктуры. Для поставщика ИТ-услуг в данной ситуации очень важно найти разумный компромисс между степенью детализации и точностью описания отдельных конфигурационных элементов (рисунок 3). Баланс в решении этого вопроса необходим, поскольку:
1. Увеличение точности описания конфигурационных элементов сказывается на сложности конечной структуры и затратах на получение информации (возрастает сложность системы в целом).
2. Уменьшение точности приводит к снижению качества всех зависимых процессов.

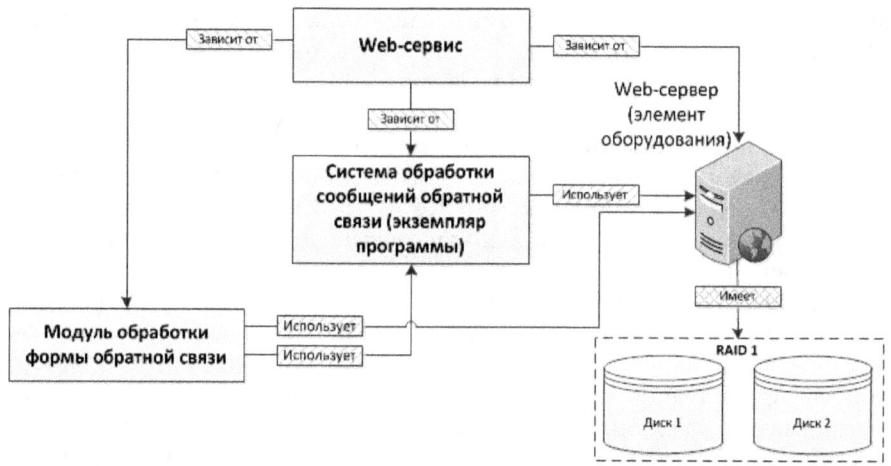

Рисунок 2 – Взаимосвязи между реальными и логическими объектами конфигурации

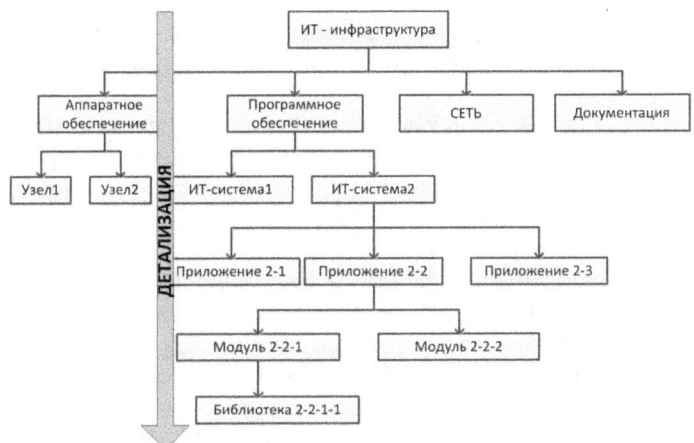

Рисунок 3 – Разбиение на уровни элементов инфраструктуры.

Поставщик ИТ-услуг, в зависимости от бизнес–задач и собственных потребностей должен решить, какие типовые элементы инфраструктуры и программного обеспечения будут образовывать системный каркас CMDB.

В ITILv3 приводится очень общее определение CI, что даёт известную свободу в трактовке данного термина с позиций ИТ-провайдера. Наиболее универсальное определение, используемое в этой работе, заключается в представлении конфигурационного элемента как управляемого, специфического объекта или элемента в ИТ-окружении, который может быть связан с подобной структурой в виде иерархических отношений различного уровня вложенности. Конфигурационные элементы могут быть логического или физического типа, стыковаться с подобными элементами на различных уровнях иерархии и входят в состав общей базы данных конфигураций CMDB.

Существует множество способов реализации систем учета конфигурационных элементов, перечислим некоторые из них:

1. Использование вложенных иерархических структур данных, на основе расширяемого языка разметки (XML).

2. Использование механизмов реляционных СУБД (Oracle, MS SQL Server, DB2) для хранения базы данных конфигурационных элементов.

3. Разработка объектной модели иерархии конфигурационных элементов в терминах наследования и полиморфизма, на любом объектно-ориентированном языке высокого уровня (C#, Java).

4. Использование готовых ITIL - решений сторонних поставщиков (к примеру, конфигурация «Итилиум (Itilium)»», для платформы «1С Предприятие 8.x»).

На практике, при реализации систем учета конфигурационных элементов предпочтительнее использовать 3 и 4 способы, поскольку разработка систем учета «с нуля» требует большого количества времени и ресурсов. С другой стороны, необходимая гибкость, требуемая ИТ – провайдеру, может быть достигнута при индивидуальном подходе. Современные технологии объектно – реляционного отображения (NHibernate, Entity Framework) позволяют очень быстро создавать удобные пользовательские интерфейсы к базам данных или источникам хранения в формате XML.

Реляционная модель данных CMDB.

Поскольку реляционные системы управления базами данных являются, пожалуй, самым распространенным инструментом для хранения данных на современном этапе развития ИТ-систем, рассмотрим упрощенную реляционную модель CMDB, представленную на рисунке 4.

Данная модель разработана для простых систем, при необходимости может быть доработана поставщиком ИТ-услуг для своих конкретных задач. Модель включает в себя следующие таблицы:

Тип_КонфЭлем. Данная таблица, по сути, описывает «степень детализации» и охват единиц CI. Здесь указываются классификаторы для отдельных конфигурационных единиц. К примеру, могут использоваться следующие типы: *здание, документ, программа, аппаратный узел, модуль, библиотека, услуга, релиз и т.д.*

Связи_КонфЭлем. Данная таблица используется для описания семантических отношений (типов связей) между различными конфигурационными элементами друг с другом. Поставщик ИТ услуг формирует подобную таблицу, исходя из своих предпочтений, отражая наиболее значимые зависимости в инфраструктуре. К примеру, в таблице могут хранится такие отношения, как:

а) *Является частью целого* (жесткий диск, сетевая плата – части персонального компьютера);

б) *Подключен к* (узел подключен к сегменту сети, маршрутизатору);

в) *Требуется для* (ОС требуется для работы приложений);

г) *Является копией* (копия стандартного модуля, единицы эталонного ПО);

д) *Связан с* (процедурой, руководством, документацией);

е) *Используется в* (предоставлении услуги …);

КонфЭлем. Таблица, используемая для учета конкретного конфигурационного элемента, связана с таблицей **Тип_КонфЭлем** связью «один ко многим».

Таблицы **История_инцидентов**, **История_проблем**, **История_изменений** позволяют связывать с отдельным конфигурационным элементом историческую информацию по его использованию.

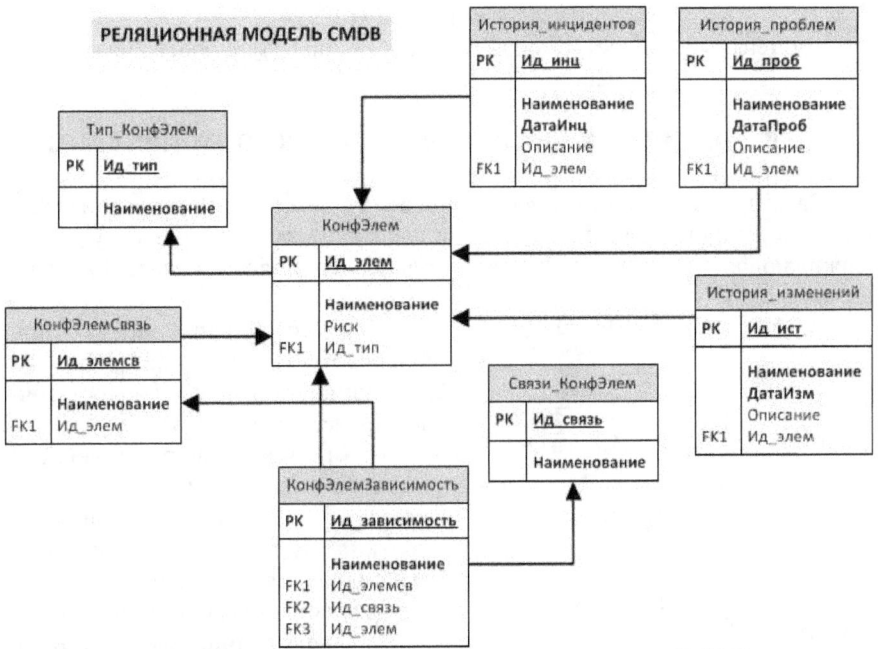

Рисунок 4 – Пример реляционной модели CMDB.

Таблицы **КонфЭлемСвязь**, **КонфЭлемЗависимость** описывают конкретные семантические зависимости между отдельными конфигурационными элементами в рамках CMDB.

Заключение.

В работе рассмотрена нормативная модель учета конфигурационных элементов, включая основные классификаторы и семантические связи между отдельными элементами, а также реляционная модель CMDB, отражающая зависимости между элементами инфраструктуры.

Список используемых источников

1. OGC-ITIL V3-2 Service Transition, TSO 2007;
2. Charles Thomas Betz, The convergence of metadata and IT service management. 2003;
3. Нормативная модель системы учета ИТ-активов и их конфигураций / В.В. Зимин, С.П. Левченко, А.В. Зимин// Системы автоматизации в образовании, науке и производстве AS'2011 Труды VIII всероссийской научно-практической конференции с. 276-281.
4. Введение в ИТ сервис-менеджмент / Я. Ван Бон, Г. Кеммерлинг, Д. Пондман: Компания IT Expert, 2003,С.225
5. Притупенко В. Управление ИТ-службами на основе ITIL: журнал Корпоративные системы, 2005, Вып.5.С.53-57.

Кузнецова Н.С.
доцент, к.т.н., Костромской государственный технологический университет, г. Кострома, Россия

КРУЧЕНИЕ ПРЯЖИ ПРИ ДВУХВЬЮРКОВОМ ПРЯДЕНИИ

Развитие вьюркового способа позволит резко повысить производительность мокрого прядения льна. При вьюрковом прядении отсутствует сдерживающая производительность кольцевого прядения пара «кольцо-бегунок».

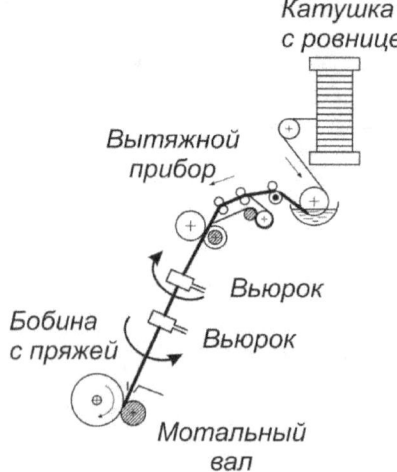

Рис. 1. Технологическая схема двухвьюрковой прядильной машины

Процесс кручения продукта при вьюрковом формировании пряжи на сегодняшний день изучен недостаточно. Пряжа, сформированная таким способом, имеет непостоянную локальную крутку, при этом места с круткой чередуются с зонами без крутки. Для понимания характера распределения крутки обратимся к динамике процессов кручения.

Уравнения динамики кручения, описанные П.М. Мовшовичем, Л.Н. Гинзбургом [1,2] не рассматривают процесс кручения вьюрками, воздух в которых вращается в противоположные стороны. Для составления уравнений баланса кручений при формировании продукта двумя АКУ, воздух в которых вращается в противоположные стороны, предлагается использовать следующую динамическую модель кручения трехзонного АКУ (рис. 2).

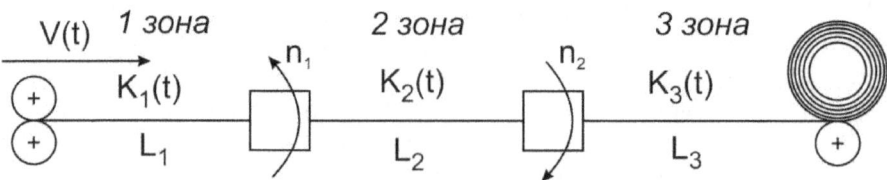

Рис. 2. Динамическая модель кручения трехзонного АКУ

Продукт движется из зажима вытяжной пары со скоростью V(t), попадает под действие первого вьюрка, в котором вращается, при этом в первой зоне появляется крутка $K_1(t)$. Выходя из первого вьюрка, продукт попадает под действие воздушного вихря во втором, вращающегося в противоположном направлении, при этом продукту сообщается крутка противоположного направления, в результате формируется крутка двойной интенсивности $K_2(t)$. Далее, попадая в зону наматывания, продукту снова сообщается крутка противоположного направления $K_3(t)$.

Пренебрегая инерционными силами реактивные крутящие моменты и моменты, создаваемые в АКУ можно связать системой уравнений (1).

$$\begin{cases} M_1(n_0 - n_1) = C(n_0 - n_1) = M_K(K_1) + 2M_K(K_2) = J(K_1 - 2K_2) \\ M_2(n_0 - n_2) = C(n_0 - n_2) = 2M_K(K_2) + M_K(K_3) = J(2K_2 - K_3) \end{cases} \quad (1),$$

где n_0 – частота вращения воздушного вихря, n_1, n_2 – фактическая частота вращения пряжи в сечениях первого и второго АКУ соответственно, M_1 и M_2 – вращающие аэродинамические моменты, создаваемые первым и вторым АКУ соответственно, $M_K(K_1)$, $M_K(K_2)$ и $M_K(K_3)$ – моменты сопротивления продукта, находящегося соответственно в первой, второй и третьей зонах, J – жесткость пряжи на кручение, C – константа, характеризующая конструкцию и размеры вьюрка.

Выражая фактические частоты вращения пряжи n_1 и n_2, получаем систему уравнений (2)

$$\begin{cases} n_1 = n_0 - \dfrac{J}{C}(K_1 - 2K_2) \\ n_2 = n_0 - \dfrac{J}{C}(2K_2 - K_3) \end{cases} \quad (2)$$

Баланс крутки представляет собой систему из трех уравнений (3).

$$\begin{cases} L_1 \dfrac{dK_1}{dt} = n_1 - V \cdot K_1(t) \\ L_2 \dfrac{dK_2}{dt} = -n_1 - n_2 + V \cdot K_1(t) - V \cdot K_2(t) \\ L_3 \dfrac{dK_3}{dt} = n_2 + V \cdot K_2(t) - V \cdot K_3(t) \end{cases} \quad (3)$$

Подставляя из системы (2) значения n_1 и n_2 в систему уравнений (3), последнюю можно решить при граничных условиях: $t=0$, $K_1=K_2=K_3=0$.

Решение системы осуществлено численным методом в программе Mathcad, при этом построены переходные процессы кручения при вьюрковом формировании пряжи (рис. 3).

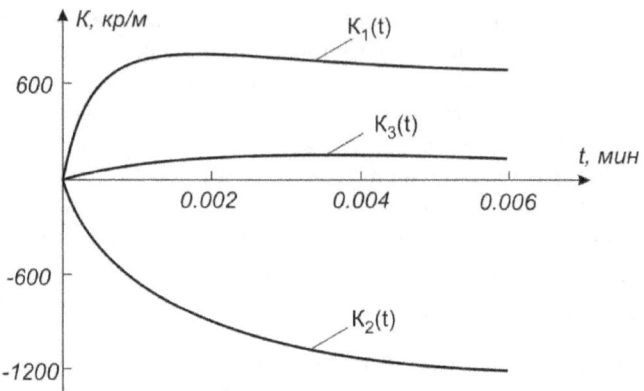

Рис. 3. Переходные процессы кручения в трехзонном АКУ при вращении воздуха во вьюрках в противоположном направлении

Анализируя полученные графики, видно, что в готовой пряже возможно возникновение крутки ($K_3 \neq 0$). При этом видно, что в первой зоне (K_1) образуется крутка одного направления, во второй зоне (K_2) – противоположного направления. Однако фактическая крутка готовой пряжи имеет участки нулевой крутки, которые вероятно можно объяснить наличием нитераскладчика в зоне наматывания продукта (рис. 4). Нитераскладчик в крайних положениях при наматывании пряжи выступает порогом кручения, не пропуская распространение крутки на пряжу в бобине, таким образом, появляются небольшие по длине участки нулевой крутки.

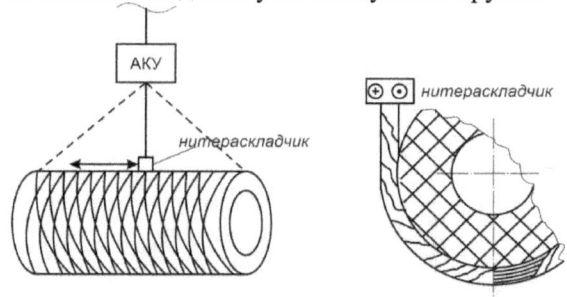

Рис. 4. Зона наматывания пряжи при вьюрковом формировании

Выводы:
1. Предложена система уравнений, описывающая динамику кручений при двухвьюрковом формировании пряжи, воздух в которых вращается в противоположные стороны, построены и проанализированы переходные процессы кручения.
2. Построены переходные процессы кручения при решении системы уравнений, описывающих динамику кручения при двухвьюрковом формировании пряжи, воздух в которых вращается в одну сторону.

Список литературы:
1. Гинзбург Л.Н. Динамика основных процессов прядения. Ч. III. М. «Легкая индустрия», 1976.
2. Мовшович П.М. Самокруточное прядение.– М.: Легпромбытиздат, 1985.- 248 с.

УДК 691.541

Сагдиев Р.Р.
аспирант кафедры строительных материалов КГАСУ
Шелихов Н.С.
к.т.н. проф. кафедры строительных материалов КГАСУ

МОДИФИКАЦИЯ БЕСКЛИНКЕРНЫХ ГИДРАВЛИЧЕСКИХ ВЯЖУЩИХ ИЗ МЕСТНОГО МИНЕРАЛЬНОГО СЫРЬЯ

Бесклинкерные гидравлические вяжущие (романцемент и гидравлическая известь) из местного минерального сырья могут успешно применяться для производства сухих строительных смесей, низкомарочных растворов и бетонов, легких бетонов, смешанных вяжущих и других строительных материалов и быть альтернативой портландцементу по энергоемкости, металлоемкости, экологии, стоимости, особенно в регионах, где производство цемента отсутствует и ощущается его дефицит. Об этом свидетельствует и практика, и наука, а также результаты ряда исследований [1,40;2,194].

Недостатком бесклинкерных гидравлических вяжущих является низкая прочность (не более 15 МПа для романцемента и до 5 МПа - для гидравлической извести) и медленное твердение.

Цель работы:

Исследование влияния добавок - ускоряющих и пластифицирующих, на бесклинкерные гидравлические вяжущие с для обеспечения повышенной прочности, по сравнению с известными аналогами.

Для исследования использованы вяжущие со следующими характеристиками, табл.1.

Технические показатели вяжущих

Таблица 1.

№	Показатели	Значения показателей	
		Для романцемента	Для гидравлической извести
1.	Прочность, МПа	20	12
2.	Тонкость помола, %	15	15
3.	Нормальная густота, %	49-54	56-60
4. 5.	Начало схватывания, мин	45	53
6. 7.	Конец схватывания, мин	419	528
	Срок хранения, сут.	45	45
	Равномерность изменения объема	выдерживает	выдерживает

Анализ добавок – ускорителей твердения показал, что одним из наиболее эффективных ускорителей для романцемента и гидравлической извести является формиат кальция, насыщающий твердеющую систему ионами кальция, повышая степень гидратации, и соответственно, прочность.

Формиат кальция, соль муравьиной кислоты, вводился в вяжущее при помоле в количестве 1 до 5%. Эффект от введения представлен зависимостями на рис.1.

Как видно введение формиата кальция до 3% приводит к повышению прочности и коэффициента размягчения как для романцемента, так и для гидравлической извести. Максимальное повышение прочности при 3% добавки составляет 16% у романцемента и 15% у гидравлической извести. При этом снижается водопотребность с 50 до 39% у романцемента и с 55 до 45% у гидравлической извести, т.е. проявляется эффект пластификации.

Влияние добавки на скорость твердения

Таблица .2

№	Наименование вяжущего	Возраст, сутки	Прочность, МПа			
			Количество добавки, %			
			0	1	3	5
1.	Романцемент	1	-	1	4	5
2.		3	3	7	10(43%)*	12
3.		7	7,5	13	17(73%)	16
4		21	16	19	20	21
5.		28	20	20,5	23,21	22,5
1.	Гидравлическая известь	1	-	-	1	1
2.		3	-	3	5(34%)	4
3.		7	1	7	10(68%)	9
4.		21	7	11	13	12
5.		28	12,6	13	14,5	14

*/ в скобках прочность от максимальной, %.

При введении формиата кальция увеличивается скорость твердения как романцемента, так и гидравлической извести. Об этом свидетельствуют данные таблицы 2.

Причем судя по характеру набора прочности наибольшая скорость роста прочности наблюдается в начальный период . В первые 3 суток достигает 43% от стандартной прочности у романцемента и 34 % у гидравлической извести. Для сравнения прочность БТЦ в том же возрасте составляет 62% от марочной.

Для изучения эффекта пластификации и влияния её на прочность вяжущих были выбраны четыре суперпластификатора: С-3, Melflux 1641, Melment F10 и Pantarhit

Влияние пластификаторов на прочностные характеристики романцемента представлены гистограммой на рис. 1. Наибольший эффект получен для пластификатора Melflux 1641 (прочность 25 МПа, прирост прочности 25%).

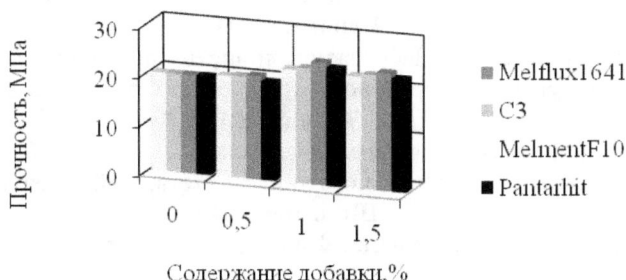

Рис. 1. Зависимость прочности романцемента от вида пластифицирующей добавки

Влияние пластификаторов на прочностные характеристики гидравлической извести представлены гистограммой на рис. 2. Наибольший эффект получен для пластификатора Pantarhit pc 160 PLV (прочность 16,3 МПа, прирост прочности 29%).

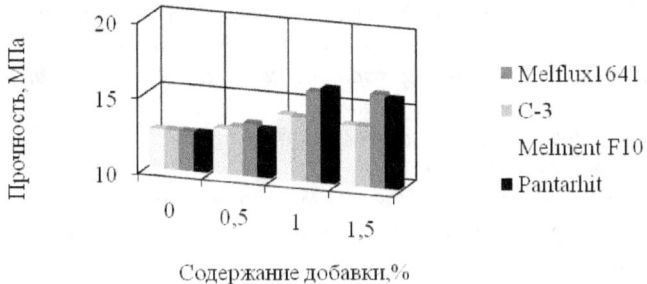

Рис. 2. Зависимость прочности гидравлической извести от вида пластифицирующей добавки

Для обоих вяжущих эффективное количество пластифицирующих добавок составляет 1%. Близкие к наибольшим значениям показатели получены и при содержании в вяжущем пластифицирующей добавки 1,5%.

Литература

1. Шелихов Н.С., Рахимов Р.З. Комплексное использование карбонатного сырья для производства строительных материалов// Строительные материалы. – 2006. -№9. – с. 40-42.

2. Сагдиев Р.Р., Шелихов Н.С. Бесклинкерные гидравлические вяжущие на основе карбонатно-глинистого сырья с повышенным содержанием карбоната магния// Известия КГАСУ, 2012, № 2, с.194-200.

Велиев Д.Э.
аспирант, Набережночелнинский институт Казанского (Приволжского) федерального университета, г. Набережные Челны
Исрафилов И.Х.
д.т.н., профессор, Набережночелнинский институт Казанского (Приволжского) федерального университета, г. Набережные Челны
Звездин В.В.
д.т.н., профессор, Набережночелнинский институт Казанского (Приволжского) федерального университета, г. Набережные Челны
Шангараев И.Р.
аспирант, г. Набережные Челны

РЕГРЕССИОННЫЙ АНАЛИЗ ЭКСПЕРИМЕНТАЛЬНЫХ ДАННЫХ АКУСТИЧЕСКИХ КОЛЕБАНИЙ ПРИ ЛАЗЕРНОЙ ТЕРМООБРАБОТКЕ МЕТАЛЛОВ

Аннотация. Форма колебаний акустического сигнала из зоны взаимодействия лазерного излучения с металлом связана с его спектральной функцией преобразованием Фурье. Данное преобразование описывает взаимосвязь между временными и спектральными характеристиками акустических сигналов одного и того же процесса и эквивалентно понятию спектра. В данной работе были проанализированы спектральные и временные характеристики звуковых сигналов из зоны обработки лазерным излучением металла на основе дискретного преобразования Фурье для стабилизации показателей качества технологического процесса.

Ключевые слова: Лазерное излучение, ультразвук, плотность энергии, преобразование Фурье, амплитуда, частота, спектр.

Введение.
Звуковой информационный сигнал из зоны взаимодействия лазерного луча с металлом при импульсной обработке относится к категории импульсных сигналов, спектр которых определяется с помощью дискретного по времени преобразования Фурье [1,9]. В проведенном исследовании сигнал снимался с помощью пьезоэлектрического датчика, подключенного к цифровому осциллографу. Так как снятый с датчика сигнал получен путем дискретизации по времени исходного непрерывного по времени сигнала, результаты проведенных экспериментов представлены в виде дискретных равноотстоящих отсчётов исходного аналогового колебания.

Анализ сигналов при различных режимах обработки металла лазерным излучением заключался в определении временных и частотных характеристик этих сигналов. К ним относятся временная функция сигнала, его спектральная плотность и энергетический спектр. По этим характеристикам можно определить следующие параметры сигнала, определяющие показатели качества технологического процесса: длительность; ширина спектра, особые точки функции спектра, значения частот гармонических составляющих; и энергия сигнала. При анализе результатов исследований рассматривались амплитудные спектры звуковых сигналов, так как амплитуда, в частности, характеризует плотность энергии импульса лазерного излучения [2,11] и поэтому представляет наибольший интерес.

Обработка и анализ данных.

На образцы из материала Сталь 45 подавались импульсы лазерного излучения общей длительностью 0.5 мкс. Мощность лазерного излучения в ходе эксперимента менялась от $7.87 \cdot 10^8$ до $1.28 \cdot 10^{10}$ Вт/см^2, диаметр луча — 0.5 и 1 мм. Полученные данные были преобразованы и обработаны на основе дискретного преобразования Фурье. Параметры, полученные после обработки акустических сигналов, приведены в таблице 1.

Таблица 1 - обработанные результаты экспериментов.

Исходные параметры		Частотные параметры						Энергетические параметры	Временные параметры			
Диаметр излучения, мм	Плотность мощности излучения, Вт/см^2	Уровень фильтрации шума в частотной области сигнала, %	Частота с максимальной амплитудой в спектре, Гц	Ширина спектра, Гц	Эффективная ширина спектра, Гц	Доля эффективной ширины в исходном спектре, %	Максимальное значение амплитуды после фильтрации, мВ	Доля энергии сигнала в эффективной ширине спектра, %	Уровень фильтрации шума во временной области сигнала, %	Длительность исходного сигнала, мкс	Эффективная длительность сигнала, мкс	Доля эффективной длительности в исходном сигнале, %
0,5	$3,15 \cdot 10^9$	50	$9,96 \cdot 10^6$	$5 \cdot 10^7$	$2,34 \cdot 10^6$	4,69	31,31	55,01	20	3,0	1,82	60,67
0,5	$5,22 \cdot 10^9$	50	$1,09 \cdot 10^7$	$5 \cdot 10^7$	$3,13 \cdot 10^6$	6,25	34,52	54,83	20	2,0	0,92	46,00
0,5	$7,67 \cdot 10^9$	50	$9,57 \cdot 10^6$	$5 \cdot 10^7$	$1,76 \cdot 10^6$	3,52	34,45	47,82	20	4,5	2,50	55,56
0,5	$9,92 \cdot 10^9$	50	$1,06 \cdot 10^7$	$5 \cdot 10^7$	$1,56 \cdot 10^6$	3,13	33,78	36,51	20	3,5	2,11	60,29
0,5	$1,15 \cdot 10^{10}$	50	$1,02 \cdot 10^7$	$5 \cdot 10^7$	$1,95 \cdot 10^6$	3,91	54,60	63,14	20	2,0	1,08	54,00
0,5	$1,28 \cdot 10^{10}$	50	$1,06 \cdot 10^7$	$5 \cdot 10^7$	$1,37 \cdot 10^6$	2,73	47,25	46,32	20	3,5	2,26	64,57
1,0	$7,87 \cdot 10^8$	50	$9,57 \cdot 10^6$	$5 \cdot 10^7$	$7,81 \cdot 10^5$	1,56	23,08	49,82	20	3,5	2,2	62,86
1,0	$1,30 \cdot 10^9$	50	$1,02 \cdot 10^7$	$5 \cdot 10^7$	$2,34 \cdot 10^6$	4,69	29,10	7,84	20	3,0	2,16	72,00
1,0	$1,92 \cdot 10^9$	50	$1,06 \cdot 10^7$	$5 \cdot 10^7$	$2,34 \cdot 10^6$	4,69	37,06	51,24	20	2,5	1,36	54,40
1,0	$2,48 \cdot 10^9$	50	$1,07 \cdot 10^7$	$5 \cdot 10^7$	$2,34 \cdot 10^6$	4,69	43,66	47,83	20	3,0	1,94	64,67
1,0	$2,87 \cdot 10^9$	50	$1,02 \cdot 10^7$	$5 \cdot 10^7$	$1,95 \cdot 10^6$	3,91	43,01	56,10	20	2,0	0,85	42,50
1,0	$3,21 \cdot 10^9$	50	$1,02 \cdot 10^7$	$5 \cdot 10^7$	$1,95 \cdot 10^6$	3,91	46,92	52,00	20	2,5	0,81	32,40

Выполнив регрессионный анализ по данным из таблицы 1, были получены результаты, показанные на рисунках 1 и 2.

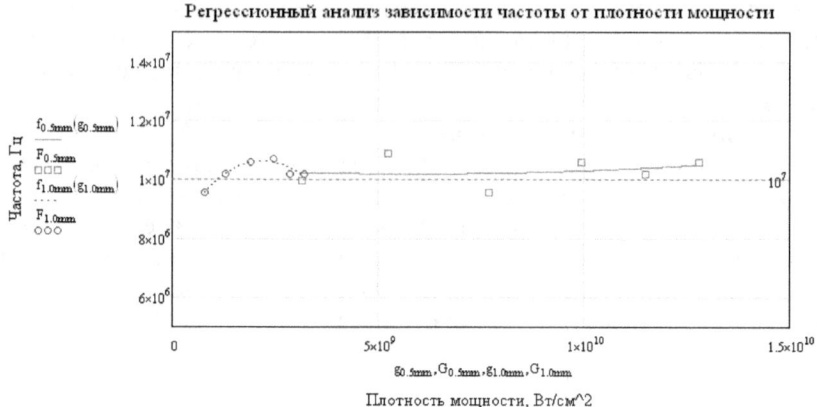

Рисунок 1 – регрессионный анализ зависимости частоты от плотности мощности лазерного излучения.

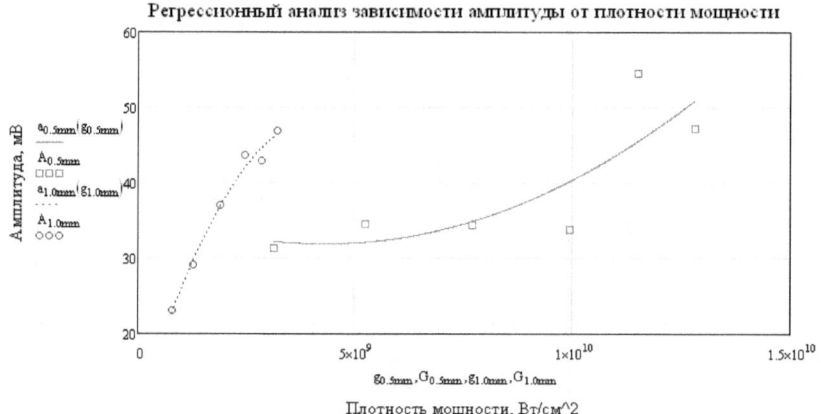

Рисунок 2 – регрессионный анализ зависимости амплитуды от плотности мощности лазерного излучения.

Как видно из рисунка 1, изменение плотности мощности излучения практически никак не сказывается на частоте акустических колебаний, ее значение колеблется около положения в 10^7 Гц. Из рисунка 2 видно, что амплитуда, в отличие от частоты, напрямую зависит от плотности мощности. Подобные зависимости частоты и амплитуды согласуются с математическими расчетами и численным моделированием, приведенными в работе [3,12].

Заключение.

Проведенные эксперименты и анализ полученных данных показали, что изменение плотности мощности лазерного излучения при обработке металлического образца практически никак не сказывается на частоте акустического сигнала из зоны обработки, но напрямую влияет на рост давления акустического сигнала. Выявленные зависимости частоты и амплитуды сигнала от плотности мощности соответствуют теоретическим исследованиям в данном направлении и позволяют в дальнейшем использовать полученные данные для автоматизации управления процессом обработки лазерным излучением, повышения эффективности такой обработки и прогнозирования показателей качества выполняемого технологического процесса..

Литература

1. Кузнецов Ю.В., Баев А.Б. Спектральный и временной анализ импульсных и периодических сигналов: Учебное пособие. – М.: Изд-во МАИ, 2007. – 95.: ил.
2. Сравнительный анализ экспериментальных данных акустических колебаний при лазерной термообработке металлов / Велиев Д.Э., Звездин В.В., Галанина Н.А. «Научная дискуссия: вопросы технических наук»: материалы VIII международной заочной научно-практической конференции. (04 апреля 2013 г.) – Москва: Изд. «Международный центр науки и образования», 2013. – 152 с.
3. Фотоакустический эффект при плавлении и испарении вещества под действием лазерного импульса / В.И. Мажукин, Н.М. Никифорова, А.А. Самохин. Труды института общей физики им. А.М. Прохорова, том 60, 2004.

Фоминых Е.А.
к.м.н., врач акушерско-гинекологического отделения ФГБУ поликлиника №4 УД президента РФ

Порунов А.А.
к.т.н., проф. каф. ПИИС КНИТУ-КАИ им. А.Н. Туполева
porunov_aa@mail.ru

Пушкова А.С.
студентка, КНИТУ-КАИ им. А.Н. Туполева
alexandra.1993@mail.ru

Сафаутдинова Г.Ф.
студентка, КНИТУ-КАИ им. А.Н. Туполева
safautdinova91@mail.ru

КОНЦЕПЦИЯ ПОСТРОЕНИЯ АКУШЕРСКОГО МОНИТОРА НОВОГО ПОКОЛЕНИЯ

Одной из основных задач, поставленных национальным проектом "Здоровье", является улучшение демографической ситуации в стране, в том числе и за счет снижения материнской и особенно младенческой смертности и заболеваемости, повышения индекса здоровья беременных, а также повышение уровня технической оснащенности родильных отделений средствами непрерывного наблюдения и контроля родовой деятельности [1]. В связи с этим необходимы, с одной стороны, исследования в области совершенствования методологии и методики ведения беременности и родов [2–4], а с другой – ускорение исследований и разработок по созданию технические средства акушерского мониторирования, обеспечивающими снижение риска возникновения патологических явлений в процесса родовспоможения с необратимыми последствиями, как для матери, так и для плода [5-7].

Решение первой части этой проблемы в значительной мере зависит от своевременного и обоснованного выбора метода родоразрешения и успешности ведения и завершения родов. Проблемным моментом в процессе родов в большинстве случаев является возникновение слабости родовой деятельности (СРД). Патология сократительной деятельности матки (СДМ) остается одной из главных факторов риска в благоприятном завершении родов и проявляется такими часто встречающимися формами, как аномалии родовой деятельности, маточные кровотечения, перенашивание и невынашивание беременности, различные другие осложнения в родах и послеродовом периоде [8]. Нарушения СДМ до настоящего времени являются основной причиной материнской и перинатальной заболеваемости и смертности, для снижения которых в последние годы стали чаще применять кесарево сечение, что подтверждает несовершенство методов терапии и профилактики этой патологии. Аномалии СДМ встречаются у 15-20% всех рожающих женщин, более часто у первородящих (80-85%), чем у повторнородящих (15-20%), особенно у первородящих женщин старше 30 лет [8,9].

На основе анализа второй составляющей поставленной проблемы приходится констатировать [5-7], что, несмотря на значительные достижения научного и практического акушерства, до настоящего времени не созданы достаточно эффективные методы и методики, медикаментозные и технические средства, позволяющие регулировать сократительную функцию матки должным образом [2–4]. Во многом в связи с этим частота кесарева сечения возросла в последнее время до 15-20% , а в большинстве случаев показанием к нему служит диагноз «слабость родовых сил». Поэтому задача выявления и прогнозирования слабости родовой деятельности – СРД (дистоции) и её последующая коррекция остаются, по-прежнему, актуальной и до конца не решенной проблемой в современном акушерстве [8,9].

Целью настоящей работы является исследование в рамках системного подхода проблемы преодоления демографического спада за счет решения задач развития акушерского мониторинга, а также определение наиболее перспективных путей совершенствования акушерских мониторов (АМ), концепции их построения, наиболее полно отвечающей запросам акушерской практики ведения родов.

Необходимость использования системного подхода при исследовании технического аспекта создания перспективной системы акушерского мониторинга обусловлена, прежде всего, тем, что данная задача находится на стыке медицины, биологии и техники (в частности, медицинского приборостроения) и требует применения методов теории систем (в частности, управления биологическими системами), что и определило состав авторов данной работы. Среди частных задач, направленных на решении рассматриваемой в работе проблемы, можно выделить: исследование механизмов и факторов, определяющие благоприятное течение и исход родов; систематизация и обобщение результатов клинических исследований с целью определения информативной ценности характеристик и параметров состояния основных физиологических систем роженицы, наиболее тесно связанных с течением родов и их завершением; определение концепции построения акушерского монитора, наиболее полно отвечающего современным требованиям акушерской практики.

В настоящее время в отечественной и зарубежной медицинской литературе, практически отсутствуют работы, посвященные созданию методов, комплексных методик и технических средств, обеспечивающих непрерывный контроль и коррекцию процесса родовспоможения, а также формирование необходимой интегральной информации в виде тревожной сигнализации: оптической, акустической, речевой и другой, позволяющей не только фиксировать приближение или наступление критической ситуации в родоразрешении, но и формирование директивных сигналов и рекомендаций акушерской бригаде, участвующей в оказании помощи в родоразрешении.

Одним из перспективных направлений в совершенствовании методов и средств в современном практическом акушерстве является переход от "естественной (традиционной)" тактики ведения родов к динамической "активной", позволяющей осуществлять сквозной контроль родового процесса и обладающей такими преимуществами, как возможность эффективного мониторного контроля за состоянием матери и плода в условиях оптимальной организации работы родового блока с привлечением высококвалифицированных специалистов.

В этой связи важным является поиск и анализ путей решения как медицинских, так и технических задач, возникающих при определении перспективных направлений развития акушерского мониторинга. Среди этих задач в рамках системного подхода следует выделить необходимость исследования взаимосвязи физиологических систем, входящих в систему «мать - плод» и определяющих в итоге успешность родоразрешения. Поэтому биоэлектрические параметры этих систем подвергаются наиболее строгому контролю. Проблемным моментом в процессе родоразрешения, как уже отмечалось, является возникновение СРД. Патология СДМ вызывает осложнения в родах и послеродовом периоде [8,9] . Для коррекции СРД в настоящее время используют утеротоники и простагландины. За последние два десятилетия ничего принципиально нового для лечения этой патологии не предложено. Рекомендуются лишь измененные дозировки, способы введения и комбинации этих препаратов. К сожалению, часто в акушерской практике не учитывается тот факт, что не все медикаментозные средства, применяемые в процессе родоразрешения для этих целей, небезразличны для матери и плода и, кроме того, далеко не всегда СРД поддается какой-либо медикаментозной коррекции.

Анализ современной направлений в развитии методологии ведения родов и широкое привлечение акушерского мониторинга для контроля параметров, характеризующих систему «мать-плод» во время родов, позволяет выявить перспективные направления совершенствования акушерской техники, такие как: расширение числа каналов контроля состояния матери и плода; повышение надежности и достоверности контроля параметров функционирования сердечно-сосудистой системы; совершенствование принципов построения электрогистерографического канала, позволяющего определить момент родовой слабости; создание элементов и устройств интегральной сигнализации; разработка методики контроля процесса родов на основе регистрации показателей высшей нервной деятельности и совершенствование принципов построения электродов для регистрации биопотенциалов головного мозга матери.

В перечисленной совокупности направлений исследований в развитии акушерского мониторинга особо важной с точки выбора стратегии структурного построения системы перспективного монитора следует выделить задачу изучения состояния центральной нервной системы во время беременности и родов и выяснения нейрогенных механизмов регуляции родовой деятельности, направленных на выявление особенностей морфофизиологических структур центрального аппарата и, в частности, динамических механизмов центральной регуляции родовой деятельности.

Для изучения центральных механизмов регуляции родоразрешения из многообразного арсенала нейрофизиологических методов исследования функций нервной системы наиболее приемлемым является метод многоканальной электроэнцефалографии [10-12] в сочетании с регистрацией ряда вегетативных функций и периферических показателей и, прежде всего сократительной деятельности матки.

Исследования, проведенные Л.И.Лебедевой показали [10,11], что в подготовительном периоде к родам начавшаяся сократительная деятельность матки вызывает десинхронизацию биоэлектрической активности с появлением нестационарных низковольтных колебаний в диапазоне α-ритма. По мере развития родов неустойчивый характер записи ЭЭГ-сигнала начинает изменяться. В промежутках между схватками во всех отведениях наблюдается высоковольтный α-ритм с амплитудой потенциалов до 70-100 мкВ и полосой частот до 10 Гц. Этот ритм практически охватывал все отделы коры мозга и становился поэтому доминантным. В результате развитие регулярной родовой деятельности совпадает по времени с упорядочением биоэлектрической ритмической активности и формированием доминирующего ритма головного мозга. Сокращения матки вызывают кратковременную генерализованную депрессию доминирующего ритма, сменяющуюся экзальтацией и появлением на ЭЭГ-сигнале острых и заостренных α-волн. Последние в сочетании с генерализованной β-активностью свидетельствуют о гиперфункции активирующих неспецифических диэнцефальных систем мозга.

Представленный анализ нейрогенных механизмов регуляции родовой деятельности показывает наличие высокой информативности α- и β-ритмов, применительно к задаче выявления и прогнозирования приближения дистоции, а, следовательно, является достаточно весомым обоснованием необходимости контроля сократительной системы роженицы как по входу (ЭЭГ-сигнал через регистрацию α- и β-ритмов), так и по выходу (электрогистерографический (ЭГГ) сигнал). Это существенно повышает достоверность информации о моменте приближения дистоции [10,11].

Реализация этого подхода для контроля СМД при разработке концепции построения перспективного варианта акушерского монитора с расширенными функциональными возможностями представлена на рис.1.

Рассмотрим подробнее особенности структуры акушерского монитора с расширенны-ми функциональными возможностями. Условно структуру АМ можно разбить на два блока, первый из которых имеет традиционный состав каналов и входящих в него пребразователей, а второй включает вновь вводимые каналы: ЭЭГ-матери, электрогистерографический (ЭГГ) канал (контроля СДМ), пульманологический канал (канал контроля системы дыхания матери), а также блок управлегия тревожной сигнализации. Введение в структурное построение АМ традиционных каналов обусловлено тем, что, как показывает анализ особенностей процесса родов на всех фазах, в основе успешного протекания этого процесса лежит нормальная работа сердечно - сосудистой системы роженицы.

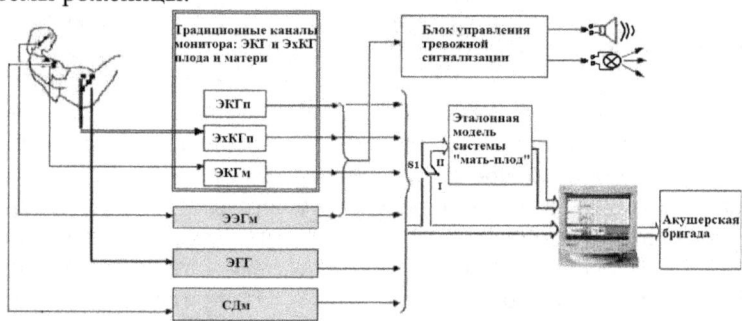

Рис.1. Концепция структурного построения акушерского монитора с расширенными функциональными возможностями

Другим словом, это фундамент успешного протекания родов, как для самой роженицы, так и для плода.

В рассматриваемой концепции построения АМ предлагается дополнительно вести контроль состояния матери по двум каналам: электрогистерографическому и пульманологическому. Электрический сигнал на входе первого канала возникает при наличии у беременной женщины сократительной деятельности матки – (спонтанной или вызванной стимуляторами). Для регистрации этих сокращений на живот беременной в области проекции дна матки устанавливается, например, при помощи фиксирующего пояса, преобразователь силы маточных сокращений, обеспечивая преобразование силы в электрический сигнал. Выходной сигнал преобразователя силы маточных сокращений усиливается до заданного уровня (средняя продолжительность сокращения матки 20 – 30 с) и с его выхода подается на систему цифровой обработки. Таким образом, первый канал позволяет определить момент родовой слабости и, тем самым, на основе оценки тенденций в динамике развития этого процесса применять как физиотерапевтические [12], так и фармакологические воздействия на роженицу. Адаптационные изменения в физиологических системах роженицы, обусловленные беременностью, а также более кардинальные их изменения на заключительной фазе родов, происходят также в ее системе дыхания и оцениваются по данным исследований ритма дыхания, глубины сокращений грудной клетки, выполняемых с помощью пульманологического канала.

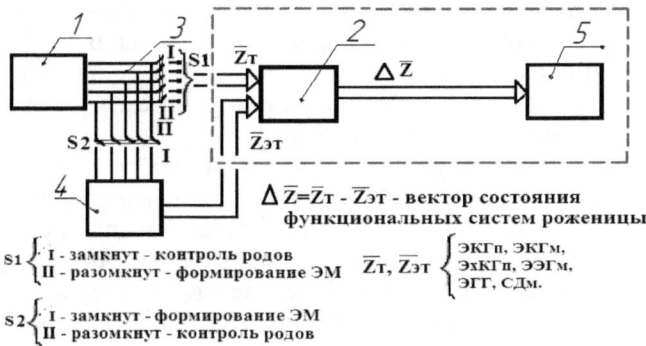

Рис.2. Обобщенная биотехническая система диагностики и управления процессом родовспоможения:1 –система «мать - плод», 2 – блок цифровой обработки, 3 – массив первичных сигналов о параметрах состояния системы «мать - плод», 4- эталонная модель, 5 – монитор.

Таким образом, одним из перспективных направлений совершенствования кардиологического, пульманологического и нейрофизического контроля системы «мать - плод» является концепция построения акушерского монитора, который включает дополнительные информационные каналы: ЭЭГ – и ЭГГ – матери; системы дыхания (СД)- матери, канал формирования интегральной информации тревоги в виде суперпозиции акустических сигналов (сдвинутые по частоте акустические тона, несущие информацию о параметрах электрокардиосигналов матери и плода для определения степени гипоксии плода на основе оценки рассогласования ритма ЭКС матери и плода, и позволяющие выявлять начальные признаки нарушения системы кровообращения плода и определить степень его асфиксии)[13].

Среди перспективных направлений совершенствования АМ следует выделить возможность введения в структуру АМ элементов искусственного интеллекта позволяет решить решать задачу адаптации структуры и параметров АМ к спонтанным или случайным изменениям структуры потоков информации, поступающих от объекта наблюдения (системы мать-плод). Структурно взаимодействие системы "мать – плод" с информационными каналами цифровой обработки в рамках предложенной концепции построения АМ показана на рис.2.

При решении задачи структурного синтеза информационных каналов АМ особую важность и сложность представляет разработка программно - алгоритмического обеспечения работы АМ с расширенными функциональными особенностями, которая в силу своей специфики выходит за рамки данной работы и рассмотрена в публикациях авторов [5-7]. При этом весьма перспективной является реализация концепции контроля и коррекции родовой деятельностью на основе метода «эталонной модели», суть которого состоит в текущем контроле отклонения параметров состояния системы «мать-плод» от математической модели этой системы, полученной на основе предварительных диагностических исследований полученных во время последнего триместра.

Таким образом, в работе рассмотрены проблема и задачи снижения демографического спада в РФ и определены основные аспекты развития акушерского мониторинга как одной из составляющих решения этих задач. Предложен и обоснован спектр частных задач, касающихся развития акушерского мониторинга, в том числе исследование механизмов и факторов, определяющие благоприятное течение и исход родов; систематизация и обобщение результатов клинических исследований с целью определения информативной ценности характеристик и параметров состояния основных физиологических систем роженицы. Изложена и обоснована в рамках системного подхода концепция построения акушерского монитора с расширенными функциональными возможностями и рассмотрены перспективы дальнейшего совершенствования АМ за счет использования элементов исскуственного интелекта.

Литература

1. Калакутский Л.И., Манелис Э.С. Аппаратура и методы клинического мониторинга//Уч. Пособие для ВУЗов.-2007.-С.156.
2. Актуальные вопросы акушерства и гинекологии (Сборник научных материалов). Том 1, №1, 2001-2002.
3. Чернуха Е. А. Современные принципы ведения родов//Российский медицинский журнал.- 2000, №3. - С…
4. Савельева Г. М., Курцер М. А., Панина О. Б., Сичинава Л. Г., Шалина Р. И. Достижения перинатальной медицины//Российский медицинский журнал.- 2004, №1.С.3. и 2006, №5.С.3. - С…
5. Сафаутдинова Г.Ф., Тюрина М.М. Проблемы и тенденции в разработке современных акушерских мониторов//Сб. материалов 17-го Международного молодежного форума «Радиоэлектроника и молодежь» в XXI веке. Т.1. - Харьков: ХНУРЕ, 2013, С.120-121.
6. Пушкова А. С. Теоретические предпосылки концепции развития и построения акушерского монитора// Сб. материалов Республиканского конкурса научных работ студентов и аспирантов на соискание премии им.

Н.И. Лобачевского. Составитель Попова А.Т. - Казань, 2013: Издательство: Научный Издательский Дом. - С.191 с.

7. Пушкова А.С., Сафаутдинова Г.Ф. Проблемы и задачи автоматизации системы диагностики и контроля процесса родовспоможения//Сб. материаов Международной молодежной научной конференции XXI Туполевские чтения.-Казань://КНИТУ-КАИ, 2013, в печати.

8. Чернуха Е. А., Комиссарова Л. М., Пучко Т. К., Мурашко А. В., Панова Д. И., Бабичева Т. В., Грачева Т. И. Ведение родов высокого риска//Российский медицинский журнал.- 2001, №1. - С...

9. Серов В.Н., Грошилина Г.С., Кожин А.А. Ранняя диагностика и прогнозирование слабости родовой деятельности у женщин из групп акушерского риска//Журнал Российского общества акушеров-гинекологов.- 2006.-№1.- С.17.

10. Lebedeva L.I.. Electroencephalograhic study of cortical representation of human reproductive system during childbirth. Fed. Proc., v.22 (1). p.2 - 19, 1963.

11. Лебедева Л.И.Значение электрофизиологических параметров в оценке формирования родовой доминанты и применение триггерной стимуляции в изучении патогенеза слабости родовой деятельности//Акушерство и гинекология.- 1964. - №3. - С.3 - 9.

12. Стрижова Н. В., Ткаченко О. Ю. Использование многоканальной электронейромиостимуляции в лечении слабости родовой деятельности//Российский медицинский журнал.- 2005, №6.

13. Тазеева Э.Р., Порунов А.А., Солдаткин В.М. Акушерский монитор//Патент РФ на полезную модель, № 45077. 2005. Бюл. № 12.

Скрипко А.А., Геллер Л.Н.
к.ф.н., ГБОУ ВПО Иркутский государственный медицинский университет Минздрава России; д.ф.н., профессор, ГБОУ ВПО Иркутский государственный медицинский университет Минздрава России
anna_kulakova@mail.ru

РАЗРАБОТКА МЕТОДИЧЕСКИХ ПОДХОДОВ ПО ОПТИМИЗАЦИИ СОЦИАЛЬНОЙ ФАРМАЦЕВТИЧЕСКОЙ ПОМОЩИ НА ТЕРРИТОРИАЛЬНОМ УРОВНЕ

С учетом системного подхода, территориальная программа лекарственного обеспечения декретированных групп населения может рассматриваться как механизм, содержащий совокупность организационных, финансовых, медицинских, фармацевтических и других ресурсов, образующих модель адекватной реализации медицинской и фармацевтической помощи (МП и ФП).

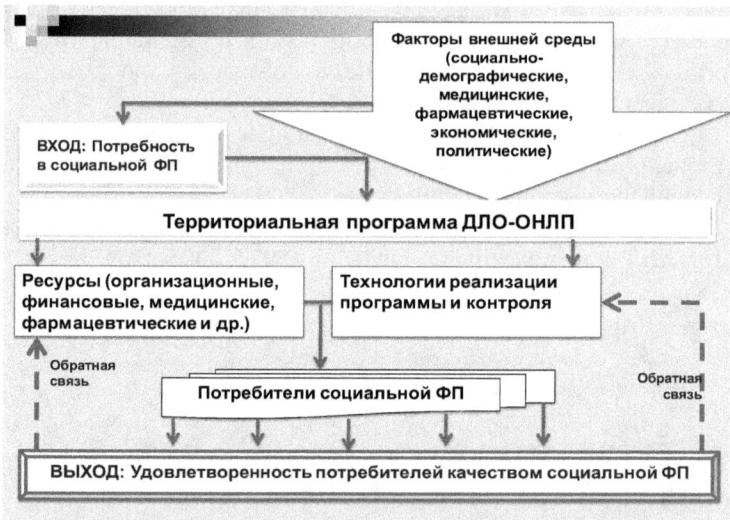

Рисунок 1 – Модель реализации адекватной МП и ФП декретированным группам населения

Входом в систему служит потребность льготных категорий граждан в получении таких услуг, а выходом – степень удовлетворенности потребителей качеством полученных услуг. Внешнюю среду территориальной системы ДЛО-ОНЛП образует совокупность социально-демографических, фармацевтических, медицинских, экономических и других региональных факторов.

Результаты мониторинга и рейтинговая оценка рецептуры с учетом частоты выписывания и видов заболеваний по МКБ-10, позволили установить наиболее важные социально значимые заболевания для льготных категорий граждан Иркутской области. В ходе исследования установлено, что наибольшее количество составляют рецепты на лекарственные препараты (ЛП), применяемые для лечения болезней системы кровообращения, эндокринной системы, органов дыхания и костно-мышечной системы – соответственно, места в рейтинге с I по IV (табл. 1).

Таблица 1 – Распределение рецептов, выписанных для льготных категорий граждан Иркутской области, в зависимости от класса заболеваний

Рейтинг	Класс заболеваний по МКБ-10	Количество выписанных рецептов (тыс. шт.) по годам						Темп роста или убыли (2010 г. к 2005 г.),%
		2005	2006	2007	2008	2009	2010	
I	Болезни системы кровообращения (I)	1204,4	1194,9	822,5	462,0	477,4	587,3	-51,2
II	Болезни эндокринной системы (E)	145,1	163,8	161,2	143,6	180,4	161,7	+11,5
III	Болезни органов дыхания (J)	106,5	128,9	102,3	71,9	86,6	86,9	-18,4
IV	Болезни костно-мышечной системы (M)	128,0	176,6	43,3	11,4	53,1	35,9	-71,9
V	Болезни органов пищеварения (K)	120,3	123,6	33,7	14,6	15,8	21,4	-82,3
VI	Болезни глаза (H)	61,0	30,5	53,7	12,5	22,0	29,4	-51,9
VII	Болезни мочеполовой системы (N)	39,3	21,1	38,8	13,0	18,7	23,5	-40,2
VIII	Психические расстройства (F)	42,5	41,0	41,5	12,7	13,4	22,5	-47,0

Данные табл.1 показывают, что по сравнению с началом реализации программы ДЛО-ОНЛП в регионе количество выписанных рецептов за 5 лет снизилось практически по всем видам заболеваний, в особенности для лечения болезней костно-мышечной системы и системы пищеварения (-71,9% и -82,3% соответственно). Почти в два раза снизилась частота выписывания ЛП для лечения болезней системы кровообращения, мочеполовой системы, болезни глаз и психических расстройств. Исключение составляет лишь увеличившийся объем рецептов на ЛП, применяемые для лечения болезней эндокринной системы (темп роста +11,5).

Научное обоснование и формирование методического подхода по совершенствованию ФП в социальном сегменте регионального фармацевтического рынка (ФР) требует учета реально сложившихся в регионе и вероятностных в перспективе тенденций потенциала развития МП и ФП. В наибольшей степени уровень ФП социального сегмента ФР определяется эффективностью обеспечения фармацевтических организаций необходимыми ЛП. Показатель качества ФП социального сегмента ФР зависит также от уровня финансирования, номенклатуры ассортимента предлагаемых ЛП, месторасположения организаций, участвующих в программе ДЛО-ОНЛП; времени, затраченного пациентом на ожидание приема у врача, на получение ЛП в аптеке и т.д. Изучение и анализ влияния совокупности выявленных факторов позволили обосновать и предложить единый интегральный показатель оценки качества социальной ФП.

Использование предложенного единого интегрального показателя оценки качества социальной ФП позволяет выявлять сильные и слабые места реализации программы на региональном уровне, производить сравнение достигнутых показателей и их составляющие первичные части в статике и динамике (ежемесячно, ежеквартально, ежегодно).

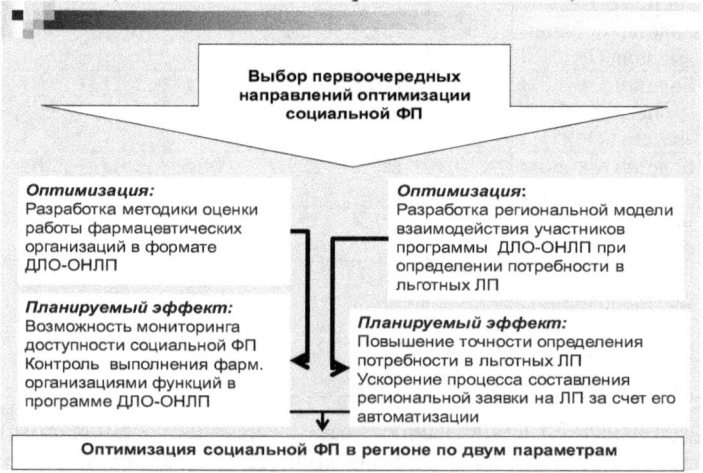

Рисунок 2 – Алгоритм методического подхода к оптимизации социальной ФП

В ходе изучения нами предложена формула по оценке основных составляющих ФП:

$$КСФП = О + Т + П - Ф, \qquad (1)$$

где **КСФП** – качество социальной ФП; **О** – организационная доступность; **Т** – технологическая доступность; **П** – потребительская доступность; **Ф** – физическая доступность.

Таким образом, в результате исследования нами разработаны методические подходы по оптимизации социальной ФП включающие:
- разработку современной технологической модели формирования региональной заявки на льготные ЛП;
- совершенствование методики расчета потребности в ЛП для льготных категорий граждан;
- разработку идеологии (принципы, используемые модели, источники информации) создания автоматизированной информационной системы по определению потребности и формированию региональной заявки на ЛП для льготных категорий граждан.

Зайцева Н.В.
ассистент кафедры высшей математики и математического моделирования
Института математики и механики им. Н.И. Лобачевского
Казанского (Приволжского) федерального университета
queen-natalya@mail.ru

ОБ ОДНОЙ НЕЛОКАЛЬНОЙ СМЕШАННОЙ ЗАДАЧЕ ДЛЯ *B*-ГИПЕРБОЛИЧЕСКОГО УРАВНЕНИЯ

Данная работа посвящена исследованию смешанной задачи для гиперболического уравнения с оператором Бесселя с нелокальным интегральным условием второго рода. Классические методы не всегда применимы к исследованию нелокальных задач с интегральными условиями, поэтому вопрос разработки методов исследования таких задач остается актуальным и в настоящее время. Результаты настоящей работы являются продолжением исследований смешанных задач с нелокальными интегральными условиями для гиперболических уравнений [2; 4].

Пусть $G = \{(x,t) | 0 < x < l, 0 < t < T\}$ - прямоугольная область в координатной плоскости Oxt, $\Gamma_0 = \{(x,t) | x = 0, 0 < t < T\}$.

В области G рассмотрим B-гиперболическое уравнение вида

$$\Box_B U \underset{Df}{=} \frac{\partial^2 U}{\partial t^2} - B_x U = 0, \qquad (1)$$

где $B_x = x^{-k} \frac{\partial}{\partial x}\left(x^k \frac{\partial}{\partial x}\right) = \frac{\partial^2}{\partial x^2} + \frac{k}{x}\frac{\partial}{\partial x}$ - оператор Бесселя.

Требуется найти функцию $U(x,t)$, удовлетворяющую условиям:

$$U(x,t) \in C^2(G) \cap C^1(G \cup \Gamma_0) \cap C(\bar{G}), \qquad (2)$$

$$\Box_B U(x,t) = 0, \quad (x,t) \in G, \qquad (3)$$

$$\left.\frac{\partial U}{\partial x}\right|_{x=0} = 0, \qquad (4)$$

$$U|_{t=0} = \varphi(x), \quad U_t|_{t=0} = \psi(x), \quad 0 < x < l, \qquad (5)$$

$$U(l,t) + \int_0^l U(x,t) x^k dx = 0, \quad t \geq 0, \qquad (6)$$

где $\varphi(x)$ и $\psi(x)$ - заданные, достаточно гладкие функции, удовлетворяющие условиям согласования:

$$\varphi(l)+\int_0^l \varphi(x)x^k dx = 0, \quad \psi(l)+\int_0^l \psi(x)x^k dx = 0. \qquad (7)$$

Теорема. Смешанная задача (2)-(6) с интегральным условием (6) не может иметь более одного решения.

Доказательство. Докажем теорему методом от противного. Пусть U_1 и U_2 - два предполагаемых решения задачи (2)-(6). Тогда их разность $\omega = U_1 - U_2$ удовлетворяет условиям (2)-(4) задачи (2)-(6), однородным начальным условиям

$$\omega\big|_{t=0} = 0, \quad \omega_t\big|_{t=0} = 0 \qquad (5_0)$$

и однородному интегральному условию

$$\omega(l,t)+\int_0^l \omega(x,t)x^k dx = 0. \qquad (6_0)$$

Нетрудно проверить, что имеет место тождество

$$x^k V_t \square_B V = \frac{1}{2}\frac{\partial}{\partial t}\left\{x^k\left[\left(\frac{\partial V}{\partial t}\right)^2 + \left(\frac{\partial V}{\partial x}\right)^2\right]\right\} - \frac{\partial}{\partial x}\left(x^k \frac{\partial V}{\partial t}\frac{\partial V}{\partial x}\right).$$

Полагая в этом тождестве $V = \omega$, с учетом того, что ω является решением уравнения (1), получим

$$\frac{1}{2}\frac{\partial}{\partial t}\left\{x^k\left[\left(\frac{\partial \omega}{\partial t}\right)^2 + \left(\frac{\partial \omega}{\partial x}\right)^2\right]\right\} = \frac{\partial}{\partial x}\left(x^k \frac{\partial \omega}{\partial t}\frac{\partial \omega}{\partial x}\right).$$

Интегрируя последнее тождество по x на отрезке $[0,l]$, имеем

$$\frac{1}{2}\frac{\partial}{\partial t}E(t) = l^k \omega_t(l,t)\omega_x(l,t), \qquad (8)$$

где

$$E(t) = \int_0^l \left[\left(\frac{\partial \omega}{\partial t}\right)^2 + \left(\frac{\partial \omega}{\partial x}\right)^2\right]x^k dx. \qquad (9)$$

Проинтегрировав уравнение (1) на отрезке $[0,l]$, получим:

$$\int_0^l \omega_{tt} x^k dx = l^k \frac{\partial \omega(l,t)}{\partial x}. \qquad (10)$$

Продифференцируем два раза по t условие (6_0). В результате получим

$$\omega_{tt}(l,t)+\int_0^l \omega_{tt}(x,t)x^k dx = 0, \qquad (11)$$

откуда

$$\int_0^l \omega_{tt}(x,t)x^k dx = -\omega_{tt}(l,t). \qquad (12)$$

Заменяя в формуле (10) интеграл на его значение из (12), получим
$$\omega_x(l,t) = -l^{-k}\omega_{tt}(l,t). \qquad (13)$$
Теперь заменим в формуле (8) функции $E(t)$ и $\omega_x(l,t)$ на их значения из (9) и (13), получаем:
$$\frac{\partial}{\partial t}\left\{\int_0^l\left[\left(\frac{\partial \omega}{\partial t}\right)^2 + \left(\frac{\partial \omega}{\partial x}\right)^2\right]x^k dx + \left(\omega_t(l,t)\right)^2\right\} = 0.$$

Из последнего равенства следует, что
$$\int_0^l\left[\left(\frac{\partial \omega}{\partial t}\right)^2 + \left(\frac{\partial \omega}{\partial x}\right)^2\right]x^k dx + \left(\omega_t(l,t)\right)^2 = c_1 = const. \qquad (14)$$

Полагая в (14) $t = 0$, с учетом начальных условий (5_0), получаем, что $c_1 = 0$, а значит
$$\int_0^l\left[\left(\frac{\partial \omega}{\partial t}\right)^2 + \left(\frac{\partial \omega}{\partial x}\right)^2\right]x^k dx + \left(\omega_t(l,t)\right)^2 = 0,$$

откуда делаем вывод, что $\frac{\partial \omega}{\partial t} = 0$ и $\frac{\partial \omega}{\partial x} = 0$. Следовательно $\omega(x,t) = c$. Из этого равенства и начальных условий (5_0) следует, что $c = 0$, а следовательно $\omega = 0$ и $U_1 \equiv U_2$. Теорема доказана.

Решение смешанной задачи с интегральным условием второго рода получено методом Фурье-Бесселя и имеет вид
$$U(x,t) = \sum_{n=1}^{\infty} x^{\frac{1-k}{2}} J_{\frac{k-1}{2}}\left(\frac{\lambda_n x}{l}\right)\left(\varphi_n \cos\frac{\lambda_n t}{l} + \psi_n \sin\frac{\lambda_n t}{l}\right).$$

Согласно асимптотическим формулам для функции Бесселя [1], по признаку Вейерштрасса [3], можно показать, что этот ряд сходится равномерно в области $\overline{G}$, а также, что $U(x,t) \in C^1(G)$.

ЛИТЕРАТУРА

1. Ватсон Г.Н. Теория бесселевых функций. Часть первая. – М.: И.Л., 1949. – 799с.
2. Гордезиани Д.Г., Авалишвили Г.А. Решения нелокальных задач для одномерных колебаний струны. Математическое моделирование. Т. 12. № 1, 2000. – 94-103 с.
3. Крикунов Ю.М. Лекции по уравнениям математической физики. Учебное пособие. – Казань: Изд-во Казанского университета, 1970. – 248 с.
4. Bouziani A., Benouar N.E. Probleme mixte avec conditions integrals pour une classe d'equations hyperboliques. Bull. Belg. Math. Soc. 1996. - № 3. – 137-145 pp.

Бобков В.В., Ковалец Я.А.
канд. физ.-мат. наук, профессор; без степеней и званий
Белорусский государственный университет, факультет прикладной математики и информатики

МЕТОДЫ УСТАНОВЛЕНИЯ ЧИСЛЕННОГО РЕШЕНИЯ СИСТЕМ ЛИНЕЙНЫХ АЛГЕБРАИЧЕСКИХ УРАВНЕНИЙ: СРАВНИТЕЛЬНЫЙ АНАЛИЗ, НОВЫЕ ВЫЧИСЛИТЕЛЬНЫЕ АЛГОРИТМЫ

Статья посвящена рассмотрению методов установления численного решения систем линейных алгебраических уравнений, а также их исследованию и сравнению с неявным методом Эйлера. В практике математического моделирования, ориентированной на использовании вычислительной техники, естественно встает вопрос о наличии эффективных модулей для численного решения математических задач. Серьезные трудности возникают даже в случае классической задачи численного решения систем линейных алгебраических уравнений или задачи обращения матрицы (что очень важно для неявного метода Эйлера) в ситуации плохой обусловленности, а также при решении задач численного анализа систем обыкновенных дифференциальных уравнений. Решение данной проблемы имеет теоретическое и практическое значение [1].

Довольно часто необходимо решать именно такие задачи, с большим разбросом собственных значений, и в большинстве случаев для этих целей применяются прикладные пакеты (Mathematica, Matlab и др.). Однако возникают вопросы об истинности решения и о точности, с которой оно получено. Данные вопросы зачастую остаются без должного внимания, что может привести к получению некорректных результатов вычислений. И, как правило, эти результаты принимаются, используются для построения дальнейших рассуждений, а это может приводить к потенциально ошибочным заключениям. Большим преимуществом пакета Mathematica является возможность применения символьных вычислений (точной арифметики) [2, 106; 3, 63]. Однако для решения систем линейных алгебраических уравнений (СЛАУ) большой размерности применение такого подхода будет довольно трудоемким, особенно в плане затрат временного ресурса. Если профессионально владеть возможностями, предоставляемыми пакетом Mathematica, то возможно решить данную задачу (применяя gigaNumerics и/или MathLink(.NET/Link, J/Link и др.) [3, 657], или другие способы [3, 731]). Однако на уровне простого пользователя, которому необходимо решить систему без изучения большого количества литературы, а с помощью обычной функции

LinearSolve (которая довольно подробно описана в справке пакета Mathematica), получение точного решение не всегда гарантировано.

Поэтому одной из задач данной работы является оценка того, насколько точно получит пользователь решение СЛАУ с помощью пакета Mathematica в определенных случаях.

Рассмотрим систему обыкновенных дифференциальных уравнений

$$u'(x) = Au(x) + a, \qquad (1)$$

где $A = A^T < 0$, с начальным условием

$$u(t) = y. \qquad (2)$$

Вместо нахождения решения системы линейных алгебраических уравнений

$$Au + a = 0 \qquad (3)$$

где A – квадратная матрица размера N, можно решать задачу Коши (1), (2), так как решением данной задачи является

$$u(x) = e^{A(x-t)}y - A^{-1}a, \qquad (4)$$

которое стремится к $-A^{-1}a$, т.е. к решению системы (3), при $x \to \infty$.

Применим к задаче (1), (2) методы вида:

$$\hat{y} = Ey + g, \qquad (5)$$

где y – приближенное значение $u(t)$, $\hat{y}$ – приближенное значение $u(t+\tau)$.

Для неявного метода Эйлера, примененного к задаче (1), (2),

$$\hat{y} = (I - \tau A)^{-1}y + \tau(I - \tau A)^{-1}a \qquad (6)$$

$E = (I - \tau A)^{-1}$, $g = \tau(I - \tau A)^{-1}a$, а для неявного метода установления (построение описано в [1])

$$\hat{y} = y + \tau(I - \tau A)^{-1}(Ay + a) \qquad (7)$$

$g = \tau(I - \tau A)^{-1}a$, $E = I + \tau(I - \tau A)^{-1}A$. При этом оба метода являются согласованными и по устойчивости (т.е. $\rho(E) \in (-1;1)$, где $\rho(E)$ – спектр матрицы E), и по монотонности (т.е. $\rho(E) \in (0;1)$) при любых шагах $\tau > 0$ [1;4, 64; 5,193; 6, 345].

Теперь заменим $(I - \tau A)^{-1}$ некоторой приближенной матрицей Q. В этом случае для неявного метода Эйлера положение равновесия:

$$\tilde{q} = \tau(I - Q)^{-1} Q a. \qquad (8)$$

Таким образом, неявный метод Эйлера является точным на стационарном решении только при точном обращении матрицы $(I - \tau A)$, а неявный метод установления (7) сохраняет правильное положение равновесия системы (1), (2).

Рассмотрим три варианта обращения матрицы $(I - \tau A)$.

I. $(I - \tau A)^{-1} \approx \dfrac{1}{1 + \mu\tau}$, где $\mu = \max_i |\lambda_i|$ (знать собственные значения необязательно, поэтому можно брать $\mu = \|A\|$), так как для скалярного случая такое приближение является точным. Метод установления (7), полученный в результате такой замены, назовем явным. Его вид

$$\hat{y} = y + \tau \frac{Ay + a}{1 + \mu\tau}. \qquad (9)$$

При такой замене методы (9) и (6) остаются согласованными и по устойчивости, и по монотонности при любых шагах $\tau > 0$. Однако, согласно (8) неявный метод Эйлера выходит на неверное положение равновесия $\tilde{q} = \dfrac{a}{\mu}$, в отличие от метода (9), что подтверждается экспериментально (см. таблицу 1), при этом обозначим через u – точное решение (3), y – приближенное решение.

Таблица 1 – $\|u - y\|$ при $\tau = 1 \times 10^4$ и при числе обусловленности $v(A) = 10^8$

Размер	Норма разности точного решения и ...	Метод установления	Неявный метод Эйлера
20		$1{,}3 \times 10^{-15}$	0,35
50		$2{,}4 \times 10^{-15}$	0,42
100		$3{,}1 \times 10^{-15}$	0,44

II. $(I-\tau A)^{-1} = \prod_{k=0}^{\infty}(I+E_k)$, $E_k = (E_{k-1})^2$, $E_0 = \tau A$, но только для $-1 < \tau\lambda_i < 1$, $i = \overline{1,N}$, где λ_i, $i = \overline{1,N}$ - собственные значения матрицы A. Такое обращение матрицы является неэффективным, т.к. получаем для (6) и (7) ограничения на шаг, как и у явного метода Эйлера.

III. $(I-\tau A)^{-1} = (I-E_0)^{-1}\dfrac{\tau}{1+\tau(1+\tau\mu)}$, где $E_0 = I - \dfrac{\tau(I-\tau A)}{1+\tau(1+\tau\mu)}$. Для нахождения $(I-E_0)^{-1}$ применяем способ II, т.к. $\rho(E_0) \in (-1;1)$. В таблице 2 показана погрешность полученных решений при изменение количества членов для нахождения $(I-E_0)^{-1}$. Можно отметить, что решение, полученное неявным методом Эйлера, найдено с большей погрешностью, чем с помощью метода установления, хотя уже при семи членах разложения выходит на правильный стационар.

Таблица 2 – $\|u-y\|$ при $\tau = 1\times 10^4$, размер задачи равен 20, $\nu(A) = 10^8$

Количество членов в разложении / Норма разности точного решения и ...	Метод установления	Неявный метод Эйлера
1	$1{,}8\times 10^{-15}$	0,08
3	$1{,}8\times 10^{-15}$	$1{,}2\times 10^{-5}$
7	$2{,}2\times 10^{-15}$	$2{,}2\times 10^{-15}$

Для проведения экспериментальных данных построена ортогональная матрица $T_н$ размера $N*n$ вида

$$T_н = \dfrac{2}{N}\begin{pmatrix} \dfrac{(2-N)}{2}T & T & \cdots & T & T \\ T & \dfrac{(2-N)}{2}T & \cdots & T & T \\ \vdots & \vdots & \ddots & \vdots & \vdots \\ T & T & \cdots & \dfrac{(2-N)}{2}T & T \\ T & T & \cdots & T & \dfrac{(2-N)}{2}T \end{pmatrix}, \quad (10)$$

где T – ортогональная матрица размера n. Например, в качестве T можно взять:

$$T = 1 \quad \text{при} \quad n = 1; \quad (11)$$

$$T = \begin{pmatrix} -0.8 & 0.6 \\ 0.6 & 0.8 \end{pmatrix} \text{ при } n = 2; \qquad (12)$$

$$T = \begin{pmatrix} 0.98 & -0.02 & -0.02 & -0.08 & -0.18 \\ -0.02 & 0.98 & -0.02 & -0.08 & -0.18 \\ -0.02 & -0.02 & 0.98 & -0.08 & -0.18 \\ -0.08 & -0.08 & -0.08 & 0.68 & -0.72 \\ -0.18 & -0.18 & -0.18 & -0.72 & -0.62 \end{pmatrix} \text{ при } n = 5. \qquad (13)$$

В качестве матрицы T возьмем, например, квадратную матрицу размера 2. Затем, подставляя ее в формулу (10) для нахождения $T_н$, получим матрицу размера 2N.

Применяем метод к матрице размера 2N. При этом задаем только диагональные элементы, а далее с помощью преобразования подобия получаем необходимую нам матрицу.

Пусть D – заданная диагональная матрица, d – некоторый свободный столбец (в основном подобран таким образом, чтобы решением задачи $Dx + d = 0$ являлся единичный вектор).

Тогда (1) будет выглядеть следующим образом:

$$\varphi'(x) = D\varphi(x) + d, \qquad (14)$$

где $D < 0$.

Умножим (14) слева на матрицу $T_н$, т.к. $T_н * T_н = I$, то получим

$$T_н \varphi'(x) = T_н D T_н T_н \varphi(x) + T_н d. \qquad (15)$$

Введя замену $u(x) = T_н \varphi(x)$, $A = T_н D T_н$, $a = T_н d$, получим (1).

Все изложенные выше рассуждения необходимы для того, чтобы проследить погрешность приближенного решения при изменении спектра матрицы.

При этом будем применять ускоренный итерационный процесс [1], т.к. с помощью него решение найдем намного быстрее (при увеличении разброса собственных значений решения в случае обычного итерационного процесса можно и не дождаться). Реализация выше изложенных методов написана на C++.

Продемонстрируем только некоторые результаты . В таблице 3 видно, что неявный метод Эйлера (6) уступает в точности методам установления (7), (9) при довольно малом шаге τ.

Таблица 3 – $\|u - y\|$ при $\tau = 1 \times 10^{-9}$ и при числе обусловленности $\nu(A) = 10^8$

Норма разности точного решения и … / Размер матрицы A	Явный метод установления (9)	Неявный метод установления (7)	Неявный метод Эйлера (6)
200	$2{,}8 \times 10^{-14}$	3×10^{-14}	$8{,}7 \times 10^{-7}$
300	$7{,}75 \times 10^{-14}$	6×10^{-14}	$8{,}75 \times 10^{-7}$
400	5×10^{-14}	9×10^{-14}	$9{,}2 \times 10^{-7}$

Сравним работу описанных выше методов с функцией LinearSolve пакета Mathematica. На рисунке 1 продемонстрирован пример с хорошо обусловленной матрицей при числе обусловленности $\nu(A) = 10^3$. Как видно из этого рисунка решение, полученное с помощью пакета Mathematica, вычисляется с приемлемой точностью. Однако явный метод установления (9) позволяет получить решение немного точнее.

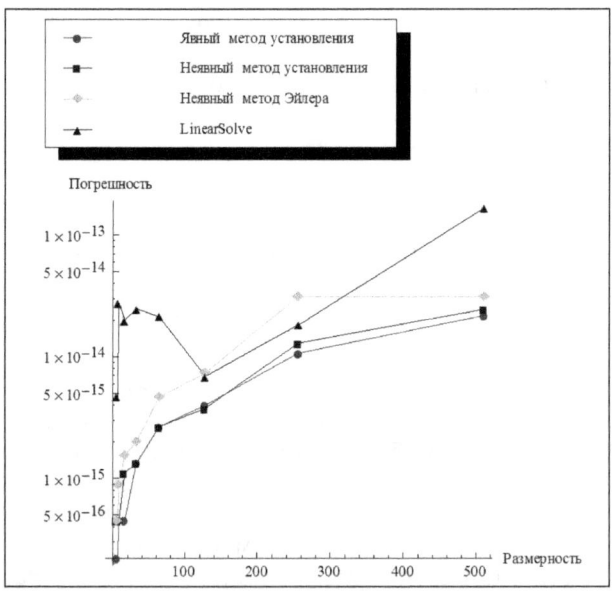

Рисунок 1 – Изменение погрешности с увеличением размера задачи при шаге $\tau = 100$

На рисунках 2, 3 представлен пример уже с плохо обусловленной матрицей ($\nu(A) = 10^{12}$, при этом собственные значения матрицы A по модулю больше единице), на которых видно, что решение, полученное с помощью функции LinearSolve пакета Mathematica, найдено с гораздо меньшей точностью, чем с помощью остальных методов.

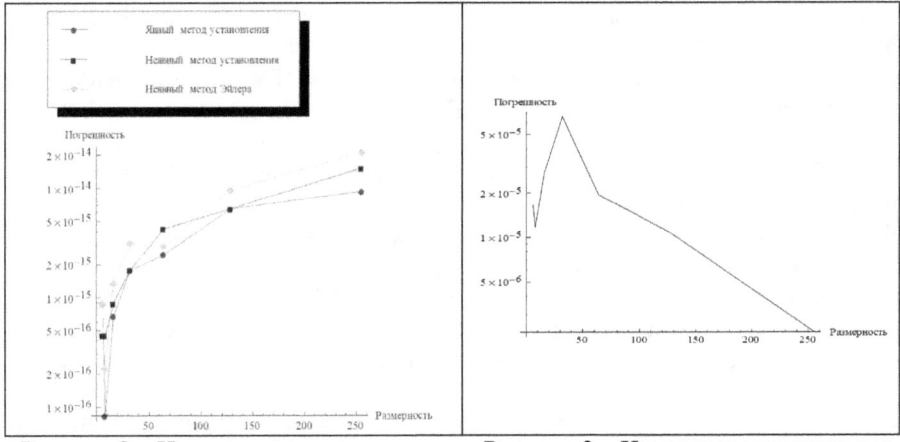

Рисунок 2 – Изменение погрешности с увеличением размера задачи при шаге $\tau = 100$

Рисунок 3 – Изменение погрешности с увеличением размерности для функции LinearSolve

В заключение можно отметить, положительные качества методов (7), (9): за счет изменения шага можно повысить точность вычисления методов (7), (9), также для них при решении систем линейных алгебраических уравнений снижены требования к точности нахождения обратной матрицы. И, как вариант, можно предложить метод (9) с оптимальным шагом $\tau \to \infty$:

$$\hat{y} = y + \frac{Ay + a}{\mu} \qquad (16)$$

Но есть и минусы, основной минус – трудоемкость.

Также в статье предложен эффективный способ построения ортогональных матриц произвольной размерности, что значительно упрощает работу в проведении экспериментальной части, продемонстрирована неэффективность использования неявного метода Эйлера при неточном обращении матрицы и проблемы при решении СЛАУ с плохо обусловленной матрицей с помощью пакета Mathematica[1].

---

[1] вариант символьного вычисления не рассматривался

Литература

1. Бобков, В.В. Спектрально-монотонные приближения матричной экспоненты и их приложения / В.В. Бобков // Вестн. БГУ. Сер. 1, Физика. Математика. Информатика. – 2011. – № 3. – С.72–78.
2. Дьяконов, В.П. Mathematica 5.1/5.2/6. Программирование и математические вычисления / В.П. Дьяконов. – М.: ДМК Пресс, 2008. – 576 с.
3. Wolfram, Stephen. The Mathematica Book / Stephen Wolfram. – 5th edition – Wolfram Media, 2003. – 1488 pages.
4. Крылов, В.И. Начало теории вычислительных методов: дифференциальные уравнения/ В.И. Крылов, В.В. Бобков, П.И. Монастырный. – Мн.: Наука и техника, 1982.– 286 с.
5. Хайрер, Эрнст. Решение обыкновенных дифференциальных уравнений. Жесткие и дифференциально-алгебраические задачи. Пер. с англ. / Эрнст Хайрер, Герхард Ваннер. – М.: Мир, 1999. – 685 с.
6. Хайрер, Э. Решение обыкновенных дифференциальных уравнений. Нежесткие задачи. Пер. с англ. / Э. Хайрер, С. Нёрсетт, Г. Ваннер. – М.: Мир, 1990. – 512 с.

Акубекова Д.Г.
доцент, к.филол.н., Башкирский государственный университет (Уфа)

СТИЛИСТИЧЕСКИЕ ВОЗМОЖНОСТИ ГРАФИЧЕСКОЙ ОРГАНИЗАЦИИ ТЕКСТА

Произведение литературы имеет обыкновение существовать в письменном виде, поэтому их графическое оформление оказывается делом немаловажной значимости. Здесь имеют значение взаимоотношение шрифтов, деление на абзацы и расположение строк, наличие заглавных букв, курсива, знаков препинания.

Особенное значение имеет графическая организация в поэзии: «одна из особенностей поэзии состоит в том, что ее эстетическое воздействие зависит от сочетания обоих реализаций: графики и звучания» [I, 225]. Графическая форма стиха опережает его структуру и настраивает читателя на эмоциональность и экспрессивность сообщения. В публицистике и рекламе графический аспект также исполняет определенные функции воздействия на реципиента. Сообщение, представленное необычным графическим способом, с намеренно допущенными ошибками имеет эффект большего влияния на читающего. Все эти средства стилистически необходимы, чтобы сообщить читателю то, что в устной речи передается просодическими элементами, ударением, тоном голоса, паузами, удлинением или удвоением некоторых звуков и т.д. Они содействуют мысленному «исполнению» задуманного автором.

Пунктуация – одно из графических стилистических средств. Пунктуации принадлежит важная роль в передаче отношения автора к высказываемому, в намеке на подтекст, в подсказке эмоциональной реакции, которую ожидают от читателя. «Пунктуация отражает и ритмико-мелодическое строение речи» [I, 226]. Только с помощью пунктуации в письменных произведениях мы в состоянии различить виды предложений (вопросительные, восклицательные, побудительные), перечисление и обобщение, раздумья, замешательство, завершенность. Без пунктуации текст терял бы большую часть смысла.

Стилистическая загруженность различных знаков препинания неодинакова. Особого внимания заслуживают восклицательный и вопросительный знаки. Перенасыщенность текста данными знаками препинания свидетельствует о его эмоциональности, экспрессивности, отчаянии от безвыходности, самопожертвовании, динамизме происходящего, как это видно из следующего отрывка из рассказа «Hinkela» Луизы Ринсер:

Lauf, Stefan, lauf! rief Hinkela. Mach dich klein, kriech zuerst, dann lauf!
Der Kleine tat ein paar unschlüssige Springe vorwärts, dann kehrt er zurück. Und du? rief er. Komm, Komm!

В другом отрывке из этого же рассказа мы встречаем изобилие вопросительных знаков:
Jetzt haben sie den Doktor Fleckenstein auch...
Was haben sie?
Er sprach nicht weiter.
Fleckenstein? fragte sie, der Armendoktor? Was ist mit dem?
Hast du gewußt, daß der auch Jud ist?
Nein, sagte sie, aber was ist mit ihm?
Er gab keine Antwort.
Haben sie ihn auch umgebracht?
Er setzte sich mit einem Ruck hoch. Umgebracht?
Wieso umgebracht? Und wer „sie"? Und wie so "auch"? Was redest du da?
Здесь наличие вопросительных конструкций свидетельствует скорее о постановке риторических вопросов, не требующих ответа ввиду его очевидности.

Отсутствие знаков препинания, в частности, точек и запятых у Кристы Вольф в рассказе «In Stein» – явление скорее единичное, используемое в качестве эксперимента над языком. Возможно, автор хотела показать этим незавершенность своих мыслей и приглашала к дальнейшему разговору:
Jetzt stecke ich im Stein Jetzt steckt mein Unterkörper mit angezogenen Beinen im Stein DAS IST JA GANZ NATÜRLICH DAS IST DAS LETZTE WORAN IHR GEHIRN SICH ERINNERT DASS SIE MIT ANGEZOGENEN BEINEN AUF DEM RAND DER PRITSCHE SITZEN.
Sie haben mein Gehirn überlistet Sie haben ihm eine Erinnerung an einen Augenblick aufgezwängt der längst vorüber ist
Использование разных шрифтов привлекает нас к главному в произведении, по мнению автора.

Итак, графические стилистические средства играют определенную стилеобразующую роль в процессе написания художественного произведения и связаны с фонетическими, грамматическими, лексическими и другими выразительными средствами. Так, например, пунктуация может быть экспрессивной (риторический вопрос, многоточие, ряд вопросительных, восклицательных знаков). Искажение орфографии служит речевой характеристике персонажа. Но пунктуация действенна лишь в тексте и без него существовать не может.

Литература

1. Арнольд И.В. Стилистика современного английского языка.- Ленинград, 1981.-295 с.
2. Rinser, L.: Geschichten aus der Löwengrube, Fischer Verlag, München 1992
3. Wolf, Ch.: Die Dimension des Autors. Aufsätze, Essays, Gespräche, Reden. Zwei Bände, Aufbau- Verlag, Berlin und Weimar 1986

Пинчук З.Е.
соискатель кафедры издательского дела, рекламы и медиатехнологий Кубанского государственного университета, e-mail: kud-zoya@yandex.ru

КОНТЕКСТ КАК КОГНИТИВНАЯ ЕДИНИЦА

Текст образован сочетанием знаков. Одна из характеристик языкового знака: он не функционирует вне системы, значение лексической единицы определяется в лингвистическом и нелингвистическом окружении. Пользователи языка конструируют представление не только соответствующего текста, но и социального контекста, и эти два представления взаимодействуют.

Существует несколько определений контекста:

С точки зрения теории перевода: Л. С. Бархударов под контекстом понимает «языковое окружение, в котором употребляется та или иная лингвистическая единица» [1, 169].

С точки зрения герменевтики: для Г.И. Богина контекст это «текстовая ситуация, возникающая по воле автора в ходе текстопостроения в единстве с внетекстовой ситуацией. Для последней контекст актуален как та информация, которая находится не в знаках текста, а во внетекстовой действительности либо в сознании как рефлективной реальности участника коммуникации» [2].

С точки зрения когнитивной лингвистики: в работах Ван Дейка контекст определен как ментальное представление коммуникативной ситуации в сознании коммуниканта [10, 159].

Контекст влияет на процессы создания и восприятия дискурса. «Участник коммуникации должен фокусировать внимание на специфических особенностях речевой ситуации, которые могут оказаться полезными для правильного понимания не только значения/референции, но и прагматических целей/интенций» [4, 20].

Одна из основных функций контекста – устранение многозначности. «Большинство языковых единиц многозначно, но в контексте они, как правило, выступают в каком-то одном из потенциально возможных своих значений» [5, 143].

Контекст связывает неязыковое «окружение» речи, с одной стороны, и структуры дискурса, с другой. Дискурсу свойственны социальные и когнитивные характеристики. И контекст имеет как социальную, так и ментальную природу.

В качестве составляющих контекста часто рассматривают социальные, культурные, идеологические, политические и другие характеристики коммуникативной ситуации. О связи контекста и культуры говорится в работах Мацумото: «человечество живет в окружении ряда различных ситуационных контекстов. Одна из функций культуры – придавать значение этим контекстам» [7, 1295].

Но социальные структуры и структуры дискурса имеют различную природу, и между экстралингвистическими факторами коммуникации и особенностями дискурса нет прямой связи.

В связи с этим выдвигались предположения о ментальной природе контекста. С позиций социокогнитивного подхода к тексту связующим звеном между реальностью и дискурсом являются субъективные интерпретации, толкования, определения и использование факторов социального окружения участниками коммуникации. При этом одним из важных критериев выступает релевантность: контекст – это субъективное определение коммуникантом релевантных для данного коммуникативного акта характеристик коммуникативной ситуации [10, 165]. То, что является важным для одного участника коммуникации в определенный момент, может не являться значимым при тех же условиях, но в другое время или для другого участника. Следовательно, контекст субъективен и «является теоретической и когнитивной абстракцией разнообразных физико-биологических и прочих ситуаций» [4]. Такие ментальные репрезентации релевантных аспектов коммуникативной ситуации Ван Дейк называет контекстуальными моделями. Именно контекстуальные модели, по мнению исследователя, являются когнитивным механизмом, связывающим социальную ситуацию и текст [10, 174].

Контекстуальные модели влияют на создание и восприятие дискурса на всех уровнях: условия осуществления речевого акта, тема, лексика, знания и информация, синтаксис, стиль. Ментальные контекстуальные модели адаптируют элементы дискурса к ситуации общения. Контекст речевой ситуации постоянно изменяется: он определяет коммуникативное поведение, и в то же время осуществление коммуникативного акта изменяет контекст [10, 171].

Контекст «не наблюдаем», и является абстрактным конструктом по отношению к реальным ситуациям, возникающим в обществе. Мы можем видеть лишь его влияние на дискурс или, наоборот, влияние дискурса на ситуацию.

Важной составляющей контекста, во многом определяющей ход коммуникации, являются фоновые знания ее участников. Для того адекватного восприятия предлагаемой информации реципиентом и для реализации авторских интенций говорящий задействует фоновые знания культурного, социального, исторического, специального характера и т. д. Важный компонент, определяющий способ подачи фоновой информации – предположения автора о знаниях реципиента: некоторые из фоновых знаний, по мнению автора известные читателю, остаются в статье имплицитными; другие, настолько актуальные для данного сообщения, что их необходимо подчеркнуть, даны как напоминание читателю о уже известных ему фактах; информация, которая, возможно, не известна читателю и необходима для понимания сообщения, полностью представлена в тексте.

Традиционно выделяют лингвистический и экстралингвистический контексты.

Лингвистический (вербальный) контекст, также называемый «горизонтальный контекст» – «языковое окружение, в котором употребляется та или иная единица языка в тексте» [5, 142].

Узкий контекст (микроконтекст) – «контекст словосочетания или предложения, т.е. языковые единицы, составляющие окружение данной единицы в пределах предложения» [5, 142].

Широкий контекст (макроконтекст) – «языковое окружение данной единицы, выходящее за рамки предложения» [5, 142], это – «текстовой контекст, то есть совокупность языковых единиц, окружающих данную единицу в пределах, лежащих вне данного предложения» [1, 169].

Узкий контекст делят на синтаксический и лексический. Синтаксический контекст – «синтаксическая конструкция, в которой употребляется данное слово, словосочетание или (придаточное) предложение». Лексический контекст – «совокупность лексических единиц, слов и устойчивых словосочетаний, в окружении которых используется данная единица» [5, 143].

Так, лингвистический контекст подсказывает, каким образом должно быть понято многозначное слово «язык» в предложении: «Считалось, что первыми нашли с людьми общий язык дикие нубийские кошки...»[6; 54]. В данном примере слово «язык» – часть более крупной единицы – устойчивого сочетания «найти общий язык», означающего «достичь взаимопонимания» [3].

Внеязыковой (ситуативный, экстралингвистический, невербальный) контекст включает «обстановку, время и место, к которому относится высказывание, а также любые факты реальной действительности» [5, 143].

Характеризуя экстралингвистическую ситуацию, или экстралингвистический контекст, Бархударов выделяет следующие компоненты: ситуация общения, предмет сообщения, участники коммуникации [1, 172].

Ситуация общения – «обстановка, в которой совершается коммуникативный акт» [1, 172]: время, место, обстоятельства, социальные, политические, институциональные и культурные условия/обстоятельства, события; фреймы, конвенциональные установления (правила, законы, принципы, нормы, ценности).

Предмет сообщения – «обстановка (совокупность фактов), описываемая в тексте» [1, 172];

Участники коммуникации – «говорящий (пишущий) и слушающий (читающий)» [1, 172]: позиции (роли: социальные, роли в коммуникации, статусы и т. д.), биологические характеристики (пол, возраст и т. д.), отношения (превосходство, авторитет), внутренняя структура говорящего/слушающего (знания, убеждения, потребности, желания, отношения, установки, цели, чувства, эмоции).

К этому списку можно добавить другие категории контекста, названные в работах Ван Дейка: социальная сфера (политика, образование, СМИ), причины действий коммуникантов и результат/исход коммуникации, код, форма (жанр, стиль, регистр и т. д.) сообщения, канал коммуникации, возможность дальнейшей коммуникации, репрезентация участниками коммуникации самих себя и других коммуникантов.

В журнале «National Geographic» содержится рекламный материал кошачьего корма «Proplan», «замаскированный» под журналистский материал о роли кошек в жизни человека под названием «Тайна кошки» [6]. Начинается текст историей взаимоотношений кошки и человека. В краткой, доступной форме приводится несколько интересных исторических фактов, подчеркивается загадочность и противоречивость этих животных в глазах человечества. Эти приемы преследуют цель – заинтересовать читателя. Затем автор переходит к рассказу о роли кошек для современного человека, подчеркивается их роль в создании психологического комфорта для человека и акцентируется необходимость заботы о питомцах. Текст заканчивается описанием корма «Proplan», который, согласно автору, «учитывает максимум потребностей кошки». Таким образом, для достижения цели – убедить читателя приобрести данный продукт – автор в процессе развертывания текста ставит следующие задачи: привлечение внимания читателя к публикуемому материалу, пробуждение чувств любви и ответственности за домашних питомцев, убеждение в необходимости корма «Proplan» для кошки. Предполагаемый результат коммуникации – покупка продукта. Другие компоненты экстралингвистического контекста: сфера коммуникации – СМИ, канал сообщения – журнал «National Geographic». Конвенциональные установки, в частности, правовые нормы, обязуют информировать читателя и рекламном характере публикации, эту функцию выполняет пометка «на правах рекламы». Автор – копирайтер в «роли» журналиста. Реципиент сообщения – читатель журнала «National Geographic», причем с прагматической точки зрения материал рассчитан не на всю целевую аудиторию журнала, а на тех читателей, которые являются на потенциальными потребителями рекламируемого продукта.

Таким образом, на осуществление коммуникации, в том числе на создание и обработку дискурса, оказывают влияние факторы следующих уровней: объективный реальный мир, социальная и культурная ситуация общения, индивидуальные характеристики коммуникантов.

Сквозь призму картины мира (культурной, языковой, научной, национальной, религиозной, индивидуальной и т. д.), посредством ментальных процессов обработки информации названные факторы оформляются в контекст в сознании участников общения.

Контекст сочетает в себе как социальную, так и ментальную природу. Контекст субъективен – его содержание составляют явления реального мира, отраженные в сознании коммуниканта сквозь призму картины мира в определенный момент общения. Контекстуальные модели отражают реальный мир фрагментарно – в актуальных, релевантных аспектах речевой ситуации. Контекст влияет на процессы производства и восприятия дискурса. При этом контекст динамичен. Мы используем различные дискурсивные структуры, опираясь на контекстуальные модели в нашем сознании, а коммуникация, в процессе своего осуществления, изменяет коммуникативный контекст.

Источники:

1. Бархударов, Л. С. Язык и перевод (Вопросы общей и частной теории перевода)/Л. С. Бархударов. – М., 1975. – 240 с.
2. Богин Г.И. Методологическое пособие по интерпретации художественного текста (для занимающихся иностранной филологией)//URL:http://www.auditorimn.ru/books/l 13/index.html.
3. Большой толковый словарь русского языка/Под ред. С. А. Кузнецова. СПб., 1998//URL: http://www.gramota.ru/slovari/info/bts/
4. Ван Дейк, Т. А. Язык. Познание. Коммуникация/Т. А. ван Дейк. – Б., 2000. – 308 с.
5. Комиссаров, В.Н. Теория перевода (лингвистические аспекты): Учеб.
для ин-тов и фак. иностр. яз./В.Н. Комиссаров. – М., 1990. – 253 с.
6. Тайна кошки//National geographic. Россия. – 2011. – № 7. – 54–55.
7. Matsumoto, D. Culture, Context, and Behavior // Journal of Personality. Volume 75, Issue 6. – 2007– 1285–1320.
8. Van Dijk, T. A. Comments on Context and Conversation//Discourse and Contemporary Social Change. – 2007. – 281–316.
9. Van Dijk, T. A. Context models in discourse processing//The construction of mental representations during reading. – 1999. – 123–148.
10. Van Dijk, T. A. Discourse, context and cognition // Discourse Studies. – 2006. – 159–177.

Нуриева Д.Р.
студентка Елабужского института Казанского
Федерального Университета
Божкова Г.Н.
кандидат филологических наук, доцент кафедры русской и зарубежной литературы Елабужского института Казанского Федерального Университета

ЛИТЕРАТУРНЫЙ ПОРТРЕТ КАК СРЕДСТВО ИЗОБРАЖЕНИЯ ХАРАКТЕРА ГЕРОЕВ МАЛОЙ ПРОЗЫ М.А. ОСОРГИНА

Портрет в литературе является одним из средств художественной характеристики. В нем писатель раскрывает характер своих героев и выражает идейное отношение к ним. «С портрета обыкновенно начинается знакомство читателя с персонажем» [1, 76].

Портрет – это не только описание наружности, телесных, природных, возрастных свойств, но и описание того, что заложено социальной средой, культурой [5]. В той или иной степени каждый портрет характерологичен – «это значит, что по внешним чертам мы можем хотя бы бегло и приблизительно судить о характере человека» [1, там же]. Описывая внешние данные персонажа, автор стремится заглянуть в его внутренний мир, оценить характер и поступки. Портрет в литературе всегда выполнял несколько функций: описательную, оценочную, психологическую. В литературе существует много видовых разновидностей портретов: с авторским комментарием – попытка писателя самостоятельно проанализировать личностные особенности героев (М. Ю. Лермонтов. «Герой нашего времени); аллегорический (в прозе А. П. Чехова); динамичный портрет (в творческом наследии Л. Н. Толстого); фотографическое изображение внешности героев в момент наивысшего психологического напряжения – часть поэтики романов Ф. М. Достоевского.

«Соответствие черт портрета чертам характера – вещь довольно условная и относительная» [1, 77]. Она зависит от характера художественной условности, от принятых в обществе взглядов и убеждений. Если рассмотреть историю развития литературного портрета, то можно заметить, что он менялся в направлении все большей индивидуализации. На ранних стадиях развития литературы портрет весьма общую характеристику героя. Можно сказать, что литература того времени вообще обходилась без портретов, например, «Слово о полку Игореве».

Таким образом, с течением времени портрет индивидуализировался, «наполнялся теми неповторимыми чертами, которые уже не давали нам спутать одного героя с другим» [1, 78].

Каждая эпоха предъявляла свои требования к литературе, персонажам. В XVIII веке отрицательный литературный герой был неприглядeн внешне, а благородный, душой чистый персонаж обладал привлекательной внешностью. Со временем процесс развития портрета стремительно движется вспять. Уже Чехов отказался от подробных портретных описаний, предвидя наступление XX века, времени шаблона, стандарта, которые лишают личность индивидуальности.

Продолжает, сложившиеся в русской литературе традиции писатель-эмигрант М. Осоргин. Его литературный портрет, традиционен и одновременно нов, интересен.

В рассказе «Егошиха» в центре внимания случайная встреча пятилетнего мальчика Васи с беглым каторжником. Чтобы наиболее полно проанализировать образ ребенка обратимся к психологическим особенностям данного возраста. Пятый год жизни – это время интенсивного роста и развития организма. Именно здесь возникает и совершенствуется умение воплощать определенный замысел, планировать свои действия: «Вася <...> предпринял огромное путешествие: из дома, через огород, по склону холма, вниз по тропинке – к речке Егошихе по смородину. <...> С пригорка Вася спускался осторожно и молча. Иногда приседал на корточки и питался ароматом полевой клубники<...>» [3, 234]. М. Осоргин, рисуя портрет своего героя, сообщает о том, что мальчик не одинок, он знает любовь и заботу близких: «Худенький мальчик Вася, в синей с горошинами рубашке, подпоясанный белым шнурочком <...>. Белокурые волосы стрижены в кружок. Лоб папин, глаза мамины, нос пока свой собственный, не очень значительный, но забавный» [там же]. Автор с большой симпатией относится к маленькому герою. В его внешности он выделяет оригинальность, детское восприятие действительности. В рассказе портрет мальчика противопоставлен социальному портрету беглого каторжника: «<...>, усталый, обросший волосами. За спиной нес тяжкую жизнь, подлинно каторжную <...> Только одну минуту смотрели друг на друга: мальчик на варнака, варнак на мальчика. <...> Маленький – и большой; беленький – и черный; чистенький – и весь грязный и засаленный» [3, 235]. Портреты персонажей контрастны и социально и физиологически, но объединяющее начало их в том, что перед читателем люди, способные чувствовать, сопереживать. В портрете мужчины угадывается сила и страх, а мальчику очень не хватает отцовской любви. Беглого арестанта вскоре поймали. На каторге он часто думал о своем сыне, «и в памяти своей спутал его с мальчонкой» Васей [3, 237]. От тоски мужчина часто разговаривал с воображаемым близким человеком: «С ним он порой говорил, поглаживая по шелковой головке:

- Эх, паря, далеко твой тятька. Никогда ты его не увидишь» [там же].

Таким образом, автор стремится показать несовершенство реальной действительности, непринятие, непонимание ребенком несправедливости взрослой жизни: «Почему такой большой испугался его, малыша? <...>

- Мама, почему его ловят?

- Он арестант, Вася, он из тюрьмы убежал.

Все могут ходить свободно, а арестанту нельзя. Людей сажают в тюрьму за преступление. Арестанты – дурные люди.

- Мама, дурные люди все сидят в тюрьме? <...>

-Нет, Вася, есть и на воле дурные люди.

Непонятно. Которых же садят, а которых нет?» [там же].

Шли годы, Вася вырос, и на всю жизнь хватило ему этих мыслей, «странных и путанных» [3, 238]. Он так же, как и арестант, часто вспоминает, их встречу и мысленно беседует с ним, нуждаясь в авторитетной мужской поддержке.

В своих произведениях М. А. Осоргин «бросает вызов» миру пошлости, противопоставляя духовную красоту и чистоту ребёнка представлениям взрослых [2, 136]. Вася совершенно естественен, это очевидно уже в портрете. Он интуитивно чувствует «добро» и «зло», поэтому не ощущает опасности при встрече с беглым арестантом, напротив, видит тоску и одиночество человека, ставшего изгоем общества.

Герой рассказа «Слепорожденный» тоже особенный, он наделен индивидуальным видением мира, отличным от людей нормально видящих. Персонаж слеп от рождения. Его окружающий мир наполнен звуками, запахами: «Розой он называл запах розы, сиренью дух сирени, фиалкой ее аромат. <...> Каждый звук имел для него свои очертания <…>. Родные удивлялись, как он может сразу определить, что это – его чашка – из целого сервиза» [4, 353]. Психологи установили, что человеческие «дефекты» приводят к включению компенсаторных функций. Организм в той или иной степени способен возмещать нарушение или утрату определенных свойств.

Герой рассказа всю жизнь думал, что его сестра самая красивая, потому что она добрая, чуткая, отзывчивая. Но по интонации врача он понимает, что это не так, всю ночь герой думает: «Если она не красавица, – что же называется красотой? Сочетание каких-то непонятных красок и линий? Но ведь самое слово «сестра» – красота!» [4, 357].

Автор, рисуя портрет персонажа, говорит читателю, что дефект отсутствия зрения – это всего лишь физический недостаток, герой сумел сохранить самые ценные качества: естественность, доброту, жертвенность: «Вот теперь у него будут глаза, настоящие, открытые и видящие. У этих глаз будет свой цвет, как у всех человеческих глаз. Какой же цвет? <…>

- Ага! Интересно? У вас глаза, мой друг, карие и даже темно-карие. Да неужели же вы этого до сих пор не знали? И это очень, по-моему, красивый цвет, дай Бог каждому. И женщинам нравится» [там же].

Портрет героя состоит всего из одной детали: темно-карих глаз, цвет которых ему не интересен, поэтому героя удивляют здоровые люди, воспринимающие второстепенное за главное. Он слеп лишь физически: у него своё представление о мире, поэтому герою трудно понять, как можно назвать некрасивым доброго, щедрого и самоотверженного человека.

Герой рассказа «Роман профессора» – истинный учитель. Его образ противопоставлен современной молодежи. Внутренней духовности профессора контрастна внешняя красота девушки. Автор прорисовывает каждую деталь портрета героини: «<…> заслужила своей внешностью и всякого иного внимания – греческой правильностью черт, строением и чистотой лба, несомненностью физического здоровья и необыкновенной ясностью глаз <…>» [4, 388]. Но эта обездушенная красота отражает духовное банкротство ученицы. Ее красота, взгляд «наполнены» пустотой. Портрет героини материален, телесен. Ее привлекает лишь материальный расчет, выгода, она слепа к духовной красоте. В рассказе ничего не говорится о внешних данных преподавателя, читатель не знает, какие у него глаза, волосы, но большую часть своего повествования Осоргин посвящает описанию голоса преподавателя, лекторских способностей. Создаётся впечатление, что прозаик не желает отвлекать читателя от духовного богатства профессора незначительными портретными деталями.

Близка образу профессора героиня рассказа «Катенька». В самом имени заложен тайный смысл, отношение автора к ней: «Ее нужно описать с нежностью. <…> Она была лучше, чем красивой» [3, 280]. Рисуя детальный портрет своей героини, М. Осоргин использует прием сравнения: «Как все Катеньки, она была светлой блондинкой, светлейшей – моточком светлого льна. <…> была вроде снегурочки, только теплая» [там же]. Именно такой героиня предстает в начале рассказа – «миловидная», «нежная». В финале повествования она – «полнее», «солиднее» [3, 284]. Автор восторгается неизменной духовной красотой героини, поэтому она, даже спустя годы, Катенька, с ней рассказчик может предаться воспоминаниям, позабыв о повседневной суете.

Положительные герои малой прозы М. А. Осоргина «маленькие люди», творцы «малых дел», они «особенные», естественные, открытые чувствам. В его произведениях не встречается психологической функции изображения внешности, но портреты дают важную информацию о характере: Вася, Катенька, профессор – «светлые», «тёплые», «беленькие». Эти определения без излишних подробностей раскрывают их характеры, основными составляющими которых становятся духовная чистота, неискушённость. Арестант («Егошиха») «тёмный», отягощённый социальными стереотипами; студентка («Роман профессора») – безукоризненно красива, что свидетельствует о кукольности и шаблонности её натуры.

Итак, духовно прекрасные герои, не имеют яркой, запоминающейся внешности, зато обладают внутренней индивидуальностью. Во многом литературные портреты М. Осоргина продолжают традиции, сложившиеся в живописи, скульптуре конца XIX – начала XX вв. Экспрессия, стирание точных линий, утрата естественных цветов, поиск новых форм отменили каноны изобразительного искусства XIX века.

Список использованной литературы:

1. Есин А. Б. Принципы и приёмы анализа литературного произведения: учеб пособие – М.: Флинта: Наука, 2010 – 246с.
2. Нуриева Д. Р., Божкова Г. Н. Виды психологического анализа в рассказах М. А. Осоргина // Альманах современной науки и образования. – Тамбов: Грамота, 2013. – №4. – с. 135-137.
3. Осоргин М. А. Заметки старого книгоеда. Воспоминания / Сост., примеч. О. Ю. Авдеевой. – М.: НПК «Интелвак», 2007. – 800 с.
4. Осоргин М. А. Собрание сочинений в 6 томах. Том 3: Свидетель истории (роман). Книга о концах (роман). Рассказы. – М.: Московский рабочий; Интервалк, 1999. – 542 с.
5. Хализев В. Е. Теория литературы: Учебник/В. Е. Хализев. – 3-е изд., испр. и доп. – М.: Высш. шк., 2002. – 473 с.

Andrushkevich T.V.[*], Danilevich E.V.[**], Popova G.Ya.[***]
Boreskov Institute of Catalysis SB RAS
[*] - prof., dr.; [**] - dr.; [***] - dr.
yelenasem@catalysis.ru

THE GAS PHASE CATALYTIC OXIDATION OF FORMALDEHYDE TO FORMIC ACID. FROM MECHANISM TO PROCESS

Introduction

Formic acid is an expensive chemical, its annual production being more than 500 thousand tons. Its major applications include silage and animal feed preservation. It is used in production of textiles, formate salts, pharmaceuticals/food chemicals, rubber chemicals (antiozonants and coagulants), catalysts and plasticizers also. Nowadays formic acid is produced commercially by hydrolysis of methyl formate or formamide [1, 1].

The new method of formic acid production by gas phase heterogeneous catalytic oxidation of formaldehyde with oxygen from air over supported vanadium oxide catalyst was developed in the Boreskov Institute of Catalysis SB RAS [2, 1].

Experimental

Supported catalysts contained 20 wt. %V_2O_5 were prepared by impregnation of support (TiO_2 (anatase), ZrO_2, γ-Al_2O_3, SiO_2) with a water solution of vanadyl oxalate. The samples were dried in air at 110°C for 24 hours and calcinated in air flow (50 ml/min) at 400 °C for 4 hours. The samples were characterized by BET, XRD, Raman, and IR spectroscopies. The steady-state activity of the catalyst was tested in a differential reactor in a flow-circulation set-up. The products and CH_2O were analyzed with a gas chromatograph.

Results and discussion

Vanadium oxide catalysts are effective in many reactions including the selective oxidation of hydrocarbons [3, 263]. Supports are their essential components that determine the structure of the active forms of vanadia and their distribution on the surface. In general, it is assumed that active catalysts are monolayer containing particles VO_x of mono- or polymeric composition. In addition to creating such surface forms, the requirement to the practical catalyst is to preserve these forms under heat treatment and in the reaction conditions. Taking into account the high surface of supports and approaching monolayer loading, we prepared supported catalysts containing vanadium oxide 20% by weight (Table 1).

Table 1. Physical-chemical characteristic of the catalysts.

Catalyst	$S_{BET, support}$ (m²/g)	V_2O_5 (wt.%)	S_{BET} (m²/g)	N_s, at. V/nm²	Phase composition*	VO_x species**
V/Si	200	20.0	129	10.3	V_2O_5, SiO_2	V_2O_5
V/Al	250	20.0	146	9.9	V_2O_5, γ-Al_2O_3	V_2O_5
V/Zr	120	20.0	96	11.9	V_2O_5, ZrO_2	V_2O_5, VO_x
V/Ti	350	20.0	111	11.7	V_2O_5, TiO_2	V_2O_5, $(VO_x)_n$

* - phase composition on the XRD, IR and Raman data; ** - VO_x species on the Raman data

As seen from the table 1, the vanadium content (N_s) in all samples close to a monolayer (7-10 at. V/nm² [4, 468]). However, the monolayer forms VO_x are only in V/Zr and V/Ti catalysts. In V/Si and V/Al vanadium is found only in the form of a phase V_2O_5.

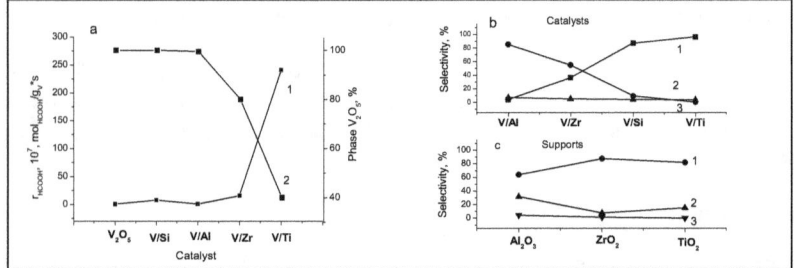

Fig. 1. Dependence of activity of supported vanadia catalysts (a) and selectivity of catalysts (b) and supports (c). (a): 1 – activity of supported vanadia catalysts; 2 - content of crystalline V_2O_5 phase. (b): selectivity to 1- formic acid, 2 – methylformate, 3 – CO_x. (c): selectivity to 1- methylformate, 2 – methanol, 3 – CO_x. Conversion of formaldehyde 35-40%.

As seen from the fig.1,a there is an inverse correlation between the activity (r_{HCOOH}) and the amount of V_2O_5 phase in the samples. The low activities to formic acid formation on the V/Si and V/Al catalysts are comparable with the rate of formaldehyde oxidation over bulk V_2O_5. Vanadium in these samples is present mainly as V_2O_5. Bulk V_2O_5 is highly selective but low active in the oxidation of formaldehyde to formic acid. The higher activity of the V/Zr and especially of V/Ti oxide catalysts are caused by the presence of monomeric and polymeric VO_x species on the surface of these supports in addition to V_2O_5 crystalline.

Catalysts differ in their selectivity toward formic acid and to methyl formate (fig. 1,b). The V/Al and V/Zr catalysts are characterized by the low selectivity to formic acid and the high selectivity to methyl formate. Methyl formate is also the main product over bare supports (fig. 1,c). Thus, the low selectivity to formic acid of V/Al and V/Zr catalysts is due to an incomplete coverage of support (ZrO_2 and Al_2O_3) with the vanadia species.

In situ FTIR spectroscopy was used to study the mechanism of formaldehyde transformation over supported vanadium catalysts [5, 218]. Surface complexes of the formaldehyde and the sequence of their conversion to reaction products over time and with temperature changes have been identified. The primary form is dioxymethylene surface complex (I). It converts into formate (II) which is the immediate precursor of the reaction products. Further its conversion is determined by the chemical composition of the catalyst. On vanadium-containing catalysts in the presence of oxygen in the gas phase it converts into formic acid; on supports interaction with the methoxy groups results in methyl formate (Scheme).

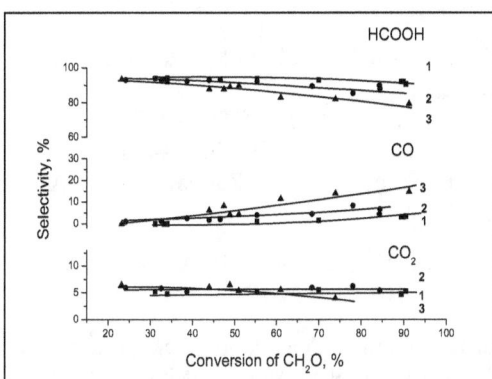

Scheme. Mechanism of formaldehyde transformation.

The main product of the reaction on the V/Ti catalyst is HCOOH in the whole investigated range of temperatures and conversion (fig. 2), selectivity is 85-95%. The side products are carbon oxides. Minor selectivity for methyl formate (less than 1%) is not shown in fig. 2.

Fig. 2. Selectivity to the reaction products as a function of CH_2O conversion at the temperatures: 1- 120°C; 2 - 130°C; 3 - 140°C. Composition of the reaction mixture: 5% CH_2O, 10% H_2O, 85% air

On the basis of the reaction mechanism and experimental dependences on the VTi catalyst, kinetic model was developed [6, 326]. It was used for the calculation of technological parameters and reactor construction of a pilot plant by the mathematical modeling method [7, 1].

A pilot plant with a capacity of formic acid up to 3 kg/hour was created in the Boreskov Institute of Catalysis. Source of formaldehyde is the reaction mixture obtained by the oxidation of methanol on the traditional iron-molybdenum catalyst. Tests were conducted with methanol concentration in the air mixture 6-7%. At the 96-98% conversion degree of methanol concentration of formaldehyde was 5-6%. Oxidation of the formaldehyde was carried out in two serious reactors. Total loading the vanadium-titanium catalyst was 30 kg. The output of formic acid depends on the technological parameters – of the flow rate, formaldehyde concentration and temperature in each reactor. In optimal conditions it is 87-88 %.That is reached at 96.5-98.5 % conversion of formaldehyde and at hotspot temperature 131-136 °C in the first reactor, and 130-132 °C in the second reactor. The product of this process is 55-62 % aqueous solution of formic acid. Methanol consumption is 0.75-0.80 kg per 1 kg of 85% formic acid.

The presented technology meets the requirements of "green chemistry". Scheme and the design of devices fully reproduce the future industrial process.

Acknowledgement
The authors gratefully acknowledge I.A. Zolotarskii for the piloting.

References

1. http://www.ihs.com/products/chemical/planning/ceh/formic-acid.aspx?pu=1&rd=chemihs
2. Patent № 2356624 (RF) / T.V. Andrushkevich; G.Ya. Popova; I.A. Zolotarskii; E.V. Semionova (Danilevich).
3. B. Grzybovska-Swierkkosz Appl. Catal. A. 157 (1997) 263-310.
4. L.J. Burcham, I.E. Wachs Catal. Today 49 (1999) 467 – 484.
5. G.Ya. Popova, T.V. Andrushkevich, I.I. Zakharov, Yu.A. Chesalov Kinet. Catal. 46 (2005) 217–226.
6. E. V. Danilevich, G. Ya. Popova, I. A. Zolotarskii, A. Ermakova, and T. V. Andrushkevich Catal. Ind. 2 (2010) №. 4 320–328.
7. I.A. Zolotarskii, T.V. Andrushkevich, G.Ya. Popova, S. Stompel, V.O. Efimov, V.B. Nakrokhin, L.Yu. Zudilina, N.V. Vernikovskaya Chem. Eng. J. (2013) http://dx.doi.org/10.1016/j.cej.2013.08.026

Герасимова Л.Г.
профессор д.т.н.
Щукина Е.С.
мл. науч. сотр.
Маслова М.В.
к.т.н., ст.науч. сотр.
Федеральное государственное бюджетное учреждение науки институт химии и технолгии редких элементов и минерального сырья Кольского научного центра РАН (ИХТРЭМС КНЦ РАН), г Апатиты

ФИЗИКО-ХИМИЧЕСКОЕ ОБОСНОВАНИЕ СИНТЕЗА СУЛЬФАТО-АММОНИЙНОЙ Ti(IV)-Al(III) КОМПОЗИЦИИ – ОСНОВНОЙ ОПЕРАЦИИ В ТЕХНОЛОГИИ ПОЛУЧЕНИЯ ДУБИТЕЛЯ ИЗ СФЕНОВОГО КОНЦЕНТРАТА

На кожевенных предприятиях в процессе дубления кожи применяются соединения хрома, которым, наряду со многими положительными качествами, присущ и ряд недостатков. Так, хромовые соединения, обладая токсичными свойствами, оказывают пагубное влияние на окружающую среду. Сброс отработанных растворов после хромового дубления ведет к сильному загрязнению природных водоемов, подземных вод и почвы, делая их непригодными для использования. Достаточно сложной и затратной является очистка сбросов. Не представляется возможной и переработка отходов обрезков кожи, большое количество которых образуется при изготовлении кожаных изделий. Наиболее рациональным технологическим решением, позволяющим наряду с сохранением качества готовой кожи, снизить остроту экологической ситуации, является использование комплексных дубителей, в состав которых вместо токсичного хрома входят соединения титана и алюминия.

Материалы статьи посвящены научному обоснованию операции кристаллизации титано-алюминиевой фазы из сульфатного раствора, полученного при сернокислотном разложении нефелинсодержащего сфенового концентрата. Существующие схемы переработки аналогичного сырья энергоемки и технологически сложны из-за высокой температуры процесса (160-180°С), протекающего в экстремально кислых условиях – 70-85% H_2SO_4 [1,28]. Для кристаллизации используется разбавленный титано-алюминиевый раствор [2,12]. Это оказывают влияние на состояние компонентов в растворе и соответственно на технические свойства дубителя.

Кристаллизация происходит при условии «пересыщения» среды, которое вызывает массовое формирование твердой фазы [3,]. В известных работах «пересыщение» системы при кристаллизации АСОТ из титановых растворов достигалось добавкой высаливающих реагентов в виде кристаллического сульфата аммония и дополнительного количества серной кислоты, поскольку содержание в растворе $H_2SO_{4своб}$ не превышало 150 г·л$^{-1}$ [4,10]. Оптимальным было суммарное количество вводимых высаливателей [H_2SO_4+(NH_4)$_2SO_4$]$_{своб.}$ - 550 г·л$^{-1}$, а их массовое соотношение равнялось 1:1,0-1,2. В этих условиях образование титановой фазы идет по реакции:

$$TiOSO_4(ж) + (NH_4)_2SO_4(т) + H_2O = (NH_4)_2TiO(SO_4)_2·H_2O(т)$$

Высокая кислотность исследуемых растворов (350-450 г·л$^{-1}$ $H_2SO_{4своб,}$)., полученных при взаимодействии сфенового концентрата с 550-600 г·л$^{-1}$ H_2SO_4, обеспечивает высокую стабильность системы за счет того, что титан(IV) находится преимущественно в виде мономерных и низкополимерных комплексов сульфатооксотитана(IV). На высаливание твердой фазы в такие растворы добавляется только сульфат аммония. Его расход должен соответствовать количеству необходимому на связывание титана(IV) в виде АСОТ и на создание определенного солевого фона в системе. Эти условия инициируют образование фаз со свойствами, обеспечивающими их использование в качестве дубителей.

На рис. 1 приведена зависимость между количеством (NH_4)$_2SO_4$, вводимого в раствор титана(IV) и степенью его осаждения.

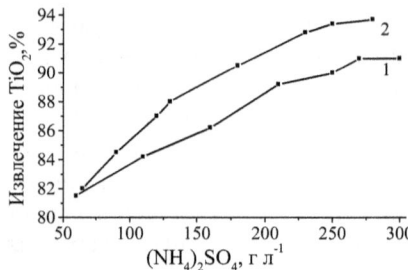

Рис.1. Влияние (NH_4)$_2SO_4$ на степень осаждения титана(IV), при различной кислотности раствора, г·л$^{-1}$: 1 – H_2SO_4 своб. – 450, 2 – H_2SO_4 своб. – 350. Содержание TiO_2 - 80 г·л^1.

Увеличение концентрации свободного сульфата аммония инициирует процесс кристаллизации за счет повышения солевого состава системы, снижающего растворимость в ней титана(IV). При этом более высокие показатели по извлечению титана(IV) в виде соли (92-97%) получены при использовании менее кислых растворов (350 г·л^1). При кислотности раствора 450 г·л$^{-1}$ $H_2SO_{4своб.}$ степень осаждения титана(IV) снижается. При этом формирующиеся твердые фазы содержат избыток SO_4^{2-}иона (по сравнению со стехиометрическим количеством в АСОТ), который не выводится из соли даже в условиях глубокой её отмывки раствором сульфата аммония и спиртом. На основании химического анализа и данных термографиии (ТГ) установлен состав титановой твердой фазы: при кислотности раствора 350 г·л$^{-1}$ $H_2SO_{4своб.}$ соответствует формуле

– $(NH_4)_{2,2}TiO(SO_4)_{2,12} \cdot 3,36H_2O$; при кислотности раствора 450 г·л$^{-1}$ $H_2SO_{4своб.}$ - $(NH_4)_{1,8}TiO(SO_4)_{2,61} \cdot 3,66H_2O$.

Присутствие алюминия в титановой системе приводит к формированию при кристаллизации помимо аммонийной соли титана(IV) еще одной фазы - алюмоаммонийные квасцы $NH_4Al(SO_4)_2 \cdot 12H_2O$. Механизм формирования композиции при совместной кристаллизации, заключается в следующем. При введении сульфата аммония из-за низкой растворимости в исследуемой системе вначале образуются преимущественно алюмоаммонийные квасцы - $NH_4Al(SO_4)_2 \cdot 12H_2O$ в виде макродисперсных частиц размером 25-40 мкм, которые являются матрицей для формирования второй фазы – АСОТ, состоящей из агрегатов наноразмерных частиц (менее 50 нм). Размер моночастиц, образующих агрегаты титановой фазы в композиционной соли, значительно меньше, чем у однофазной титановой соли (1-1,5мкм). Это связано с тем, что на первой стадии образование в титано-алюминиевой системе титановой фазы происходит при низкой концентрации сульфата аммония, который расходуется на образование квасцов. Низкая солевая масса по сульфату аммония способствует формированию мелких частиц титановой фазы. Образующаяся в этих условиях композиция состоит из частиц, связь между которыми, по всей вероятности, основана на электростатическом взаимодействии (рис. 2,3).

Рис. 2. SEM-изображение титано-алюминиевого соединения, полученного из сфенового концентрата, содержащего 4,3% по Al_2O_3

Рис. 3. SEM-изображение частиц титано-алюминиевого соединения, полученного из сфенового концентрата, содержащего 0,2% по Al_2O_3

Изучено фазообразование в одном из разрезов системы TiO_2-Al_2O_3-H_2SO_4-$(NH_4)_2SO_4$-H_2O, реализуемой при фиксированной концентрации свободной серной кислоты и Ti^{4+} ($H_2SO_{4своб}$-400 г·л$^{-1}$, TiO_2 - 60 г·л$^{-1}$) без выдерживания её до состояния равновесия, с получением композиционного титано-алюминиевого дубителя. Построена диаграмма в координатах «состав-свойство», устанавливающая зависимость между её составом и регламентируемым показателем свойств дубителя – основность (рис. 4).

На диаграмме изображены поверхности изолиний основности композиций, полученных из растворов сульфата титана(IV), содержащих алюминий, при введении в него сульфата аммония в количестве от 110-270 г·л$^{-1}$ $(NH_4)_2SO_{4своб}$. Концентрация титана в растворе оставалась постоянной (TiO_2 = 60 г·л$^{-1}$), варьировалось содержание в пределах Al_2O_3 3 - 20 г·л$^{-1}$. Анализ данных, представленных на диаграмме, позволил выбрать область по содержанию в ней $(NH_4)_2SO_{4своб}$ = 150 - 200 г·л$^{-1}$ и Al_2O_3 = 3 - 6 г·л$^{-1}$, в которой получается композиционный титано-алюминиевый продукт с основностью от 38 до 40 %, что удовлетворяет требования на дубитель.

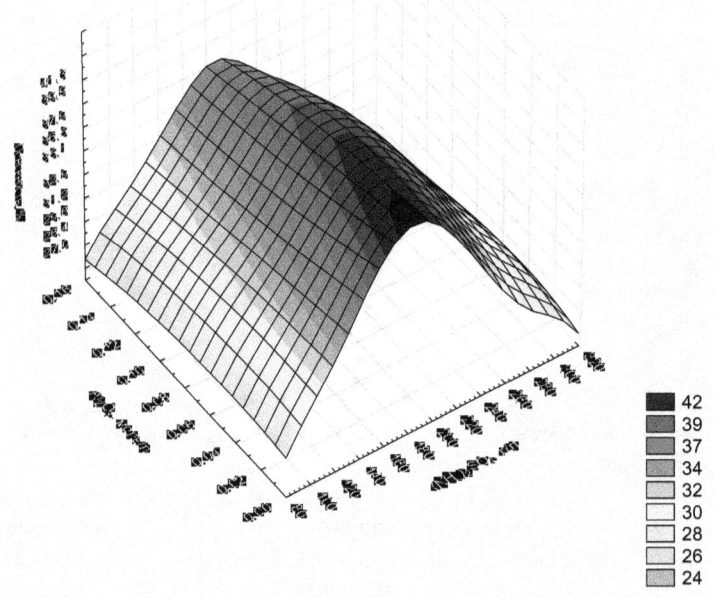

Рисунок 4. Основность титано-алюминиевой твердой фазы, выделенной по разрезу системы TiO_2--Al_2O_3--H_2SO_4-$(NH_4)_2SO_4$-H_2O при концентрации $H_2SO_{4своб}$ - 400 г·л$^{-1}$, TiO_2 - 60 г·л$^{-1}$.

Литература

1. А.И. Николаев. Переработка нетрадиционного титансодержащего сырья Кольского полуострова. Апатиты. Изд. КНЦ РАН, 1990.
2. Маслова М.В., Мотов Д.Л., Герасимова Л.Г. Химическая технология 2002 №6
3. Мелихов И.В. Химическая промышленность. 1997. №7.
4. Мотов Д.Л. Физико-химия и сульфатная технология титано-редкометалльного сырья. Апатиты. Изд. КНЦ РАН, 2002.

Левитин С.В.
ассистент кафедры ТХВиН МГУДТ
Гальбрайх Л.С.
проф., д.х.н., зав., каф., ТХВиН МГУДТ

ПОЛУЧЕНИЕИЕ НАНОКРИСТАЛЛИТОВ ХИТОЗАНА И ИССЛЕДОВАНИЕ ИХ СТРУКТУРЫ И СВОЙСТВ

В последнее десятилетие в химии высокомолекулярных соединений вновь усилилось внимание к исследованиям природных полимеров, связанное с наличием возобновляемых источников сырья, а также их способностью к биодеструкции. Один из ниаболее активно изучаемых природных полимеров – хитозан находит всё большее применение в медицине благодаря его биологической активности и биосовместимости с тканями человека [1, 768; 2, 2283].

В настоящей работе было установлено, что в растворе серной кислоты с концентрационным диапазоном 9-17% при температуре выше 100°С хитозан переходит в раствор, в то время как при других концентрациях (больших или меньших) и температуре ниже 100°С хитозан не растворяется. Таким образом, метод получения основывался на кислотно-каталитическом гомогенном гидролизе хитозана с первоначальной ММ 190 кДа в 17%-ном растворе серной кислоты при температуре 115°С позволяющим получить препараты хитозана, которые, очевидно, можно рассматривать как нанокристаллиты [3, 31].

Было установлено, что при охлаждении раствора до комнатной температуры хитозан высаживается в виде тонкодисперсной фракции. Неожиданной оказалась нерастворимость этого осадка, как в буферных растворах, так и в концентрированных кислотах, что позволило предположить образование пространственно сшитого полимера за счёт образования связей между сульфо- и аминогруппами. Это предположение подтверждается данными ИК-спектроскопии, согласно которым в спектре нерастворимого образца хитозана имеются полосы поглощения амид1 (1100 см) и амид2 (1540 см), соответствующие образованию ионных и ковалентных связей. Растворимые образцы хитозана удалось получить при высаживании хитозана из сернокислого раствора 10%-ным раствором гидроксида натрия с доведением рН до 11, последующей промывке полученных препаратов до нейтральной среды.

Для сравнения эффективности данного метода был также использован гетерогенный сернокислый этанолиз в 20%-ном растворе серной кислоты в этаноле. Согласно данным, полученным при определении ММ продуктов гидролиза и этанолиза хитозана (рис. 1), кислотно-каталитическая деструкция хитозана в гетерогенных условиях протекает с меньшей скоростью, что заметно на первом участке кинетических кривых.

В гомогенных условиях напротив, наблюдается резкое снижение молекулярной массы хитозана сразу после его перехода из дисперсии в раствор.

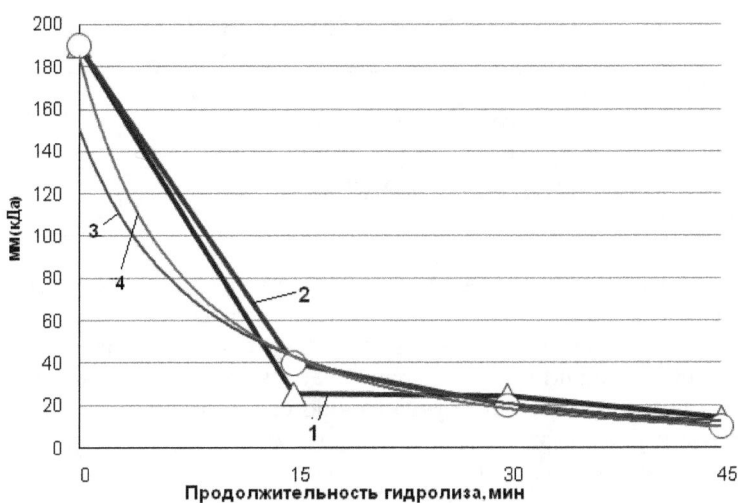

Рис. 1 Кинетические кривые деструкции хитозана в условиях гидролиза (1) и этанолиза (2) и их аналоги, аппроксимированные по уравнениям: для гидролиза $y = 15225x^{-1,77}$, $R^2 = 0,909$ (3) и этанолиза $y = 18197x^{-2,04}$, $R^2 = 0,997$ (4)

Согласно данным ТГА, низкомолекулярные препараты хитозана более термоустойчивы по сравнению с исходным хитозаном. Пики, соответствующие процессу дегидратации в аморфных областях в случае гидролиза и этанолиза смещены в область более высоких температур на 12° и 8°C соответственно, а пики, соответствующие деполимеризации кристаллических областей [4, 77] на 71° и 54°C. Это может свидетельствовать о более упорядоченной структуре полученных низкомолекулярных препаратов хитозана.

Согласно данным ЯМР-спектроскопии, при гетерогенном этанолизе, как и предполагалось, был получен препарат с более высокой степенью кристалличности, чем исходный полимер (Таблица 1). Интересным представляется результат оценки структуры препарата хитозана, полученного при гомогенном гидролизе. Несмотря на то, что гидролиз протекал в гомогенном растворе, очевидным является, что в процессе осаждения полимера из раствора прошел процесс кристаллизации, причем степень кристалличности образца оказалась даже выше, чем у продуктов этанолиза. Увеличение степени кристалличности привело к соответствующему уменьшению удельной поверхности образца.

Таблица 1.
Параметры надмолекулярной структуры

Образец	СП	$S_{уд}$, м^2/г	d_K, Å	k, %
исходный хитозан	1172	109	80	72
хитозан после гомогенного гидролиза в 17%-ной серной кислоте	154	82	109	79
хитозан после гетерогенного этанолиза в 20%-ной серной кислоте	123	97	92	75

Таким образом, регулируя процесс кислотно-каталитической деструкции и условия осаждения полимера из раствора, можно получить нанокристаллические препараты хитозана с высоким (до 90%) выходом основного продукта, в то время как жесткие условия этанолиза не приводят к существенному увеличению степени кристалличности, однако, деструкция аморфных областей и мелких кристаллитов ведёт к существенной (до 30%) потере полимера.

Список использованной литературы
1. Capadona J.R., Berg O., Capadona L.A., Schroeter M., Rowan S.J., Tyler D.J., Weder C. A versatile approach for the processing of polymer nanocomposites with self-assembled nanofibre temlates // Nature Nanotechnology. 2007. N2. Pp. 765-769.
2. Kaczmarek H., Oldak D. The effect of UV-irradiation on composting of polyethylene modified by cellulose // Polym. Degrad. and Stab. 2006. V. 91, N10. Pp. 2282-2291.
3. Шорыгин П.П. Химия целлюлозы. // М.: Госхимиздат, 1939. 440 с.
4. Т.В. Смотрина, М.М. Лежнина, Ю.Б. Грунин Изменение химической и надмолекулярной структуры целлюлозы в процессе термической деструкции // Химия и химическая технология. 2002. Т. 45. вып. 5. с. 75-78
5. Конкин А.А. / Исследование сравнительной устойчивости ацетальной связи в целлюлозе и других полисахаридах к действию гидролизующих реагентов. // Диссертаия на соискание учёной степени доктора хим. наук. М.: 1957 г.
6. Ching Ting Tsao, Chih Hao Chang, Yu Yung Lin, Ming Fung Wu, Jin Lin Han, Kuo Huang Hsieh Kinetic Study of Acid Depolymerization of Chitosan and Effects of Low Molecular Weight Chitosan on Erythrocyte Rouleaux Formation // Carbohydrate Research. 2011 №346. P. 94–102

Андреева О. В.
магистрант 1 курса
Абдурашидова Э.З.
магистрант 1 курса
Жарких Л.И.
кандидат технических наук, доцент
Астраханский государственный университет
414000, г. Астрахань, пл. Шаумяна, 1
E-mail: resident.vamp@list.ru, darkangel.666@bk.ru, lesy_g@mail.ru

МАТЕМАТИЧЕСКОЕ МОДЕЛИРОВАНИЕ КВАНТОВО-ХИМИЧЕСКИХ ПРОЦЕССОВ ВОЗДЕЙСТВИЯ МЕТИОНИНА НА РАЗЛИЧНЫЕ КОМПОНЕНТЫ КЛЕТОЧНОЙ МЕМБРАНЫ

Актуальность проблемы

Метионин незаменимая аминокислота, необходимая для поддержания роста и азотистого равновесия организма. Отдавая подвижную метильную группу, метионин способствует синтезу холина, с недостаточным образованием которого связаны нарушение синтеза фосфолипидов из жиров и отложение в печени нейтрального жира. Метионин участвует в синтезе адреналина, креатина и других биологически важных соединений; активирует действие гормонов, витаминов (В 12 , аскорбиновой и фолиевой кислот), ферментов. Путем метилирования метионин обезвреживает токсичные продукты. Применяют метионин для лечения и предупреждения заболеваний и токсических поражений организма. Метионин назначают для лечения дистрофии, возникающей в результате белковой недостаточности у детей и взрослых после дизентерии и других хронических инфекционных заболеваний. [1].

Учитывая распространенность метионина, его применение в лекарственных препаратах, нам было интересно изучить картину его воздействия на различные компоненты клеточной мембраны. Проведение лабораторного эксперимента на этих компонентах биологической мембраны подразумевает выделение и очистку клеточной мембраны, а также идентификацию её компонентов, и сопровождается значительными трудностями и патологиями в их структуре. Для выявления активных центров поверхности компонентов мембраны, участвующих во взаимодействии метионина, одного лабораторного эксперимента недостаточно. В связи с этим, была сформулирована задача: смоделировать белковую, углеводную и липидную поверхности клеточной мембраны и оценить воздействие на них метионином.

Постановка задачи

Цель моделирования – исследовать процесс воздействия метионина на белковый, углеводный и липидные компоненты клеточной мембраны.

Для этого было проведено моделирование белка, углевода и липидов с целью поиска в их структуре наиболее вероятных реакционных центров, взаимодействие с которыми метионина приводило бы к соединениям достаточной прочности.

Рассчитываемые структуры и методика расчетов

Исходные данные:
молекула метионина (рис. 1),
белка (рис. 2),
мальтозы (рис. 3),
α-фосфотидилхолина (рис. 4),
триацилглицерола (рис. 5).

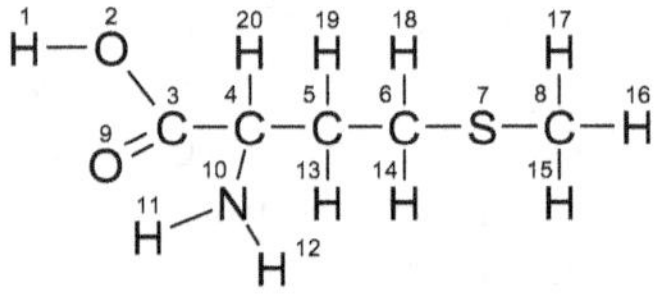

Рис. 1. Молекула метионина

Для решения задачи моделирования структурных комплексов выбран полуэмпирический методы PM3[2]. Все расчеты осуществлялись с использованием программных комплексов Gamess[3], для составления и редактирования структур применялся пакет Mopac. Визуализация и обработка результатов проводилась с помощью программы ChemCraft. Для формы записи структуры молекулы применялась z-матрица внутренних координат.

Полная оптимизация геометрии молекулы представляет собой поиск минимума полной энергии по всем независимым геометрическим параметрам. Энергия формирования адсорбционных комплексов рассчитывалась на основе полных энергий конечных и начальных структур. Величины переноса заряда с молекулы метионина на молекулу компонента клеточной мембраны рассчитывались как сумма зарядов атомов метионина.

Условные обозначения, используемые при описании структур:
- R, Å – расстояние между атомами;
- ΔEадс, кДж/моль – энергия адсорбции;
- Δq, ē – разность зарядов атомов.

Результаты

Было составлено и исследовано множество различных структур, среди которых выявились основные, участвующие во взаимодействии участки. Структуры, полученные в результате квантово-химических расчетов, изображены на рисунке 2, 3, 4 и 5.

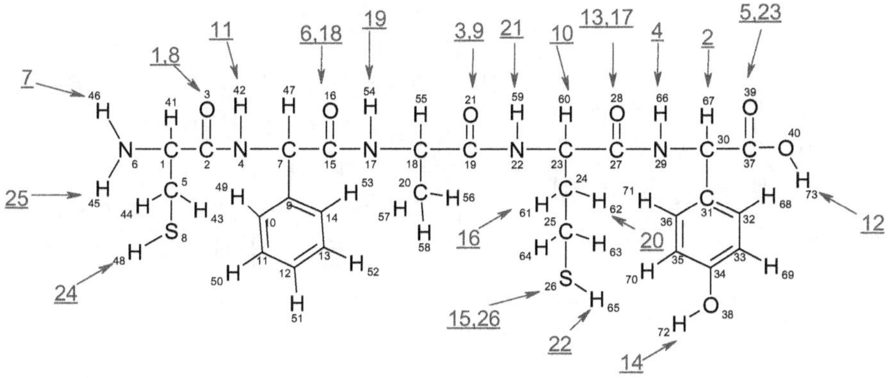

Рисунок 2. Схема активных центров при взаимодействии метионина с белком

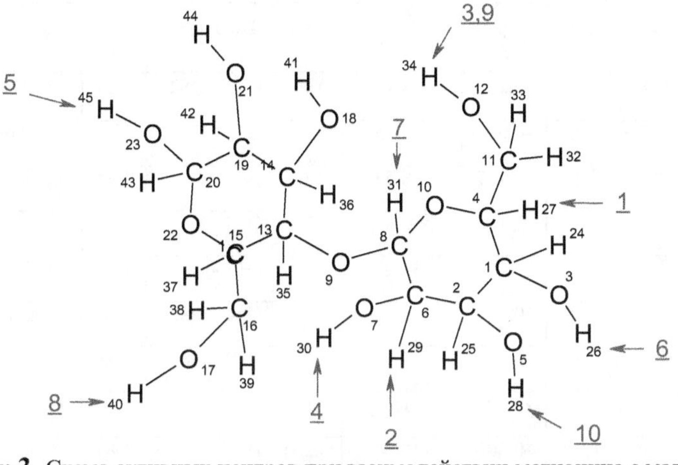

Рисунок 3. Схема активных центров при взаимодействии метионина с мальтозой

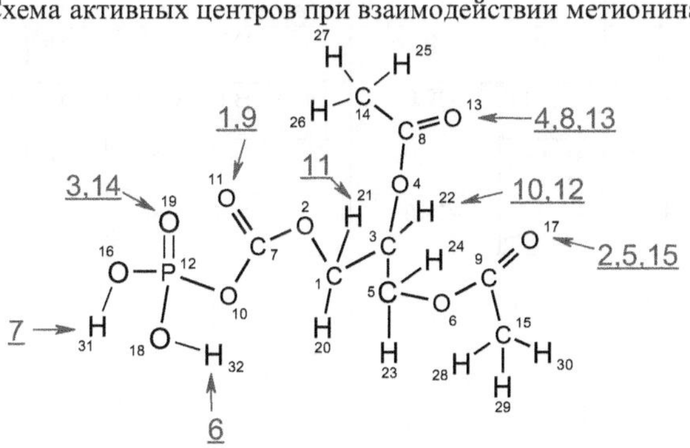

Рисунок 4. Схема активных центров при взаимодействии метионина с α-фосфотидилхолином

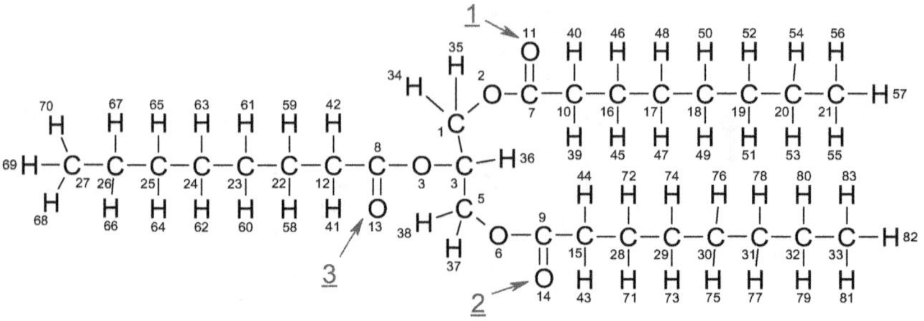

Рисунок 4. Схема активных центров при взаимодействии метионина с триацилглицеролом

Таблица 1

Основные зарядовые, энергетические и геометрические характеристики в адсорбционных комплексах при взаимодействии метионина с белком

АК	По связи	R, Å	Δq, e	ΔE$_{адс}$, кДж/моль	АК	По связи	R, Å	Δq, e	ΔE$_{адс}$, кДж/моль
1	O3 - H74	1,80	-0,291	-43,14	14	H72 - O82	1,81	0,016	-27,06
2	H67 - O82	1,83	-0,002	-38,75	15	S26 - H74	2,41	-0,276	-26,03
3	O21 - H84	1,87	-0,107	-38,57	16	H61 - O82	1,85	0,0004	-22,08
4	H66 - O82	1,85	0,019	-36,34	17	O28 - H84	1,87	-0,083	-20,29
5	O39 - H74	1,79	-0,296	-34,97	18	O16 - H84	1,86	-0,1003	-18,43
6	O16 - H74	1,79	-0,293	-34,86	19	H54 - O82	1,86	0,0056	-18,18
7	H46 - O82	1,85	-0,015	-32,95	20	H62 - O82	1.86	0,0097	-17,08
8	O3 - H84	1,87	-0,100	-31,38	21	H59 - O82	1,85	0,0115	-16,96
9	O21 - H74	1,79	-0,300	-30,94	22	H65 - O82	1,87	0,007	-16,51
10	H60 - O82	1,85	0,004	-30,26	23	O39 - H84	1,86	-0,101	-16,36
11	H42 - O82	1,84	0,041	-29,08	24	H48 - O82	1,87	0,005	-15,95
12	H73 - O82	1,81	0,008	-29,06	25	H45 - O82	1,86	0,012	-14,21
13	O28 - H74	1,80	-0,291	-28,63	26	S26 - H84	2,71	-0,076	-13,56

Таблица 2
Основные зарядовые, энергетические и геометрические характеристики в адсорбционных комплексах при взаимодействии метионина с мальтозой

АК	По связи	R, Å	Δq, e	ΔE$_{адс}$, кДж/моль	АК	По связи	R, Å	Δq, e	ΔE$_{адс}$, кДж/моль
1	H27 – O46	1,84	-0,013	-43,75	6	H26 – O46	1,81	0,022	-36,75
2	H29 – O46	2,58	-0,017	-41,61	7	H31 – O46	1,85	0,017	-32,28
3	H34 – O46	2,67	0,003	-40,33	8	H40 – O46	1,82	0,014	-26,37
4	H30 – O46	1,81	0,023	-39,91	9	H34 – O46	1,82	0,028	-21,40
5	H45 – O45	2,52	0,005	-36,86	10	H28 – O53	3,69	0,0003	-9,17

Таблица 3
Основные зарядовые, энергетические и геометрические характеристики в адсорбционных комплексах при взаимодействии метионина с α-фосфотидилхолином

АК	По связи	R, Å	Δq, e	ΔE$_{адс}$, кДж/моль	АК	По связи	R, Å	Δq, e	ΔE$_{адс}$, кДж/моль
1	O11 – H33	1,78	-0,303	-44,24	9	O11 – H33	1,86	-0,118	-16,48
2	O17 – H33	1,80	-0,294	-36,56	10	H22 – O33	2,69	0,001	-16,04
3	O19 – H33	1,79	-0,301	-30,56	11	H21 – O33	1,85	0,013	-14,84
4	O13 – H33	1,79	-0,296	-28,57	12	H22 – O33	1,87	0,011	-12,01
5	O17 – H41	2,42	-0,001	-23,53	13	O13 – H33	1,86	-0,109	-11,34
6	H32 – O33	2,67	0,001	-21,34	14	O19 – H33	1,84	-0,120	-8,19
7	H31 – O33	2,62	-0,012	-20,89	15	O17 – H33	1,85	-0,102	-7,09
8	O13 – H45	2,61	-0,002	-18,83					

Таблица 4
Основные зарядовые, энергетические и геометрические характеристики в адсорбционных комплексах при взаимодействии метионина с триацилглицеролом

АК	По связи	R, Å	Δq, e	ΔE$_{адс}$,кДж/моль
1	O11 – H84	1,78	-0,295	-43,66
2	O14 – H84	1,79	-0,298	-38,91
3	O13 – H84	1,80	-0,288	-26,66

Обсуждение и анализ полученных результатов

Результаты расчетов энергий адсорбции и геометрия адсорбционных комплексов позволяют говорить о том, что сорбция протекает за счет образования различной силы водородных связей между молекулами компонентов мембраны и метионина. Анализ результатов показывает, что наиболее выгодное соединение метионина с молекулой белка происходит за счет влияния атомов водорода, кислорода и серы данным молекул. А при взаимодействии молекулы метионина с молекулами мальтозы и липидов прочные водородные связи образуются за счет влияния атомов водорода и кислорода.

При образовании АК можно выделить следующие закономерности образования водородных связей между молекулой метионина (ММ), молекулами белка (МБ), углевода (МУ), α-фосфотидилхолина (МФ) и триацилглицерола (МТ):

- Атомы кислорода ММ образуют устойчивые связи с атомами водорода МБ, МУ и МФ.
- Атомы водорода ММ образуют устойчивые связи с атомами кислорода и серы МБ, атомами кислорода МФ и МТ.
- Наиболее реакционно-способными атомами в ММ являются атомы с номерами 1, 9, 11, 12, 15, 16, 17.
- Наиболее реакционно-способными атомами в МБ являются атомы с номерами 3, 16, 21, 26, 28, 39, 42, 45, 46, 48, 54, 59, 60, 61, 62, 65, 66, 67, 72, 73.
- Наиболее реакционно-способными атомами в МУ являются атомы с номерами 26, 27, 28, 29, 30, 31, 34, 40, 45.
- Наиболее реакционно-способными атомами в МФ являются атомы с номерами 11, 13, 17, 19, 21, 22, 31, 32.
- Наиболее реакционно-способными атомами в МТ являются атомы с номерами 11, 13, 14.

Литература

1. Березов Т. Т., Коровкин Б. Ф. Биологическая химия: Учебник.— 3-е изд., перераб. и доп.—М.: Медицина, 1998.— 704 с.
2. Stewart J.J.P. Optimization of Parameters for Semiempirical Methods // J. Comput. Chem. 1989. V. 10. № 2. P. 209-220.
3. Schmidt M.W., Baldridge K.K., Boatz J.A., Elbert S.T., Gordon M.S., Jensen J.H., Koseki S., Matsunaga N., Nguyen K.A., Su S.J., Windus T.L., Dupuis M., Montgomery J.A. The General Atomic and Molecular Electronic Structure System // J. Comput. Chem. 1993. V. 14. P. 1347-1363.

Усманова Л.Р.*, **Прочухан К.Ю.****, **Прочухан Ю.А.*****
*аспирант, **к.х.н., ***д.х.н. и профессор
Башкирский Государственный Университет

ПОВЕРХНОСТНО-АКТИВНЫЕ ВЕЩЕСТВА ДЛЯ ИНТЕНСИФИКАЦИИ ПРОЦЕССОВ НЕФТЕДОБЫЧИ

Основной проблемой нефтедобычи является снижение эффективности работы нефтедобывающих скважин, связанных с отложением АСПО и выносом в зону фильтрации слоистых и глинистых отложений, что в свою очередь снижает фильтрационную способность. В этой связи была поставлена задача разработки комплексного состава, значительно снижающего межфазное натяжение, обладающего эффективной нефтеотмывающей способностью и высокой нефтеемкостью, не обладающей стабилизирующим действием на водно-нефтяную эмульсию для интенсификации процессов нефтедобычи пластов [1].

Поверхностное натяжение определяет эффективность ПАВ по отношению к нефтеотмыванию отложений и АСПО. В этой связи были изучены новые ПАВ на способность изменять поверхностное натяжение в зависимости от концентрации.

Результаты экспериментальных определений поверхностного натяжения приведены на рисунке 1.

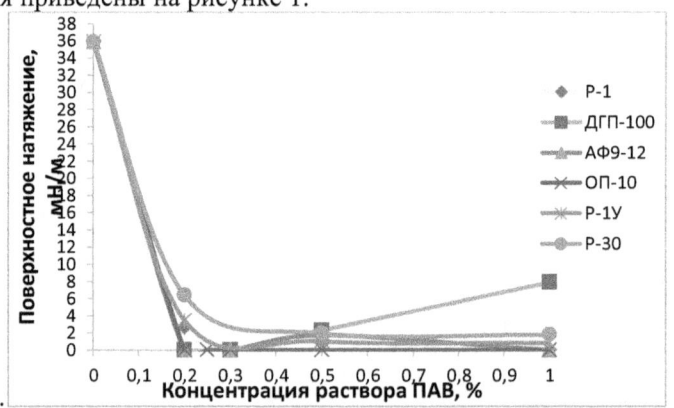

Рис.1 Зависимость поверхностного натяжения раствора от концентрации ПАВ

Видно, что растворы ПАВ Р-1, Р-1У, Р-30 и ДГП-100 с концентрацией 0,2% резко снижают межфазное натяжение на границе вода - дизельное топливо, и по эффективности не уступают широко применяемым ПАВ.

Использование ПАВ в нефтепромыслах связано с интенсификацией процесса нефтеотмывания, подразумевающего вовлечение маломощных пропластков и пленочной нефти в процесс нефтедобычи. Эти качества ПАВ определяются нефтеотмывающей способностью [2].

Результаты экспериментальных исследований нефтеотмывающей способности образцов приведены на рисунках 2-4.

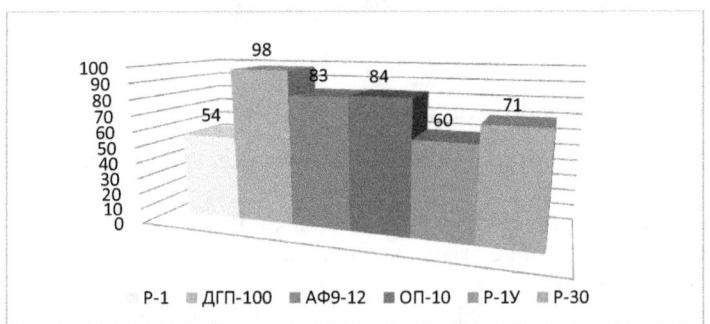

Рис.2 Нефтеотмывающая способность растворов ПАВ в воде (0,2%)

При концентрации раствора ПАВ в воде 0,2% (Рис.3.2) явным лидером является ПАВ ДГП-100, образцы ряда «Р» в данной концентрации для нефтеотмывания использовать нецелесообразно.

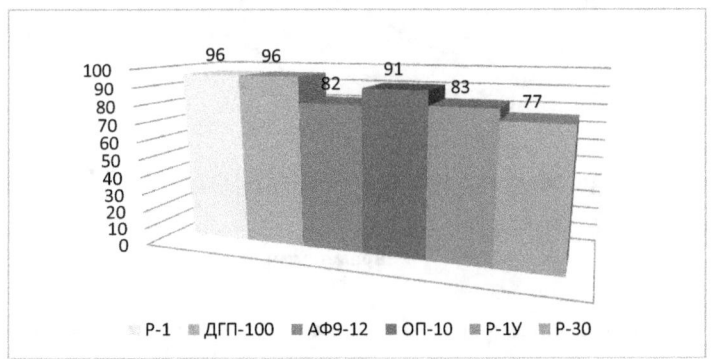

Рис.3 Нефтеотмывающая способность растворов ПАВ в воде(0,5%)

В случае с 0,5% концентрацией ПАВ (Рис.3.3), наблюдается значительное увеличение моющих свойств всех исследуемых составов.

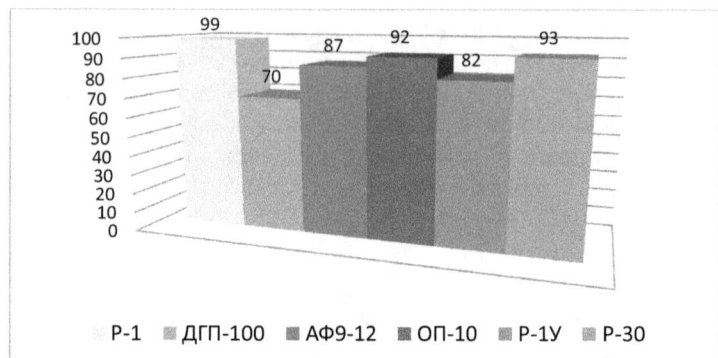

Рис. 4 Нефтеотмывающая способность растворов ПАВ в воде(1%)

Среди растворов ПАВ с концентрацией 1% (рис. 3.4) образцы Р-1 и Р-30 показывают лучшие отмывающие свойства, чем ПАВы сравнения- Неонол АФ9-12 и ОП-10.

Нестабильная водонефтяная эмульсию, которая довольно быстро разрушается, может обеспечить более эффективную работу при ее разделении и осушке нефти на УПН.

Зависимость стабильности водонефтяной эмульсии от времени изображена на рисунке 5.

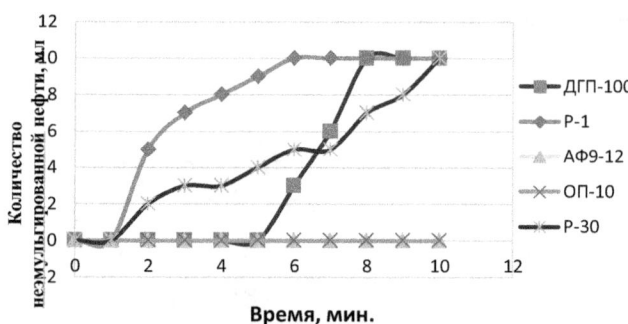

Рис.5 Динамика разрушения водонефтяной эмульсии

На рисунке 5 представлено влияние вводимых ПАВ на стабильность водонефтяной эмульсии. Видно, что составы Р-1, Р-30 и ДГП-100, обладая хорошей нефтеемкостью, образуют нестабильную водонефтяную эмульсию, что позволить увеличить нефтедобычу.[3].

Из выше сказанного следует, что разработанное поверхностно-активное вещество Р-30 обладает всем комплексом свойств, необходимых для интенсивной нефтедобычи. Нефтеотмывающая способность Р-30 увеличивается практически до 100%. Составы Р-1, Р-30 в сравнении ДГП-100, обладая хорошей нефтеемкостью, образуют нестабильную водонефтяную эмульсию, что позволить увеличить нефтедобычу.

Литература

1. Бачурин Б.А., Одинцова Т.А. Стойкие органические загрязнители в отходах горного производства// Современные экологические проблемы Севера: Материалы международной конференции. Ч.2. – апатиты: Изд. КоНЦ РАН, 2006. –С. 7-9
2. Волков, В.А. Поверхностно-активные вещества в моющих средствах и усилители химической чистки / В.А. Волков. – М.: Легпромбытиздат, 1985. – 200 с.
3. А.П. Бобров, С.В. Цаплин, П.П. Пурыгин // Разработка и исследование процесса очистки металлических деталей от смазочных материалов растворами ПАВ. Вестник СамГУ – Естественнонаучная серия. 2007. №2(52) С. 124-133.

Рощупкина В.В.
кандидат экономических наук, доцент, кафедра «Денежное обращение и кредит», ФГАОУ ВПО «Северо-Кавказский федеральный университет», город Ставрополь

ОСОБЕННОСТИ НАЛОГОВОГО ПЛАНИРОВАНИЯ НА СУБФЕДЕРАЛЬНОМ УРОВНЕ

Исходным пунктом налогового планирования на уровне мезоэкономики является комплексная оценка ее налогового потенциала, включающая ретроспективный и текущий анализ внутренних и внешних факторов как инициирующего, так и тормозящего воздействия.

Проблемы функционирования многоуровневой системы налогового планирования условно можно разделить на: вопросы увеличения степени использования налоговых ресурсов региона в процессе налогообложения и проблемы оптимизации уровня налоговой нагрузки.

Основополагающим элементом системы налогового планирования выступает оценка планируемых налоговых поступлений исходя из концептуальных основ рациональности ожиданий.

Особенность используемой концепции состоит в учете налоговыми органами прошлого опыта (в том числе и отрицательного), привлечении доступной информации, влияющей на уровень налоговых доходов бюджетной системы.

Объектом налогового планирования в этом случае выступает совокупность отношений между налоговыми администраторами и налогоплательщиками, возникающих по поводу создания условий и обеспечения полноты и своевременности уплаты установленных налогов и сборов в соответствии с законодательством. Важное значение имеет уровень налоговой активности экономических субъектов, осуществляющих свою деятельность в данном субъекте Федерации, с точки зрения адаптивности к изменяющемуся налоговому законодательству. Объект налогового планирования можно дифференцировать исходя из направлений функционирования и уровней административно-территориального структурирования.

Субъектами планирования выступают федеральные, межрегиональные и региональные налоговые органы.

Апробация методики оценки была произведена на материалах Северо-Кавказского федерального округа.

Анализ полученных результатов позволил выявить положительную динамику потенциальных налоговых поступлений, в среднем ежегодное возможное увеличение налоговых доходов составит: по Республике Дагестан – 1347,75 млн руб.; по Республике Ингушетия – 93,41 млн руб.; Кабардино-Балкарской республике – 360,20 млн руб.; Карачаево-

Черкесской республике – 209,00 млн руб.; Республике Северная Осетия-Алания – 399,00 млн руб.; Ставропольскому краю – 3819,99 млн руб; по округу – 7485,21 млн руб.

Формирование эффективной региональной налоговой политики, в какой бы форме она не осуществлялась, является одной из сложных и актуальных проблем экономики и ее развития в последующем.

Для создания условий экономического роста налоговая политика должна быть ориентирована не только на обеспечение доходами бюджетной системы, но и стимулировать активность налогоплательщиков, что, в свою очередь, предполагает благоприятные условия для развития налоговой базы. Чрезмерная фискальная ориентация налоговой политики ведет к подавлению частной предпринимательской активности, избыточному налоговому бремени и росту теневой экономики.

В сложившихся экономических условиях налоговую политику можно характеризовать как фискально ориентированную, главным направлением налогового регулирования выступает соблюдение интересов государственного уровня и, в меньшей степени, субфедерального. Такая ориентация налоговой политики неизбежно приводит к тому, что в контексте принятия государственных решений в сфере налогообложения не учитываются следующие факторы: воздействие системы налогообложения на финансовое положение экономических субъектов и перспективы их развития, возможная реакция налогоплательщиков на трансформацию бюджетно-налоговой системы, влияние принимаемых решений на региональные хозяйственные комплексы и хозяйственный комплекс государства в целом [1,44].

Видимым следствием этого являются факты, характеризующие низкую эффективность бюджетно-налоговой системы и значительную налоговую нагрузку на экономических субъектов, низкая лояльность хозяйствующих которых к новациям налогового законодательства, объективно обусловленная отсутствием учетного механизма их финансовых интересов в контексте государственных мер в сфере налогообложения, приводящим к значительным занижениям баз налогообложения, росту недоимки, необходимости усиления мер налогового администрирования.

Результаты проведенных изысканий санкционировали формулировку ряда условий, необходимых к учету при целевой ориентации налоговой политики региона:

- учет высокой степени зависимости субфедерального уровня бюджетной системы от финансовой помощи; в рамках системы налогового федерализма в ближайшем экономическом будущем приведет к необходимости поиска адекватной замены трансфертного финансирования альтернативными финансовыми источниками;

- объективная необходимость повышения собираемости налогов ввиду налоговой ориентированности бюджетов большинства субъектов Российской Федерации [3,105].

Стратегическими задачами субфедеральной налоговой политики должны выступить:
- расширение имеющихся, а также поиск альтернативных возможностей роста налоговых доходов бюджетной системы в условиях оптимальной налоговой нагрузки на налогоплательщиков;
- построение системы налоговых мер, направленных на стимулирование процесса реализации налоговых возможностей региональной экономики;
- увеличение налогового потенциала региона.

Тактические целевые установки субфедеральной налоговой политики выступают, с одной стороны, обеспечивающими характеристиками стратегических; с другой стороны являются воспроизведением приоритетов развития налогового потенциала территории в текущем (краткосрочном) периоде.

Названные целевые ориентиры во многом определяются текущей ситуацией в регионе, а инструментами их достижения выступают установленные налоги, система льгот, кроме того, в случае необходимости, и возможность применения неналоговых инструментов государственного регулирования.

Процесс реализации управленческих действий в рамках налоговой стратегии предполагает поэтапное внедрение планируемых мероприятий с возможностью последующей оценки их результативности и корректировки.

Литература (источники):

1. Коростелкина, И.А. Налоговые индикаторы макро-и микроуровня [Текст] / И.А. Коростелкина // Финансы и кредит, 2010. – № 46 (430).
2. Коростелкина, И.А. Обоснование структурных параметров корпоративной налоговой политики [Текст] / И.А. Коростелкина // Теория и практика гармонизации информационных потоков в учетно-налоговой системе на макро- и микроуровне: монография / [Л.В. Попова и др.]; под общ. ред. Л.В. Поповой. – Орел.: ГУ-УНПК, 2011. – 430 с.
3. Коростелкина, И.А. Формирование налоговой политики на мезоуровне [Текст] / И.А. Коростелкина // Интеграция учетно-аналитических и налоговых процессов на макро - и микроуровнях: монография / [Л.В. Попова и др.]; под общ. ред. Л.В. Поповой. – М.: Финпресс, 2010. – 430 с.

Диких Ю.В.
кандидат экономических наук, доцент кафедры экономики и менеджмента
Хакасский технический институт –
филиал Сибирского федерального университета
ydikikh@yandex.ru

МЕТОДИКА ОПРЕДЕЛЕНИЯ ЭФФЕКТИВНОСТИ ПРИМЕНЕНИЯ АУТСОРСИНГА НЕПРОФИЛЬНЫХ АКТИВОВ

Эффективное функционирование современного промышленного предприятия в значительной мере зависит от его организационной структуры. Чем сложнее внутренняя структура, тем, как правило, медленнее темпы работ по выпуску конечной продукции и тем медленнее внутри промышленного предприятия продвигается продукт при изготовлении.

Одна из современных тенденций формирования оптимальной структуры предприятий заключается в упрощении его структуры и усилении прозрачности внутренних взаимодействий. При решении проблем упрощения организационной структуры особую роль играет аутсорсинг. Опыт зарубежных компаний показывает, что в целом такая практика является успешной.

Разработаем модель степени достижения результата по методу аутсорсинг. В основе модели лежит принцип оптимальности Беллмана, формулируемый следующим образом: управление на каждом шаге надо выбирать так, чтобы оптимальной была сумма выигрышей на всех оставшихся до конца процесса шагах, включая выигрыш на данном шаге.

Прогноз получения прибыли формируется на основе вероятности достижения заданных условий при анализе динамики контрактов аутсорсинга на российском рынке.

На рынке доля аутсорсинга контрактов промышленных предприятий России составила 25,9 %. Вероятность объема продаж может быть оценена пропорционально общей мировой динамике продаж по отраслям в 2004 – 2009 гг. Для управления сбытом эта вероятность составила 0,0536.

$$P_{ус} = \frac{C_{5,36\%}^{0,001\%} \cdot C_{10,647\%}^{0\%} \cdot C_{6,156\%}^{0\%} \cdot C_{3,734\%}^{0\%} \cdot C_{74,1\%}^{0\%}}{C_{100\%}^{0,001\%}} =$$

$$= \frac{\frac{5,36!}{0,001! \cdot 5,359!} \cdot \frac{10,647!}{0! \cdot 10,647!} \cdot \frac{6,156!}{0! \cdot 6,156!} \cdot \frac{3,734!}{0! \cdot 3,734!} \cdot \frac{74,1!}{0! \cdot 74,1!}}{\frac{100!}{0,001! \cdot 99,999!}} = \frac{5,36}{100} = 0,0536 \quad (1),$$

где $P_{ус}$ – вероятность появления данного условия.

Результаты моделирования объема продаж по каждому виду аутсорсинга представлены на Рисунке 1.

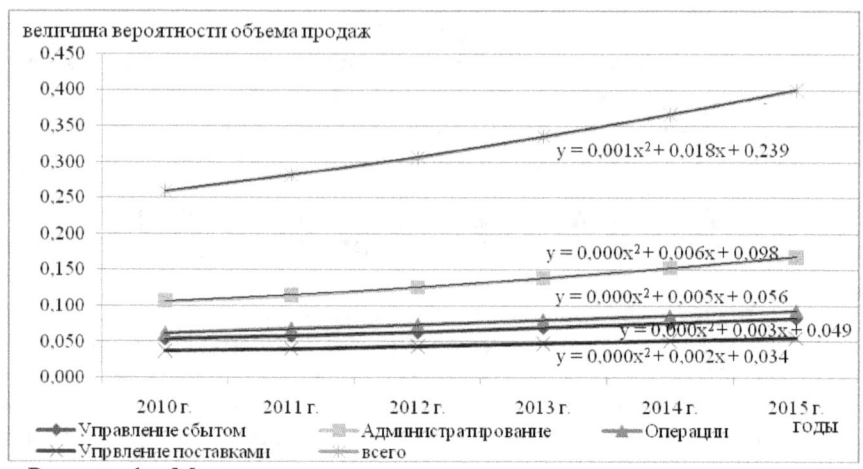

Рисунок 1 – Модели достижения цели по каждому виду аутсорсинга.

Математическая модель прогноза по достижению цели представлена функцией $f(y_{op})$.

$$f(y_{op}) = 0{,}0025x^2 + 0{,}0209x + 0{,}3383 \qquad (2),$$

($R^2 = 0{,}9993$; $p = 0{,}01$)

Указанная модель позволяет сделать прогноз предполагаемых результатов по различным видам аутсорсинга. Модель степени достижения цели аутсорсинга в организациях, занимающихся обработкой цветных металлов, позволяет прогнозировать динамику его эффективности на 10 лет.

Апробация описанной выше методики проведена на следующих обрабатывающих предприятий цветной металлургии: ООО «Туимский завод по обработке цветных металлов», ОАО «Каменск-Уральский завод по обработке цветных металлов». Применение методики определения эффективности аутсорсинга показало, что в ООО «ТЗОЦМ» в первую очередь необходимо вывести на аутсорсинг энергетическое хозяйство, службы маркетинга и сбыта, кадровое обслуживание, вспомогательные процессы и информационные технологии. Для ОАО «КУЗОЦМ» на аутсорсинг в первую очередь необходимо выделить информационные технологии, транспортное обеспечение.

Применение методики позволяет максимально обосновать использование аутсорсинга выделенных активов как элемента стратегического развития организации. Это создаст возможность обеспечения эффективного управления промышленной организацией и обеспечит впоследствии его экономическую устойчивость.

Для оценки общей экономической эффективности применения инструмента «аутсорсинг» применена система показателей эффективности инноваций.

Благодаря применению аутсорсинга по модели достижения цели, в ООО «Туимский завод по обработке цветных металлов» общая прибыль от аутсорсинга в 2020 г. оценивается в размере 1 407,672 тыс. руб., в ОАО «Каменск-Уральский завод по обработке цветных металлов» - 7481,67 тыс. руб.

Следует отметить, что такой инструмент, как аутсорсинг дает возможность обеспечивать эффективное использование каждого непрофильного актива за счет: вывода его на собственный рынок, что способствует росту квалификации персонала и повышению качества предоставляемой услуги; исключения издержек основного производства, ранее выделяемых на поддержание этого актива в организации; получения дополнительного дохода в виде аренды за имущество для аутсорсера; снижения себестоимости конечной продукции уже в самой организации.

Список литературы:

1. Барканов А.С. Проблемы обеспечения устойчивого функционирования и стратегического развития предприятий строительной отрасли/А.С. Барканов. – М. : ГОУ ВПО МГСУ, 2008. – С. 13.
2. Борисов Е.Ф. Экономическая теория: Учебник/Е.Ф. Борисов. – М.: Юристъ, 1997.
3. Малихина, О.В., Субконтрактные отношения на предприятиях автосервисных услуг /О.В. Малихина, В.И. Цветкова // Межвузовский сб. науч. труд. Вып. 5 СПб.: Академия управления и экономики, 2005.
4. Подолякин, В.И. Основы экономики организации: стоимость и структура капитала : учеб. пособие / В.И. Подолякин. – Иваново : ИГТА, 2005. – С.112;
5. Сабанчиев Н.А. Теорико – методические основы организационного обеспечения стратегической устойчивости, автореферат диссертации/Н.А. Сабачиев – Москва, ГУУ, 2009 – С.8-9;
6. Стерьхов, Ю.А. Аутсорсинг. Что это значит? / Ю.А. Стерьхов. – М. : ИНФРА, 2004. – С. 60 – 65 .
7. Управление организацией : учебник / А.Г. Поршнева, З.П. Руманцева, Н.А. Саломатина. – М. : ИНФА-М, 2003. – С. 473.

Савченко И.П.
кандидат экономических наук, доцент ФГАОУ ВПО «Северо-Кавказский федеральный университет», г. Ставрополь

СОВРЕМЕННЫЕ АСПЕКТЫ УПРАВЛЕНИЯ РАЗВИТИЕМ ОРГАНИЗАЦИИ

Управление сложное системное образование, связанное с множественным количеством переменных, которые обуславливают возникновение противоречий внутри социально-экономической системы, основанной на объективном характере управления и субъективных способах его осуществления. В данном контексте управление развитием организаций можно рассматривать, как один из противоречивых и сложных видов человеческой деятельности, поскольку в целом управленческая составляющая насыщена субъективными составляющими, т.к. действующим объектом данной системы является индивид со своим личностными особенностями, стимулами и мотивами, интеллектом, который в настоящее время определяют как «человеческий фактор».

Противоречия в управлении социально-экономической системой зависят не только от внутренних факторов, среди которых основополагающим мы рассматриваем человеческий фактор, но и от деятельности организаций, к которым могут быть отнесены воздействия внешних переменных.

Одно из противоречий управления вызвано стремлением организации к сохранению своих особенных функций, через стабилизацию деятельности, но, требующих постоянного развития с позиции внешнего воздействия. Можно сказать, что статика и динамика организации, как некой структуры, рассматривается во взаимодействии, однако носящее разнонаправленный характер. Функционирование носит сдерживающий характер, тормозящий изменения в социально-экономической системе, а развитие направлено на появление определенных новых качеств. Тем не менее, любые преобразования и изменения в значительной или менее значительной степени отражаются на стабильности существования системы.

Дж.Гарднером — исследователем проблем организационных изменений подмечено, что «единственная возможная стабильность — это стабильность в движении». Суть данного противоречия в определении «динамического неравновесия»[1]. Которое состоит в том, что любые изменяющиеся внешние переменные нарушают текущее управление социально-экономической системой с ее отлаженными стереотипами. Отсюда управление можно рассматривать как постоянное удержание равновесия на грани между множеством противоречий, ни одну сторону которого нельзя не учесть [2].

Существует мнение, о том, что в любой организации имеется перечень устойчивых привычек решать проблемы программированными путями, из-за чего менеджмент компаний не стремиться применять инновационные подходы решения по вновь возникающих аспектам, а большая часть руководителей в целом противятся любым изменениям. Данное положение основывается на том, что развитие требует значительных усилий, как со стороны управленческого звена, так и со стороны персонала компаний. Фундаментальной причиной противодействия организационным изменениям является стереотипность мышления и инерционных подходов менеджмента компаний. Именно поэтому многие высококомпетентные управленцы нечувствительны к внешним факторам, от которых в существенной степени зависит развитие организации.

В последние годы широк круг исследователей, занимающихся вопросами управления развитием организации, концентрирующихся на развитии «инновационного управленческого мышления», которое нацелено на поиск современных направлений совершенствования производства [3]. Инновационное мышление представляет собой связующее звено между творчеством и интеллектом, где сочетаются принципы рационального принятия решений, основанного на формально-логических процедурах, фактах, знаниях и информации, а также на интуиции, чувствах и опыте. Творческие процессы служат в нем для генерации оригинальных идей, которые затем классифицируются, проходят отбор, организуются и проверяются с применением рационального и логического мышления.

Тем не менее, изучение вопросов практического менеджмента привело к понимаю того, что современные управленцы нацелены, прежде всего, на профессиональные и деловые качества, в то время как внимание своим личностным аспектам отодвигается на задний план [4].

Инновационная активность персонала позволяет обеспечивать предприятию соответствие и сбалансированность стратегических бизнес-целей, повышать творческую активность работников в направлении инновационного развития, формируя рост предложений по совершенствованию бизнес-процессов и организационных изменений, связанных с повышением эффективности и результативности управления, при этом снижая сопротивляемость персонала организационным изменениям. Помимо всего прочего, данное развитие позволяет интегрировать процессы формирования эффективных команд реализующих инновационные проекты в структуру предприятия.

Однако необходимо обратить внимание на то, что инициатором инновационных изменений выступает управленческий уровень и поэтому к руководящему составу предъявляются значительно большие требования, что вполне закономерно. Отсюда возникает необходимость применения нетрадиционных технологии, требующих умения сочетать врожденные и приобретенные качества, воспринимать широкий спектр стимулов и мотивов. Инновационное управленческое мышление требует особой гибкости и подвижности мышления, эффективной системы восприятия, особого типа внутренней потребности в творчестве, формы самореализации и интеграции в социально-экономическую систему, которая ориентирована на высококомпетентный кадровый состав, где центральным звеном является личностная характеристика новатора-руководителя. Ключевой фигурой в развитии социально-экономической системы становится интеллектуальный потенциал работников, для которых наибольшее значение приобретает смысловая значимость труда и высокая внутренняя мотивация.

Профессиональная мотивация руководителей и их возможности формировать у работников предприятия позитивный настрой при восприятии инноваций может быть повышена при учете организационных условий, факторов обмена опытом и повышения квалификации работников на предприятии. Эффективно работающая система инноваций в организации основывается: во-первых, на приведении в соответствие друг другу установок на инновацию у менеджеров разного уровня, от линейных до функциональных, и работников, а, во-вторых, предполагает разработку специальных программ введения инноваций, учитывающих особенности установок к инновациям со стороны персонала предприятия.

Таким образом, можно констатировать, что основополагающим в системе управления развитием предприятий является человеческий фактор. Как любое системное явление, управление связано с множеством противоречий и парадоксов, имеющих субъективные причины, где развитие основано на взаимодействии внешних и внутренних факторов, несоответствие которых тормозит эффективное развитие организаций.

Список использованных источников

1. Гарднер Д. Великобритания. Центральное и местное управление [Пер. с англ.] / Д. Гарднер. – М.: Прогресс, 1984. – 132 с.

2. Уотермен Р. Фактор обновления [Пер. с англ.] / Р. Уотермен. – М.: Прогресс, 1983. – 368 с.

3. Savchenko I.P., Bondarenko N.V. Innovative Activities as a Basis of Business's Strategic / I.P.Savchenko, N.V. Bondarenko // Development European researcher. 2013. Vol. (38). № 1-1. P. 32-35.

4. Окрушко В.Я. Анализ противоречий управления развитием современными организациями / В.Я. Окрушко // Проблемы современной экономики. – 2011. – №2. – С. 214.

Сибирцев В.А.

доктор экономических наук, профессор Новосибирского государственного университета экономики и управления

vsib@sibmail.ru

ОПЛАТА ЧИНОВНИКОВ ПО ПОЛЕЗНОСТИ ИХ ДЕЯТЕЛЬНОСТИ

В сборнике докладов 11 международной научно-практической конференции «21 век: фундаментальная наука и технологии» опубликована наша статья «Проблема измерения полезности и её решение» [1]. В ней в сжатом виде изложено решение фундаментальной проблемы экономической теории об измерении не в форме предельной полезности, а в скалярной форме величины общественной полезности. Это открывает возможности для теоретического решения многих экономических проблем. В частности, проблемы мотивации и оплаты труда, которую также можно отнести к фундаментальным. Особенно значимой частью этой проблемы является оплата труда чиновников, работников государственных и муниципальных учреждений, ибо от стиля их руководства в значительной степени зависят темпы экономического развития страны и благосостояние населения.

Дело в том, что труд субъектов власти и управления можно рассматривать как одну из услуг; как услугу по руководству и управлению коллективами и обществом в целом. Как и любой другой труд, он может приносить громадный прирост общественной полезности, а может, наоборот, приводить к ее очень сильному сокращению. В последнем случае должна следовать, как при любой другой некачественной работе, материальная ответственность. Народ, общество выплачивает заработную плату властным и управляющим структурам не за любое руководство, а лишь за качественное, высококвалифицированное. Поэтому управленческая деятельность, как и любая другая, должна следовать принципам материальной заинтересованности и ответственности.

Последнее вытекает из того, что уже довольно давно не только наука, но также организационная и управленческая деятельность стали непосредственной производительной силой. Это весьма очевидно, ибо организаторы производства, руководящие кадры, управленческий аппарат входят в состав совокупной рабочей силы общества, участвуют в создании валового национального продукта и уже поэтому их труд является звеном общественного разделения труда и справедливость требует платить за эту работу, как и за всякую другую, тем больше, чем лучше и эффективнее она выполняется.

Критерием эффективности любой, в том числе и управленческой работы может служить только конечный результат: объем произведенной общественной полезности и размер удовлетворенных общественных потребностей. Оплата труда любых работников, в том числе и властных структур, по полезности результатов их труда будет способствовать росту продуктивности каждой личности и её, по выражению П.Б. Струве, «личной годности». Тем самым не только в России, но и в других странах, которые перейдут на систему оплаты по полезности, будет создана основа для еще более ускоренного развития и процветания.

Государство в рыночной экономике не может давать частным фирмам прямые указания о введении той или иной системы оплаты труда. В отличие от этого, поскольку чиновники являются государственными служащими, государство может устанавливать как их оклады, так и системы оплаты их труда. Поэтому введение в действие системы оплаты их деятельности по полезности результатов целесообразно начинать именно с властных структур, а затем они инициируют переход на такую систему оплаты заводов, фабрик и других форм предприятий.

Надо отметить, что в настоящее время прямое измерение полезности ВВП и ВРП весьма затруднительно. Поэтому пока придётся использовать их денежное выражение. Но деньги, как показано в наших работах, измеряют не только стоимость, но и полезность. Поэтому зарплату глав правительств и муниципалитетов можно поставить в зависимость от денежного выражения реальных ВВП и ВРП, произведённых за год под их руководством.

Зарплаты остальных федеральных и региональных чиновников можно поставить в зависимость от зарплат нижестоящих звеньев. В «Единых рекомендациях по установлению на федеральном, региональном и местном уровнях систем оплаты труда работников государственных и муниципальных учреждений на 2012 г., протокол №10 рекомендовано соблюдать принцип оптимального соотношения уровней оплаты труда руководителей и работников учреждений, в том числе с учетом применения кратности к средней заработной плате работников при установлении конкретных размеров должностных окладов руководителей учреждений. Во многих учреждениях это уже осуществлено.

Но можно предложить систему, при которой оклады руководителей будут напрямую зависеть от полезности, произведенной рабочими. Это можно осуществить по следующей схеме.

В конечном счете зарплаты руководителей должны зависеть от зарплат рабочих, которые перешли к системе оплаты по полезности. Сущность такой оплаты для промышленных рабочих изложена в статье «Оплата труда по полезности как стимул роста его производительности на предприятиях» [2]. Прежде всего средняя по участку зарплата, умноженная на 1,5 – 2, определит зарплату мастера или начальника участка. Средняя зарплата начальников всех участков, умноженная , например, на коэффициент 3, определит зарплату начальника цеха. Зарплата директора завода будет зависеть от средней зарплаты начальников цехов, умноженной на 4.

Оплату труда руководителей министерств, комитетов, отделов и других подразделений районных администраций, администраций и правительств субъектов Федерации (в России), а также министров Федерального Правительства следует поставить в зависимость от уровня оплаты труда директоров и других руководителей подчиненных им фирм. При условии, что их зарплаты поставлены в конечном счете в зависимость от объемов полезности произведенной и реализованной продукции. При этом для регионального уровня следует применять коэффициент 5, а для Федерального – 6 -7.

Такая система оплаты труда будет эффективной, если глава государства и его Аппарат, а также главы регионов возьмут на себя труд проследить, что зарплаты всех чиновников высшего уровня зависят в конечном счете от полезности продукции и услуг, произведенных на относящихся к ним предприятиям, а не от искусственно повышенных зарплат нижестоящих звеньев.

Фонд оплаты труда аппарата районных и других администраций можно также поставить в зависимость от следующих показателей по соответствующему региону:

1) роста реальной заработной платы в регионе;
2) роста реализованной продукции и услуг в неизменных ценах;
3) роста потребления основных продуктов и услуг на душу населения в регионе.

Какой показатель и какую пропорцию между динамикой каждого из названных показателей и динамикой уровня оплаты труда выбрать – это предстоит решить в ходе дополнительных исследований, интервьюирования работников соответствующих администраций и экспериментальной проверки выводов

Установленные с учетом всего сказанного зарплаты чиновникам могут, к сожалению, существенно превысить величину затрат на их льготы, привилегии и взятки, что может деформировать предлагаемую систему оплаты и свести на нет её стимулирующее значение. Но это самостоятельная проблема.

В зависимости от уровня управленческой структуры оплату труда можно сделать прямо пропорциональной либо объему полезности (на уровне цехов, предприятий, акционерных обществ), либо ее приросту (районные, городские, областные и отраслевые органы управления), либо увеличению темпов прироста полезности (главы региональных и федеральных правительств). Если эти показатели растут, то и оплата по определенной шкале должна расти; если снижаются, то оплата будет снижаться.

Характер взаимосвязи может быть различным в зависимости от того, в каком состоянии находятся производство и потребительский рынок: 1) они растут; 2) находятся в состоянии стагнации или стабилизации; 3) сокращаются. В состоянии стагнации и стабилизации оклады чиновников остаются неизменными. В случае роста оплата возрастает на темп роста, ниже или выше темпа роста полезности продукции (скажем, за 1% роста продукции 5-10% роста оклада). В условиях кризисной экономики, если спад производства не является результатом деятельности данного руководителя, рост оплаты труда можно поставить в зависимость от процента сокращения темпов спада. В условиях инфляции нельзя допускать, чтобы темп роста оплаты труда превышал темп инфляции на величину, превосходящую темп роста производства и реализации продукции.

Если сокращение производства произошло по причинам, не зависящим от руководителя (например, в результате природных катастроф и других форс-мажорных ситуаций), то следует использовать механизм и фонды страхования, из которых можно компенсировать потерю части оклада.

Лишь при такой системе оплаты труда руководители будут получать не за продуцирование циркуляров, управленческих документов и распоряжений, не за удачные отчеты и заседательскую суету, а за конечные результаты управленческих решений, материализовавшихся в росте ВВП и ВРП. Тогда руководители и организаторы производства будут экономически заинтересованы в изучении действительных потребностей людей, в планировании и организации производства таких объемов и такой продукции, которые реально повысят степень удовлетворения соответствующих общественных потребностей.

Такой порядок оплаты труда создает объективные условия, при которых каждый чиновник будет отвечать сам за себя, а не надеяться на государство или на вышестоящих руководителей. Организационные и управленческие мероприятия в таком случае будут прямо, а не опосредованно, через стоимость и прибыль направлены на максимизацию общественной полезности и объема удовлетворенных потребностей населения, ибо чем больше эти объемы, тем выше доход производственных коллективов и их руководителей. Но для того, чтобы предлагаемая система оплаты труда всех работников начала функционировать, необходима, во-первых, разработка соответствующего законодательства. Привлечь внимание правоведов к этой задаче и является целью данной статьи.

Во-вторых, для введения предлагаемой системы оплаты в действие нужна политическая воля глав государств, правительств и поддерживающих их партий, а также согласие элит и простых граждан. Именно им система оплаты деятельности чиновников по полезности принесет наибольшую пользу, ибо она приведет к более динамичному росту их уровня жизни. Для этого надо наладить в СМИ широкую разъяснительную работу о преимуществах этой системы оплаты.

Трудности практической реализации идеи о материальной заинтересованности и ответственности субъектов власти и управления, как говорится, преувеличить невозможно. Однако хочется верить, что новые поколения руководителей будут настолько честными и справедливыми, что согласятся за свой труд получать в той мере, в которой они смогли организовать рост объема удовлетворения соответствующих потребностей населения и величины производства общественной полезности.

Литература

1. Сибирцев, В. А. Проблема измерения полезности и ее решение / Сибирцев В. А. // 21 век: фундаментальная наука и технологии: материалы II Междунар. науч.-практ. конф., 15-16 авг. 2013 г., Москва. - North Charleston, 2013. - С. 319-326.
2. Сибирцев, В. А. Оплата труда по полезности как стимул роста его производительности на предприятиях / В. А. Сибирцев // Альманах современной науки и образования. - 2012. - № 12, ч. 2. - С. 145-148.

Казакова Ф. А.
к.э.н., доцент, Саратовский Государственный Технический
Университет имени Гагарина Ю.А., г. Саратов
kafedramkp@mail.ru

УПРАВЛЕНИЕ ВЫСШЕЙ ШКОЛЫ В УСЛОВИЯХ ИННОВАЦИОННОЙ ЭКОНОМИКИ

В России созданы все условия для реализации интеллектуального потенциала нации и определен ориентир стратегии государства на инновационный путь развития. Образование выступает одним из ведущих факторов развития. В связи с этим особое значение приобретает разработка и последующее внедрение современной модели образования, которая призвана обеспечить интеграцию исследований, образования и производства.

В Стратегии инновационного развития Российской Федерации на период до 2020г. «Инновационная Россия-2020» образованию отводится роль двигателя системных изменений в экономике и обществе. В стратегии подчеркивается, что вузы должны стремиться к созданию инновационной, конкурентоспособной, финансово эффективной структуры, активно взаимодействующей с партнерами и строго следующей своей стратегии развития.

В связи с этим определены задачи направленные на повышение инновационной активности бизнеса, создание благоприятного инновационного климата и усиление интегрированности России в мировые процессы создания и использования инноваций.

Для решения данных задач необходимо создать интегрированную социально-экономическую систему на основе взаимного партнерства государственной власти, бизнеса и науки.

В основе деятельности российских вузов должны быть заложены фундаментальные принципы:

- единство науки и образования и их направленность на экономическое и социальное развитие общества;
- выявление приоритетных направлений исследований;
- привлечение студентов к научной и инновационной работе и участие их в научно-образовательных комплексах и на малых инновационных предприятиях;
- формирование и развитие на базе вуза инновационной инфраструктуры для продвижения и внедрения научно-практических разработок;
- интеграция науки и образования в международное сообщество, осуществление международных проектов, создание международных проектных групп.

Большое значение для развития и стимулирования инновационной деятельности имеет создание инновационной инфраструктуры вузов. На данный момент инновационная инфраструктура включает инновационную структуру, в которую входят бизнес-инкубаторы, технопарки, инновационно-технологические центры, а также включает структурные подразделения вуза. Данные подразделения являются ответственными за организацию, внедрение и коммерциализацию инновационных проектов на уровне учебного заведения и на уровне отдельных образовательных программ. Основные принципы о государственной поддержке инновационной инфраструктуры содержатся в Постановлении Правительства Российской Федерации от 9 апреля 2010 г. № 219.

В представленном документе определен состав инновационной инфраструктуры, состоящий из четырех частей: образование; научно-производственные мощности; поддержка инновационной деятельности; управление инновационной деятельности.

В этом же 219-м постановлении выделены появляющиеся перспективы вуза при ее создании, такие как: дополнительное финансирование за счет коммерциализации научных разработок; взаимодействие с крупными организациями; развитие научно-исследовательского потенциала; подготавливать и привлекать кадры высшей квалификации.

Каждый вуз в зависимости от выбранного направления и пути развития для себя сам избирает состав и задачи инновационной инфраструктуры.

Университеты, имеющие мощную научно-производственную базу, богатый опыт сотрудничества с предприятиями рассматривают инфраструктуру как основу для своего стратегического развития. При таком подходе вуз стремиться увеличивать научный и материально-технический потенциал, инновационная инфраструктура выступает фундаментом развития самого учебного заведения.

Небольшие вузы назначение инновационной инфраструктуры рассматривают преимущественно в информационно-коммуникационном обеспечении текущей инновационной деятельности.

Эффективная инфраструктура университетов является важным фактором развития и стимулирования инновационной деятельности вуза, также создаются условия для поддержания предпринимательской деятельности учебных заведений, в целях внедрения результатов интеллектуальной деятельности, открываются возможности коммерциализации. Университеты предлагают передовые научные исследования для извлечения практической пользы из проводимых исследований. Для этого формируется политика, которая позволит:

защищать интеллектуальную собственность; реализовывать лучшие инновационные проекты, обеспечивать прозрачность и внедрение руководящих принципов для предотвращения конфликта интересов; на протяжении всей цепочки создания ценности от идеи до коммерциализации; развивать связи как внутри университета, так и за его пределами.

Ключевыми фигурами в коммерциализации научных разработок должны стать малые инновационные предприятия при вузах для реализации в дальнейшем инновационных идей. Малые инновационные предприятия выступают в качестве связующего звена между наукой и производством, принимая на себя риск при разработке новых продуктов и технологий.

Такое сотрудничество дает обеим сторонам ряд возможностей как: привлечение внебюджетных инвестиций; внебюджетное финансирование, рассматривается как дополнительный источник заработка сотрудников вуза; использование налоговых льгот; привлечение квалифицированных сотрудников, аспирантов и студентов; трудоустройство талантливых выпускников; оказание юридических, аудиторских, бухгалтерских и консалтинговых услуг в подразделениях вуза.

Созданы благоприятные условия в нормативно-правовом регулировании малых инновационных предприятий так, согласно Федеральному закону № 217-ФЗ, разрешается использовать упрощенную систему налогообложения и платить 6% прибыли, получаемой предприятиями. Также предоставляются льготы по страховым взносам, в частности, в 2011–2017 гг. -14%, в 2018 г. — 21%, в 2019 г. — 28%.

Значительно изменились условия при предоставлении учебным заведением в аренду хозяйственным обществам временно не используемые имущество и помещения без проведения конкурса и аукционов. При заключении таких договоров размер и порядок внесения арендной платы устанавливаются 40% размера арендной платы в первый год; во второй год аренды — 60% размера арендной платы; в третий год аренды — 80% размера арендной платы; в четвертый год аренды и далее — 100% размера арендной платы [1].

Существенные законодательные изменения в организации малых инновационных предприятий, учредителями которых выступают вузы, создали наиболее привлекательные условия для крупного бизнеса. Крупные предприятия после этих нововведений могут оптимизировать налоги для своих научно-исследовательских разработок путем выведения части из них в малое предприятие, создаваемое совместно с вузом.

По данным статистики, число малых инновационных

предприятий на базе вуза, в России постоянно растет и насчитывается около полутора тысяч таких предприятий. Тем не менее, основными проблемами развития инновационной деятельности на базе вузов, ученые отмечают: несовершенство законодательной базы; отсутствие спроса на отечественные инновации со стороны частного бизнеса; низкая оплаты труда в вузах; недостаточное финансирование; низкая коммерческая эффективность научных разработок.

Таким образом, малые инновационные предприятия выступают эффективным инструментом непрерывного обновления всех элементов производственного процесса, так как они способны мгновенно реагировать на изменения потребительского спроса и предложения, обеспечить высокую конкурентоспособность продукции и услуг. Поэтому развитие малых инновационных предприятий должно стать важнейшей задачей государственной и региональной политики. Именно стимулирование деятельности данных предприятий будет способствовать развитию инновационной системы, что обеспечит экономический рост и повысит уровень жизни страны.

ЛИТЕРАТУРА

1. Комментарий к ФЗ "О высшем и послевузовском профессиональном образовании". Подготовлен для системы КонсультантПлюс. http://alt-x.narod.ru/0912vpp.htm
2. Стратегия инновационного развития РФ на период до 2020 г. «Инновационная Россия-2020». Минэкономразвития. www.economy.gov.ru
3. Постановление Правительства Российской Федерации от 9 апреля 2010 г. № 219 "О государственной поддержке развития инновационной инфраструктуры в федеральных образовательных учреждениях высшего профессионального образования».
4. Федеральный закон Российской Федерации от 16 октября 2010 г. № 272-ФЗ "О внесении изменений в Федеральный закон "О страховых взносах в Пенсионный фонд Российской Федерации, Фонд социального страхования Российской Федерации, Федеральный фонд обязательного медицинского страхования и территориальные фонды обязательного медицинского страхования" и статью 33 Федерального закона "Об обязательном пенсионном страховании в Российской Федерации" (с изменениями и дополнениями)".

Козлова Е.М.
Российская Федерация, г.Брянск, ФГБОУ ВПО "Брянский государственный технический университет", аспирант
kozlovavev@gmail.com

ИННОВАЦИОННО-ИНВЕСТИЦИОННЫЙ ПОТЕНЦИАЛ КАК ФАКТОР УСТОЙЧИВОСТИ СОВРЕМЕННОГО ПРОМЫШЛЕННОГО ПРЕДПРИЯТИЯ

В условиях современных реалий, где динамичное развитие и повышение конкурентоспособности выходят на первый план, бесспорным является тот факт, что инноватизация и модернизация производства становятся ключевыми факторами успеха деятельности субъектов бизнеса, а эти понятия неразрывно связаны с такими экономическими категориями как инвестиционный капитал и инвестиционный потенциал. Необходимость объективной оценки инвестиционного потенциала предприятия возникает еще на стадии планирования любых инвестиционных программ, определения объемов внешнего финансирования и составления бизнес-планов.

Термин «инвестиционный потенциал», зачастую применяется для характеристики свойств инвестиционной деятельности, определения ее успешности. Тем не менее, в экономической науке нет однозначной трактовки понятия инвестиционный потенциал.

Отечественные и зарубежные ученые предлагают множество определений данной категории. Так, например С.Н.Михайлов и Е.В. Чаплыгина, предлагают под понятием инвестиционного потенциала понимать объективно имеющуюся возможность реализации инвестиционных целей[1, 240].

А.М. Марголин и А.Я. Быстряков дают следующее определение инвестиционного потенциала - это определенным образом упорядоченная совокупность инвестиционных ресурсов, позволяющих добиться эффекта синергизма и получить эффект от взаимодействия различных факторов, превышающий сумму эффекта от воздействия на рассматриваемый объект каждого фактора в отдельности при их использовании [2, 375].

Проанализировав информацию касательно этого вопроса, можно сделать вывод о том, что понятие инвестиционного потенциала являет собой многогранную сущность. Предлагается рассматривать инвестиционный потенциал предприятия как совокупность всех имеющихся у предприятия возможностей для увеличения капиталовооруженности труда без привлечения заемных средств и обеспечения при этом устойчивого экономического дохода.

Для многих современных предприятий характерна проблема обеспечения своих хозяйственных нужд и, в то же время, финансирование стратегического развития. Другими словами, это означает, что многие предприятия отказываются от осуществления перспективных стратегически значимых проектов в пользу обеспечения текущей хозяйственной деятельности. Для решения этого вопроса, необходимо объективно оценивать имеющиеся у предприятия ресурсы и еще на этапе планирования инвестиционных и инновационных проектов выявлять наиболее приоритетные и «выполнимые» с финансовой стороны вопроса. Объективная оценка инвестиционного потенциала и выявление резервов его повышения способна облегчить эту задачу.

Касательно вопроса оценки инвестиционного потенциала, многие представители отечественной и зарубежной экономических школ придерживаются мнения о том, что оценка финансовых результатов деятельности предприятия и его финансовой устойчивости способна отразить состояние инвестиционной привлекательности субъекта бизнеса. Так называемая методика оценки финансовой устойчивости предприятия призвана охарактеризовать способность субъекта бизнеса обеспечить производственный процесс собственными оборотными средствами, либо собственными оборотными средствами и долгосрочными кредитами, либо собственными оборотными средствами, долгосрочными и краткосрочными кредитами[3, 50]

Имеет место и другой подход к оценке инвестиционного потенциала. Так, в частности, группа ученых Хайруллин В.А., Сайфуллина С.Ф. и Ривкина Н.Н. выдвигают тезис о том, что ключевым аспектом в проведении оценки инвестиционного потенциала является такой показатель как стоимость компании. Но следует отметить, что расчет капитализации предприятия является трудоемким и неоднозначным в своих результатах, относительно выбранного момента времени и методикой определения стоимости. [4]

Однако на сегодняшний день все чаще инвестиционный потенциал рассматривается как неотъемлемая часть инновационного потенциала. Понятие инновационно-инвестиционного потенциала в современных реалиях занимает ключевое место при проведении оценки уровня устойчивости предприятия. Другими словами реализация предприятием своей инновационной деятельности неизбежно связана с инвестированием. Инвестиции рассматриваются как условие ведения успешной инновационной политики. Следовательно, создание четко отрегулированного единого инновационно-инвестиционного механизма – важнейшая предпосылка достижения стратегических целей хозяйствующего субъекта.

Таким образом, инновационно-инвестиционный потенциал предприятия следует рассматривать как такое интеграционное состояние всех экономических подсистем предприятия, при котором достигается синергетический эффект от уровня взаимодействия иновационноинвестиционных факторов производства, обеспечивающее устойчивость хозяйствующего субъекта и возможность обеспечения максимальной стоимости бизнеса.

В контексте стратегических целей развития предприятия, повышения его конкурентоспособности и обеспечении устойчивого развития – изыскание резервов повышения инновационно-инвестиционного потенциала должно стать базисным принципом политики предприятия.

Литература

1. Михайлов С.Н., Чаплыгина Е.В. Оценка уровня инвестиционной конкурентоспособности предприятий строительной отрасли/ С.Н. Михайлов, Е.В. Чаплыгина // Проблемы современной экономики. – 2011.-№3(39)
2. Марголин А.М. Экономическая оценка инвестиций// А.М Марголин, А.Я. Быстряков. М.: 2001.
3. Мухаметшин М.Ф. Оценка инвестиционного потенциала предприятия как основа разработки инновационной стратегии промышленного комплекса и региона // Российское предпринимательство. — 2007. — № 5 Вып. 1 (90).
4. Хайруллин В.А., Сайфуллина С.Ф. и Ривкина Н.Н. Оценка инвестиционного потенциала сектора высокотехнологических компаний Российской федерации // Науковедение. – 2013.-№4.

Каюмова Р.Ф.
доцент, канд. техн. наук, доцент кафедры технологии и конструирования одежды Уфимского государственного университета экономики и сервиса
e-mail: karuf1@yandex.ru

К ВОПРОСУ ОПТИМИЗАЦИИ АССОРТИМЕНТА ПРЕДПРИЯТИЙ ИНДУСТРИИ МОДЫ РЕСПУБЛИКИ БАШКОРТОСТАН

Большинство аналитиков считают рациональную ассортиментную политику основным фактором успешности компании. Ассортиментная политика предприятия определяет производственную, сбытовую стратегию, а также направления научно-исследовательской работы. На формирование ассортимента предприятий индустрии моды влияет изменение модных предпочтений, сезонность и глубокая дифференциация по размерам и фасонам. Среда рынка становится всё более фрагментированной по таким показателям как возраст, личный доход, образ жизни и культура. Идентифицировать потенциальных покупателей становится всё сложнее [1,122]. Покупатели выражают свои предпочтения относительно потребностей, демонстрируют разное покупательское отношение и поведение в зависимости от ситуации, в которой они находятся в настоящее время [1, 160].

Ассортиментная политика предприятий индустрии моды не может эффективно работать без создания информационной базы. Полученная, систематизированная и сохранённая маркетинговая информация позволяет руководству компании оценить соответствие полученных результатов поставленным целям, а также новые стратегии конкурентов. Продвижение товара на рынке сопровождается постоянным мониторингом объёмов продаж продукции, учётом уровня издержек реализации, анализом доли продукции предприятия на рынке.

Анализ деятельности предприятий индустрии моды в республике Башкортостан с точки зрения современных стратегических подходов к управлению ассортиментом продукции показал следующее. Большинство предприятий швейной отрасли (85%) строит свою политику на принципах оперативного управления, работая по гарантированным заказам государства, отдельных предприятий и учреждений на продукцию специального назначения. Этот вид продукции обеспечивает быструю оборачиваемость вложенных средств и устойчивую прибыль. В свете последних решений правительства Российской Федерации есть определённые перспективы на государственные заказы по пошиву школьной формы. Обновление ассортимента продукции предприятий осуществляется в основном за счёт модификации уже внедрённых моделей, так как для кардинального обновления ассортимента недостаточно средств.

При производстве используется как правило «стихийный» принцип разработки ассортимента для потребителя и не внедряются научно-обоснованные методы формирования товарного ассортимента. При этом на большинстве предприятий индустрии моды почти полностью отсутствует аналитическая функция маркетинга.

Отдельные малые предприятия индустрии моды, представленные на рынке республики, такие как Lady Art, проводят маркетинговые исследования в одиночку, обобщая иформацию, собранную на российских и международных выставках и показах одежды и материалов, формируя перспективную коллекцию на определённый сегмент покупателей. Коллекция моделей обновляется еженедельно. Однако, таких предприятий единицы, и ни одно из них в силу своих ограниченных финансовых возможностей не имеет возможности проводить постоянный мониторинг конъюнктуры рынка одежды, а значит, не владеет общей ситуацией на рынке товаров и услуг, не имеет полноценной картины реального соотношения спроса и предложения в регионе.

Анализ ассортиментной политики успешных предприятий индустрии моды Республики Башкортостан позволил выявить алгоритм формирования ассортимента выпускаемой одежды. Процесс состоит из следующих стадий:

1. АВС-анализ
2. Учёт времени присутствия товаров на рынке
3. Анализ представленности данной продукции у конкурентов
4. Анализ наличия товаров субститутов
5. Учёт известности и эффективности рекламы продукта
6. Анализ присутствия товаров разного диапазона цен
7. Анализ использования товаров
8. Принятия решения по формированию ассортимента.

Внедрение на малых предприятиях индустрии моды Республики Башкортостан предложенного алгоритма формирования ассортимента позволит оптимизировать ассортиментную политику, сделать её более эффективной. Для этого необходима информация о типологии потребителей по социальным, демографическим и культурным признакам, о потребительских предпочтениях, основных тенденциях моды с учётом региональных особенностей. Реализовать подобную функцию может региональный (республиканский) информационно-маркетинговый центр, где постоянно ведётся мониторинг внутреннего рынка товаров лёгкой промышленности, а также тенденций моды.

В настоящее время в Республике Башкортостан имеются серьёзные предпосылки для решения этого вопроса. В Уфимском научном центре

Российской академии наук в рамках концепции информатизации муниципальных образований РБ ведётся работа по внедрению специализированной информационно-аналитической системы, обеспечивающей проведение мониторинга, накопления и хранения данных по показателям социально-экономического развития муниципальных образований и оценке эффективности их деятельности. Предполагается создание двухуровневой информационно-аналитической системы и наличие следующих модулей: управления аналитическим хранилищем, отображения данных, статистического анализа, прогнозирования и формирования отчётов [2, 36].

Таким образом, в ходе проведённых автором маркетинговых исследований установлено, что при интенсивном развитии индустрии моды в регионе, на подавляющем большинстве предприятий индустрии моды Республики Башкортостан наблюдается стихийная ассортиментная политика и отсутствие научно обоснованной маркетинговой политики. При этом существуют благоприятные предпосылки для дальнейшего развития отрасли, в частности за счёт оптимизации ассортимента предприятий на базе региональной информационно- аналитической системы

Список литературы

1. Хайнс Т. Маркетинг в индустрии моды: комплексное исследование для специалистов отрасли/ Тони Хайнс, Маргарет Брюс.- Минск: Гревцов Паблишер, 2009. 416 с.

2. Мустафин Э.Р. Потенциал – ресурсы – результат. //Инновационный Башкортостан. -2010. -№2 (5), С. 53.

Краденых И.А.
ФГБУН Институт горного дела ДВО РАН г. Хабаровск.
romamishka@mail.ru

АКТУАЛЬНЫЙ МЕНЕДЖМЕНТ В РЕШЕНИИ ПРОБЛЕМ РОССИЙСКИХ ЗОЛОТОДОБЫВАЮЩИХ ПРЕДПРИЯТИЙ

Деятельность горнодобывающих предприятий характеризуется своими специфическими особенностями. Сложность горно-геологических условий требует внедрения в производство современных технологических комплексов и оборудования, что усложняет систему управления.

Эффективность золотодобывающих компаний напрямую зависит от количества и качества минерально-сырьевых ресурсов. В настоящий период золотодобыча России функционирует достаточно стабильно, без резких взлетов и падений. Однако горно-геологические характеристики многих подготавливаемых или отрабатываемых месторождений отличаются низким содержанием золота, что не позволяет недропользователям значительно увеличить прирост добычи. Повышенная доля труднообогатимого золотосодержащего сырья требует технологических изменений, что ведет к дополнительным капитальным и эксплуатационным затратам. К данным факторам недропользователи могут лишь приспособиться, адаптировав свои производственные, инвестиционные и разведочные стратегии. Следовательно, для российской золотодобывающей промышленности вопросы стратегического управления являются весьма актуальными.

Одним из направлений стратегического менеджмента является инновационный менеджмент, поскольку стратегические решения инновационны по своей природе. Определение: «Инновация (от англ. «innovation») означает новое научно-техническое достижение, нововведение» [1,357]. Задача инновационного менеджмента заключается в определении основных направлений научно-технической и производственной деятельности предприятия при разработке, внедрении и усовершенствовании выпускаемой продукции.

Золотодобывающая отрасль от геологоразведки и добычи до переработки металла нуждается в переходе к инновационному развитию. Истощение минерально-сырьевой базы золота вынуждает предприятия осваивать месторождения с более низкими содержаниями ценного компонента.

Решение данных проблем возможно путем внедрения нетрадиционных технологий добычи и обогащения, использования нового оборудования и реагентов, исследования и создания новых методов работы. Поэтому для эффективного применения методов инновационного менеджмента золотодобывающие предприятия нуждаются в связях с отраслевой наукой, которые нарушились в результате рыночных преобразований.

Как было сказано выше, одной из особенностей деятельности горнодобывающих предприятий является качественная и количественная ограниченность ресурсов. Предприятия, не имеющие возможность увеличить объемы добычи, вынуждены решать вопрос повышения производительности труда за счет рационализации численности персонала. К труду горняков предъявляются высокие требования, также к их профессиональной подготовке, умению принимать решения в экстремальных ситуациях. Однако ухудшение естественных условий золотодобычи сопровождается проблемами занятости трудовых ресурсов.

Известно, что расположение горнодобывающих предприятий часто находится в удаленных от цивилизации районах. При этом, несмотря на механизацию многих технологических процессов, горняки работают в тяжелых условиях, используя значительную долю физического труда. Дефицит квалифицированных кадров в горной промышленности, по мнению аналитиков, будет увеличиваться [2,302; 3,200].

Задача повышения эффективности управления кадрами решается в рамках социального менеджмента. Следует рассмотреть такие направления решения данной проблемы для золотодобывающего предприятия, как, например, повышение профессионального уровня сотрудников и предоставление им возможности наращивать квалификацию за счет получения высшего специального образования, оплаченного компанией и пр.

Также на уровне социального менеджмента решаются задачи по созданию здорового психологического климата во всех подразделениях предприятия, разрабатываются меры направленные на привлечение и закрепление в данной отрасли сотрудников.

Эффективность решения проблем и финансирование социальных мероприятий зависит от действий, принимаемых на уровне финансового менеджмента. По мнению П. Друккера, в неспокойные времена первейшая задача управления – обеспечить способность организации к выживанию, ее структурную прочность и надежность, ее способность пережить удар, приспособится к внезапной перемене, и воспользоваться новыми возможностями. Именно овладение навыками и приемами финансового менеджмента позволяет организации воспользоваться этими возможностями [5,432].

Решаемые в рамках финансового менеджмента вопросы, заключаются в обеспечении необходимой доходности функционирования предприятия, его платежеспособности, привлечении средств на выпуск продукции, кредитовании, контроле над эффективным использованием вложенных средств.

Анализируя проблемы горнодобывающих предприятий России, финансовые менеджеры выделяют ряд наиболее актуальных из них, относящихся к современному периоду. Так, необходимость сдерживания операционных и капитальных затрат в текущих условиях экономической неопределенности и возможных последствий в сфере ценообразования на сырьевые товары относятся к первоочередным задачам.

Горнодобывающим компаниям необходимо выявить факторы, определяющие затраты, автоматизировать управление активами, повысить эффективность с помощью аналитических средств, а также оптимизировать свою операционную модель по проведению мероприятий, направленных на повышение эффективности цепочки поставок.

Вопросом, требующим решения, является замедление темпов реализации капитальных проектов. Часто в период снижения показателей рентабельности руководители принимают решение о замораживании финансирования проектов, однако финансовые менеджеры предлагают не замораживать, а решать вопросы, путем рационализации, повышения эффективности использования капитала, применения аналитических данных и обеспечения качества реализации проекта.

Следующую группу представляют вопросы снижения многочисленных рисков, характерных для горнодобывающей промышленности, которые актуальны как для руководителей производства, так и инвесторов, поскольку деятельность компаний связана с высоким уровнем изменчивости и неопределенности условий горных работ. Для многих видов рисков, возникающих в процессе функционирования горнодобывающего производства, риск-менеджментом предусмотрены мероприятия и рекомендации, позволяющие уменьшить уровень риска до приемлемого уровня.

В зависимости от природы возникновения выделяют две группы рисков: макроэкономические и микроэкономические. Их анализ осуществляется с позиции взаимосвязи с результатом экономической деятельности горнодобывающего предприятия, под которым подразумевается величина полученной прибыли. Основной задачей при этом является выявление путей максимизации прибыли и минимизации риска. Важный этап анализа заключается в выявлении факторов, влияющих на получение прибыли, с целью поиска возможностей влияния на риски.

Совокупность методов управления рисками можно разделить на четыре группы: методы уклонения от риска, методы локализации риска, методы диссипации риска (т. е. объединение участников, с разной степенью ответственности, с целью распределения общего риска), методы компенсации риска [6,142]. Разработка и реализация экономически обоснованных мер для определенного вида риска в горной экономике направлена на уменьшение его исходного состояния до приемлемого уровня.

Важной задачей менеджмента в условиях кризиса является маневрирование и выработка стратегии управления, помогающая предприятию выйти из возникшей ситуации. В настоящий период использование стратегий внешнего роста обусловлено современным состоянием золотороссыпной добывающей промышленности.

Анализ структуры отрасли показывает, что лишь 14 % предприятий (с годовой добычей более 500 кг) обеспечивают 83 % всей добычи по стране. При этом более 60 % компаний работают на уровне добычи до 100 кг, осваивая мелкие месторождения с запасами до ста килограмм, в основном из некондиционных запасов, или из месторождений с выработанными балансовыми запасами, а также из техногенных месторождений с низкими содержаниями золота [7,3].

Данная ситуация связана с тем, что для небольших горных предприятий поддерживать необходимый уровень геологоразведочных работ оказалось трудновыполнимой задачей. Хотя финансовое состояние большинства малых золотодобывающих предприятий убыточное, они рассматриваются государством наравне с крупными компаниями, и не имеют дополнительных льгот при налогообложении.

Следует отметить интересный факт: за рубежом, в отличие от России малые горные предприятия широко развиты. Если во многих странах мира доля малого производства составляет в экономике 15-30 %, то в России она не превышает 1-2 % .

Поддержка малого бизнеса в сфере недропользования необходима, поскольку обусловлена, прежде всего, состоянием сырьевой базы: выработкой значительной части промышленных запасов, а также необходимостью вовлечения в хозяйственный оборот большого числа мелких месторождений. Малые предприятия, как более мобильные, могут решить указанную задачу. Повышение эффективности функционирования малых предприятий непосредственно связано с развитием в регионах сервисной инфраструктуры, гибкой системы налогообложения, установлением льгот в области долгосрочного кредитования [7,6].

В современных экономических условиях золотодобывающим компаниям необходимо искать эффективные методы для развития, повышения конкурентоспособности, роста рентабельности. При этом каждая организация имеет в своем распоряжении внутренние и внешние механизмы роста. С помощью внутренних механизмов возможно увеличение прибыльности активов, повышение оперативной эффективности и продуктовых инноваций. Внешние механизмы роста осуществляются на основании внешних инвестиций, в основном за счет слияний, поглощений и альянсов.

Подходы к вопросам стратегического развития золотодобывающей промышленности разделяются на два направления. Первый основывается на увеличении доли малых предприятий в отрасли, предполагая при этом их активную поддержку. Второе направление предполагает укрупнение действующих мелких предприятий, поскольку считается, что малые предприятия не способны решать вопросы стратегического развития отрасли [8,27].

Очевидно, что бы удержаться на рынке небольшим золотодобывающим предприятиям необходимо будет либо консолидироваться друг с другом, либо вливаться в более крупные горнодобывающие организации. Слияния и поглощения имеют ряд преимуществ по сравнению с внутренними методами развития, поскольку смыслом такой стратегии является увеличение синергетического эффекта, который служит одновременно главным мотивирующим фактором.

Поскольку в 2013 г. ожидается рост числа сделок слияний и поглощений, предприятиям рекомендуется заранее планировать интеграцию и проводить полный прединвестиционный анализ для оценки финансового состояния потенциальных партнерских компаний.

Процесс консолидации средних и небольших (по запасам месторождений компаний), вероятно, является объективной неизбежностью дальнейшего этапа развития российской золотодобывающей отрасли, который уже осуществляется средними добывающими компаниями. Поэтому в настоящее время развитие малого бизнеса в отраслях добывающего комплекса является одним из возможных направлений формирования новых экономических структур, создание дополнительных рабочих мест, что позволяет расширить условия и возможности стратегического развития предприятий золотодобывающей промышленности.

Литературные источники

1. Ганицкий В.И., Велесевич В.И. Менеджмент горного производства: М., изд. МГГУ. Учеб. пособие. – 2007. – 357 с.
2. Даянц Д.Г., Романова Н.П. Управление персоналом на горных предприятиях. – 2-е изд., стер. – М.: Издательство Московского государственного горного университета, 2001. – 302 с.
3. Селин В.С., Цукерман В.А. Управление персоналом и производительностью труда на горном предприятии. // Горный информационно-аналитический бюллетень. 2012. - №11. - С. 200-208.
4. Гаврилова А.Н. Финансовый менеджмент: учебное пособие / А.Н. Гаврилова, Е.Ф. Сысоева, А.И. Барабанов, Г.Г. Чигарев, Л.И. Григорьева, О.В. Долгова, Л.А. Рыжкова. – 6-е изд., стер. – М.: КНОРУС, 2010. – 432 с.
5. Петросов А.А., Магнуш К.С. Экономические риски горного производства: Учебное пособие. – М.: Издательство МГГУ, 2007. – 142 с.
6. Ежегодный доклад Союза золотопромышленников «Золото – 2011» // Золото и технологии. 2012. - № 2 (16). – С. 3-17.
7. Лаженцев В.Н. Север России и региональные проблемы сырьевого сектора экономики /В.Н.Лаженцев // Горный журнал. 2007. - №3. - С. 6.
8. Гаджиев М.О. Современные тенденции развития золотодобывающей промышленности // Вестник Российской Академии Естественных Наук (серия экономическая). 2012, Том 12, - № 2. - С. 27-32.

Zmyvalova E.A.
graduate student of first year Law Institute Northern Arctic Federal University named after M.V. Lomonosov

THE SUSTAINABLE RESOURCE MANAGEMENT FROM THE INDIGENOUS PEOPLES' RIGHTS PERSPECTIVE

«Concerned that indigenous peoples have suffered from historic injustices as a result of, inter alia, their colonization and dispossession of their lands, territories and resources, thus preventing them from exercising, in particular, their right to development in accordance with their own needs and interests»
United Nations Declaration on the Rights of Indigenous Peoples, 2007

Nowadays the question concerning sustainable development in the context of resource management is frequently discussed and constantly rises. However, the problem came into sight not yesterday. In the period of development of science and technology the issues concerning the conservation of resources became less paramount compared with the importance of the achievement of economical welfare for the whole world. Peoples' interests and wishes for good environment and sustainable development are sidelined by multinational corporations, national and international authorities. Pollution of nature, debilitation of natural resources and climate change are some of the consequences of this trend.

It can be stated that indigenous people are special subjects of the relations between society, natural resources, authorities, corporations and scientists. They not only have individual rights but as well collective rights including the right for the resources in the indigenous peoples' land[1]. These people have an historical relationship with their lands, they closely depend on their territories and resources in these territories, and they collectively and traditionally exercised resource management in their lands. While indigenous peoples were oppressed through history, their rights were recognized later as an act of equity and acceptance that these people cannot exist without these rights. The realization of these declared rights implies positive changes and prerequisites for future development.

The factor of the special validity of dependence of indigenous peoples from resources of their lands has been addressed on international level:

"82. The profound, highly complex and sensitive relationship that indigenous peoples have to their lands, territories and resources must be taken into account in protecting the integrity of their environment from degradation. Again it includes social, economic, cultural and spiritual dimensions which must not be overlooked in the present discussion. Cultures that have flourished as an

---

[1] Under term "indigenous peoples' land" the author refers to the territories which indigenous people are traditionally possessing

integral part of the environment can not continue to tolerate disruption. The dependence of indigenous peoples upon the integrity of their lands, territories and resources remains a highly significant factor." [4, 26]

It explains why indigenous peoples' position should be counted in the question of exercising resource management in their territories. Moreover Dr. David Lertzman and Harrie Vredenbur, Professors of Haskayne School of Businessargue state the necessity of considering indigenous people's interest, particularly from a moral perspective. [18, 241].

Thus, these people have their special rights for resources of their lands fixed in the different legal documents (for example, UN Declaration on the Rights of Indigenous Peoples, 2007). In spite of the facts underlined above, one of the main problems of indigenous people in the sphere of resource management nowadays is that their position is not accounted and *"their stakes and aspirations are basically disregarded"*. [15, 7].

In this article, several issues will be analyzed and discussed: why sustainable development and sustainable resource management is important for indigenous people and why the way of life of indigenous people is important for sustainable development and for the sustainable resource management in the planet. It is necessary to find out why we can say that the way of life of indigenous people can be considered as a good example of sustainable development. Clear understanding of which special rights of indigenous people claims that they have the right for the resource management in their territories will be the first step for realization which problems in this context indigenous people are facing with and what do we need to solve these problems.

1. Sustainable development and resource management nowadays.

As underlined in the introduction, technological progress and the uncritical adoption of technologies caused the separation of humans from nature. However, from the second part of 20th century this tendency was rethought and the ideas of necessity of co-existing and harmonized cooperation between humans and nature became more widely accepted. Dependence of humans on natural resources and the fact that these natural resources are limited forced people to create new approaches of using resources.

Before analyzing the changes which took place in the international and national arena concerning question of sustainability of the resource management it is necessary to define the term "resource management" in the context of this article as well as to define "sustainability" in regard to resource management.

Even though the term "resource management" is very popular and highly used the definition of it is not trivial. The author of this paper will attempt to work out the definition of "resource management" with help of the statement of professor of department of anthropology of the University of Georgia, USA J. Peter Brosius, Professor of the Antropology department of the University of California, USA Anna Lowenhaupt Tsing and Cohn Professor of Environmental Studies Charles Zerner who stated that *"Community-based natural resource management programs are based on the premises that local populations have a greater interest in the sustainable use of resources than does the state or distant corporate managers; that local communities are more cognizant of the intricacies of local ecological processes and practices; and that they are more able to effectively manage those resources through local or "traditional" forms of access"* (11, 158). In the basis of this definition it is possible to conclude that natural resource management in the context of this article is relations between subjects (authorities, scientists, indigenous people, industrialists, etc.) directed on the development, use and conservation of the resources which occurred naturally in the environment without humans' efforts or with minimal helps of humans[2].

From the second part of the 20th century question of sustainable development and resource management was significant for people around the world. At that time report of the World Commission on Environment and Development of the United Nations named "Our Common Future" (United Nations, 1987), also known as the Brundtland Report was created. This report implied dependence of the countries from each other and necessity of sustainable development. Definition of the term "sustainable development" was given as well. According to the report mentioned term means *"development that meets the needs of the present without compromising the ability of future generations to meet their own needs"* [1].

One more term which is important to know in the context of this article is term "sustainability" which means first of all stability. So sustainable resource management it is resource management directed on sustainable development, use and conservation of the resources.

After clear defining of the meaning of the terms it is worth to apply for the situation which concerns analyzed question in the world. Mentioned before Brundtland Report *"had tremendous impact around the world as the strongest set of propositions yet made by official body on the world environment and its interlocking sets of problems and needs"* [15, 21].

One of the significant issues concerning the question of sustainable use of the natural resources was underlined in the article "The Tragedy of the Commons" by professor of biology, University of California Garret Hardin who tried to show that people should not get as much as possible benefits from the given resources. He argues that there is a class "No technical solution to the problem" [14]. The way of welcoming of the technical solutions do not work all the time. One of these "No technical solution problems" is a problem of narrowness of resources. As a solution of unlimited usage of the common resources and possible future sustainable development including resource management Hardin argues for the transformation of the common to private and

---

[2] Under expression "help of humans" author implies first of all animals. Animals can be contained not in the wild conditions and can be under influence of humans but anyway they are counted as natural resources of humans.

the most important - limitation of the exploitation of the common resources with help of different methods (for example, legal limitation of use of common). Author of this paper agree with Hardin's idea about existence of "No technical solution problems", but there are different methods of achievement sustainable development and one of them is, in opposition to Hardin, effective combination individual and common property by indigenous people.

One more revolutionary paper of that time was Raichel Carsons' book "Silent spring" [12]. Author of the book showed that the idea of scientists that man controlling nature is absolute fallacy. The chemical refuse which our air is full of kill people and negatively impacts on nature. The facts which are showed in the book demonstrated effect which humans can extend for the nature and how it is necessary to change attitude of humans for the nature. Importance of using of the ecological approach in the relations with nature is one of the main ideas of this book.

Author of this paper has chosen just few examples of the courses from the second part of the 20th century which shows cardinal change in consciousness of people of that time. Reorientation from the consumer approach for the nature and resources to the way of thinking of the smart sustainable resources management clearly visible.

2. Indigenous people and sustainable resource management.

As mentioned in the introduction indigenous people are special subjects of the relations concerning sustainable resource management. This fact was proved by highly recognized international organizations including United Nations. In one of the guidelines concerning Indigenous peoples issues created by UN development group there is further information concerning the rights of indigenous peoples for resources: "*Indigenous peoples" natural resources are vital and integral components of their lands and territories. The concept includes the entire environment: surface and sub-surface, waters, forests, ice and air. Indigenous peoples have been guardians of these natural environments and play a key role, through their traditions, in respectfully maintaining them for future generations. They have managed these resources sustainably for millennia and in many places have created unique bio-cultural landscapes. Many of these indigenous management systems, even though altered or perturbed by recent processes of change, continue to contribute to the conservation of natural resources to this day".* [9].

In the World Summit on Sustainable Development which took place in Johannesburg, South Africa, 26 August-4 September 2002 [5] it was recognized vital role of indigenous people in sustainable development.

Reorientation of people in the question concerning role of nature, recognition of existence of "No technically solution problems" make people to think that indigenous knowledge can be useful for future sustainable resource management. It can be seen that high recognition of indigenous peoples' rights and understanding of the ecological problems are the processes which have got active development at the same time.

Author of this paper argued why indigenous people have their special rights for resource management in their territories. Besides it might be said that indigenous resource management can be a good example for the modern society in the question of exercising of the resource management. For example pastoralism of Sámi people. According to Bjorklund *"pastoralism is the situation where humanity is mediating the relation between land and animals"*. The main features of pastoral management system of Sámi people are combination of two types of ownership - individual of animals and common of lands and use special social institute as siida – seasonal dividing and combining of herds [10, 75-82]. Sami people proved that it is possible to overcome the "tragedy of commons" throw their resource management which is based on the traditional knowledge.

In Canada indigenous people in the different spheres have as well their knowledge of use resources. That is why some agreements between local indigenous people and authorities were created. Co-existence and cooperation between indigenous people and their knowledge and help of authorities which have resources for the exercising management based on the traditional knowledge positively explained by James P. Robson [20].

Use their own way of resource management based on the ecological sustainability Nuu-Chah-Nulth people in Canada in Clayoqout Sound forests showed necessity of the using of their knowledge in the process of the further exploitation of these territories. The main result of it: it was created agreement between Canadian Government and Nuu-Chah-Nulth people concerning use of these territories.

Demonstrated examples are showing that traditional indigenous knowledge of the sustainable resource management is positive and moreover adaptive for present situation. As Arne Kalland says *"Indigenous knowledge is often seen... as an alternative scientific knowledge, an alternative that is better fitted to addressing urgent problems of source management"* [17, 161].

Shown examples prove that indigenous peoples' knowledge can be used as an instance for the exercising of the resource management. So using of knowledges of indigenous people in the resource management should become obligatory part of the resource management. However, at the same time we should not idealize and be objective for using of indigenous knowledge in resource management. We should clear understand that even indigenous people have special indigenous knowledge in the sphere of resource management in their territories they need support from scientists, authorities and corporations which are as well subject of resource management. Coordinated policy of all these subjects is the best way for future sustainable development of resource management. Necessity of coordination between scientific knowledge, indigenous knowledge, which is based on traditional knowledge, traditional ecological knowledge, local knowledge, knowledge based on practice and authorities and corporations is clear.

3. Indigenous peoples' rights in the context of sustainable resource management.

Land and natural resources constitute the basis of indigenous peoples' livelihood, culture and identity. Supporting indigenous peoples to secure and defend their land and natural resource rights and subsequently develop frameworks for sustainable management of their lands, territories and resources is thus essential. [13].

Indigenous peoples right for the resource management in their territories recognized in such international documents as ILO Convention (for example, p. 1 of the Article 15), which states that *"the rights of the peoples concerned to the natural resources pertaining to their lands shall be specially safeguarded. These rights include the right of these peoples to participate in the use, management and conservation of these resources"* [2], United Nations Declaration on the Rights of Indigenous Peoples (for example, Article 25) [8], International Convention on Biological Diversity [3], etc. Special Rapporteur, Mrs. Erica-Irene A. Daes [4] underlined that *though rights to lands, territories and resources may be affirmed, the exercise of internal self-determination, in the form of control over and decision-making concerning development, use of natural resources, management and conservation measures, is often absent.*

For example, indigenous people may be free to carry out their traditional economic activities such as hunting, fishing, trapping, gathering or cultivating, but may be unable to control development that may diminish or destroy these activities.

Recognition of the right for exercising of resource management of indigenous people is one of the most important moments of the possible sustainable development in future. Fixed and guaranteed rights of indigenous people in this sphere is a key in this question. Moreover, it is important to stimulate real coordination between all subjects of recourse management nowadays. Legal fixation and real realization in the international acts right of indigenous people for participation in resource management is important direction of the contemporary international law. At the same time we know that not all countries exercise the process of implementation of the international acts into their internal legal system first of all because these countries do not sign and ratify these legal acts, secondly - because some international acts are recommendative and not obligatory for realization. Nevertheless, there is positive practice of implementation of the norms of international law fixing of the rights of indigenous people for exercising of resource management in the national legislation. For example besides implementation of the ILO Convention 169 in Norway there are some national acts which are fixing analyzed rights of indigenous people. According to Finnmark act *"the Sámis, through protracted traditional use of the land and water areas, have acquired individual and/or collective ownership and right to use lands and waters in Finnmark County"* [6]. In Canada as it was mentioned in this paper before, there are as well positive examples of existence of the legal fixation of the right of indigenous people for natural resources and exercising of co-management between indigenous people and authorities over resources in the concrete territories. According to the Inuvialuit Final Agreement the system of joint management involving the Inuvialuit and the territorial and federal levels of government was established which include integrated resource management of lands, waters, wildlife, etc. [7].

These cases show positive example of coordination between subjects of resource management which we can call co-management. This coordination has recognized positive consequences for sustainable resource management and as a result future sustainable development of the planet. Therefore, we can say that realization of the right of indigenous people for resources have positive consequences for the future development. In my opinion, implementation of the practice of coordination with indigenous people is one of the most correct ways of solving the problem.

But at the same time when we are talking about necessity of realization of the right for exercising of resource management we say that not all the time indigenous people have an opportunity to realize it. Why it is happening?

Indigenous peoples' right for resources in their lands is a form of the right for self –determination of indigenous people. When I am talking about recognition of the right of indigenous people for resources in their lands, first of all, I am talking about whole progressive situation which takes place for last decades. At the same time we should be critical in the process of analyses the situation concerning this issue. Even if indigenous peoples' rights are recognized they often cannot realize their right because of the governmental politic. Purpose of state to control independently all resources is anyway observed in the political arena nowadays. Issue of management of resources is always question of sovereignty. Even on the international and national level countries admitted the importance of this right they cannot give indigenous people the whole freedom in realization of this right. There is a big difference between fixing, recognition of right of indigenous people and realization of it. One of the examples of this situation is strike in town Jokkokk (Sweden) where local Sámi people protested against mining industry of one of the British companies in August. Authorities stayed in the position of the mining companies and argued for necessity of developing the territory and creation of new working places.

The idea about solving the problem and different ways of solution of the problem of sustainable resource management was proposed in many scientific researches. For example, one of them, mentioned by Arne Kallard ideas of Firkert Berkers that *"in order to secure sustainable use of resources people must have (1) relevant local ecological knowledge with an appropriate technology, and (2) posses environmental ethics that inhibit their urge to over exploitate"* [17, 170]. Author absolutely agree with this position. But for successful realization of this idea in practice it necessary to fix in the legal acts obligation of accounting the position of indigenous people in the process of resource management in their territories and the most important - exercise realization of this right. Secondly, in my opinion solution of problem hiding not just in the necessity of the legislation fixing, but as well in the necessity of indigenous people which are interested in the sustainable resource management in their territories to be organized and active in the question of protection of their interests. In this question I think it is pertinently to use an example of Alta case which, of course *"was no longer evaluated in connection with electrical power and modernization; rather with colonial legislation, the assimilation policy and the Norwegian self-image of playing a leading role in the development of international human rights"* [19, 101]. But the main idea which the author of this paper wants to show is that active position of the indigenous people and wish to be heard as well play an important role in the context of the political and legal changes concerning indigenous peoples rights in Norway.

Thus, way of exercising of the resource management of indigenous people in their territories is a positive example. Recognition of their right for implementation of their knowledges in the process of co-management concerning resources is positive. At the same time indigenous people are facing with problems in the process of realization of these rights. The solution of these problems are effective legal system. It means that fixed fights of indigenous people for the exercising of co-management in their territories have to be realizable. Understanding of all subjects of resource management of importance of traditional ecological knowledge of indigenous people is fundamental. Moreover it is clear that indigenous people should not be passive objects in the question of proving of their rights for the resource management. In the dialogue you can be heard just in the case if you say something. This active position of indigenous people can be realized with help of different mechanisms (for example, in the process of the activity of NGO, mass-media, etc).

Author of this paper would like to emphasize attention in the question of legal fixation of the rights of indigenous people in the light of exercising of resource management. One of the concrete solutions of this problem can be establishment of system of licensing for exploration and exploitation natural resources of the indigenous peoples territory.

Conclusion.

As shown before in this paper, indigenous people are special subjects of the relations between society, natural resources, authorities, corporations and scientists in the sphere of resource management. Special dependence of indigenous people on the natural resources of their lands is one of the factors of the recognition of their rights for the exercising resource management in their lands. As practice shows, this recognition is positive for modern society. At the time of the appearance of "No technical solution problems" people are starting to think more about their dependence on nature as well as about ecological approaches in resource management.

Indigenous people are owners of traditional ecological knowledge in the sphere of resource management. Their method is successful because indigenous people apply it based on their acquired knowledge and their ability to adapt to changing circumstances and exercise resource management directed on sustainable development, using and conservation of the resources in their lands.

Despite of the fact that indigenous people have the right for exercising resource management in their territories, it does not necessarily mean that these people can realize this right. There are different factors causing this situation. One of them is the desire of states to have as much as possible authority over the resources. At the same time there are a lot of positive examples from different parts of the world where indigenous people have the right and practically realize this right for the resource management in their territories.

It is wrong to idealize indigenous knowledge. Cooperation between all subjects of resource management is the most preferred. The author of this paper believes that experience of the legal fixation and real practical implementation of resource co-management is a positive example for future sustainable development. Using traditional knowledge of indigenous people in the sphere of resource management is one of the keys for solving the problem of resource management. One of the authors' proposals is the establishment of a system of licensing for the exploration and exploitation of natural resources of indigenous peoples' territories.

The author believes that besides fixing the rights of indigenous people in legal documents by authorities, indigenous people have to be active in the question of proving their rights. Activities with support of mass-media and NGOs are one of the mechanisms of the achievement of sustainability in resource management.

Nowadays, the attitude for indigenous people in the sphere of resource management is changing. The necessity of finding of new approaches for resource management causes people to think more about it. It seems that indigenous people will take a more significant place among subjects of resource managements. Their orientation on ecologisation, conservation of resources instead of receiving benefits is one of the main differences from approaches to nature of Western civilization which existed at the time of the arrival of modern science and technology.

Bibliography

1. United Nations. Report of the World Commission on Environment and Development (1987, 12 11). Date of access: 13/11/2013, from United Nations: http://www.un.org/documents/ga/res/42/ares42-187.htm

2. C169 - Indigenous and Tribal Peoples Convention, 1989 (No. 169). (1989, 06 27). Date of access: 14/11/2013, from International labour organisation: http://www.ilo.org/dyn/normlex/en/f?p=NORMLEXPUB:12100:0::NO:12100:P12100_ILO_CODE:C169

3. Convention on biological diversity. (1992, 06 05). Date of access: 13/11/2013, from Convention on biological diversity: http://www.cbd.int/convention/text/

4. Prevention of discrimination and protection of indigenous peoples and minorities. Indigenous peoples and their relationship to land. Final working paper prepared by the Special Rapporteur, Mrs. Erica-Irene A. Daes. (2001, 06 11). Date of access: 14/11/2013, from United Nations development programme Asia-Pacific Regional Centre: http://regionalcentrebangkok.undp.or.th/practices/governance/ripp/documents/EricaDaes-IPsandLand-G0114179.pdf

5. Report of the World Summit on Sustainable Development. (2002). Date of access: 11/11/2013, from UN Millennium Project: http://www.unmillenniumproject.org/documents/131302_wssd_report_reissued.pdf

6. The Finnmark Act (2005, 06 17). Date of access: 13/11/2013, from regjeringen.no: http://www.regjeringen.no/upload/BLD/The%20Finnmark%20Act.pdf

7. IFA Summary. (2007). Date of access: 13/11/2013, from Inuvialuit Development Corporation: http://www.irc.inuvialuit.com/about/ifasummary.html

8. United Nations. (2007, 09 13). Date of access: 14/11/2013, from United Nations Declaration on the rights of indigenous people: http://www.un.org/esa/socdev/unpfii/documents/DRIPS_en.pdf

9. United Nations human rights (2009). Date of access: 12/11/2013, from United Nations human rights: http://www.ohchr.org/Documents/Publications/UNDG_training_16EN.pdf

10. Bjørklund, I. (1990). Sami reindeer Pastoralism as an inigenous resourse management system in Northern Norway-a contribution to the common property debate. Development and culture, pp. 75-86.

11. Brosius, J., Lowenhaupt Tsing, A., & Zerner, C. (1998). Representing communities: Histories and politics of community-based natural resource management. Society & Natural Resources: An International Journal, 11:2, pp. 157-168.

12. Carson, R. (1962). Silent spring. Cambridge, Massachusetts: Houghton Miffin Company.

13. Collective Rights to Land and Natural Ressources. (Date of publication not available). Date of access: 11/11/2013, from IWGIA:

http://www.iwgia.org/iwgia/what-we-do/local-projects/collective-rights-to-land-and-natural-resources

14. Hardin, G. (1968). The Tragedy of the Commons. Science, 162, pp. 413-439.

15. Jentoft, S. (2003). Introduction. 7th curcumpolar universities co-operation conference "When distance is a challenge" (pp. 1-18). Netherlands: Eburon Academic Publishers.

16. Jull, P. (2002, 10 11). Date of access: 12/11/2013, from The University of Queensland. Australia: http://espace.library.uq.edu.au/eserv/UQ:11293/jull1102.pdf

17. Kallard, A. (2003). Antropology and the concept of "sustainability":some reflections. In A. Roepstorff, N. Brubandt, & K. Kull, Imagining nature. Practice of compulsory and identity (pp. 161-174). Aarahus: Aarahus university press.

18. Lertzman, D., & Vredenburg, H. (2005). Indigenous peoples, resourse extraction and sustainable development: an ethical approach. Journal of Bisiness Ethics, pp. 239-254.

19. Minde, H. (2003). The challenge of indigenism:the strugle for Sami land rights and self-government. 7th Circompolar Universitites co-operation conference "When distance is a challenge" (pp. 75-101). Netherlands: Eburon Academic publishers.

20. Robson, J., Miller, A., Idrobo, C., Burlando, C., Deutsch, N., Kocho-Schellenberg, J.-E., et al. (2009). Building communities of learning: Indigenous ways of knowing in contemporary natural resources and environmental management. Journal of the Royal Society of New Zealand, pp. 173-177.

www.ingramcontent.com/pod-product-compliance
Lightning Source LLC
Chambersburg PA
CBHW051638170526
45167CB00001B/238